国家自然科学基金面上项目『基于关联域批评话语分析的当代中国建筑国际评价认知模式与传播机制研究』（批准号：51878451）

黄金时代

The Golden Age

Panorama of Contemporary Architecture in Spain

西班牙当代建筑全景

（第二版）

宋玮——著

中国建筑工业出版社

序

1975 年独裁者弗朗哥的去世是西班牙历史上一个划时代的事件，也标志着西班牙现代建筑一个数量和品质双丰收时代的开始。西班牙最终成为当代世界建筑舞台上最有生命力和创造力的国度。今天无论在理论还是实践方面，西班牙建筑都持续为世界提供关注点和兴奋点，或许说西班牙当代建筑是当代中国建筑的重要参照系也不为过：从我们这一代人开始，*El Croquis* 杂志独具特色的、刻意避免强烈光影的含蓄色调为我们打开了认识当代西班牙建筑的一扇独特窗口。

正是抱着对西班牙当代建筑朝圣般虔诚的姿态，2004 年夏天，刚刚成为一名建筑学专业教师的我，与王骏阳、王方戟、袁烽、童明、张晓春等同济大学建筑学院的老师们一起来到西班牙，近一个月的旅行让我们第一次现场感受到西班牙建筑的震撼，那次在西班牙近二十座城市的急行军式旅行对我们大多数人而言不啻为一次现代建筑的启蒙。在接下来的几年里，我逐渐接触到越来越多的西班牙建筑师和建筑作品。

2010 年，应上海世博会西班牙馆的委托，我有幸翻译了《建筑在西班牙（Spain Builds）1975—2005》一书。这本书源自 2006 年在纽约 MOMA 举办的西班牙建筑展，是 1975 年到 2005 年的 30 年间西班牙建筑的一次综合巡礼和西班牙当代建筑历史的一次回顾。时任 MOMA 建筑部策展人的特伦斯·赖利（Terence Riley）希望能够配合展览出版一本关于这段西班牙建筑历史的书籍。于是,《建筑在西班牙（Spain Builds）1975—2005》一书应运而生。该书最早源自在休斯敦、达拉斯和新奥尔良举办的西班牙建筑系列讲座，以及在莱斯大学开设的相关课程的讲义。本书的作者阵容强大：包括该书的主编，同时也是西班牙著名建筑杂志 *Arquitectura Viva* 主编费尔南德斯 - 加利亚诺（Luis Fernández-Galiano）、著名的历史学家和建筑理论家弗兰姆普敦（Kenneth Frampton）、佐尼斯（Alexander Tzonis）、兰普尼亚尼（Vittorio Magnago Lampugnani）……书的结构是每位作者写作一个章节，基本涵盖一个五年左右的时间段，各章节时间彼此衔接成为一部完整的西班牙现当代建筑历史。我在翻译的过程中重新学习了这 30 年的西班牙建筑历史，并将其与我关注的当代中国建筑的问题比照起来思考，受到很大的启发。

2012 年，同济大学成立了中西学院，我兼任该学院的总学术协调人，因为工作需要，对西班牙的理解拓展到建筑之外，包括语言、文化、社会、艺术等诸多方面，这些也给我提供了回过头理解西班牙建筑的不同路径。近年来参加的诸如西班牙国际建筑奖评审和密斯·凡·德·罗奖的评审，又让我有机会接触了最新的西班牙建筑动态，并可以在欧洲乃至世界建筑的版图中审视西班牙建筑的独特地位。

本书作者宋玮博士在同济大学读本科期间就显露出对建筑深度思考的潜能和对西班牙建筑的热爱。他在我的推荐下前往西班牙深造，并利用攻读硕士和博士课程的数年时间，建立了关于西班牙建筑的完整知识体系，并浸淫其中切身感受西班牙的现代性进程及其对城市、建筑和文化的推动作用。

诸位手中的这本书，是对西班牙一个世纪以来建筑文化的巡礼，深入浅出。我们熟悉和不熟悉的众多人物、作品和历史事件在宋玮博士的笔下呈现，字里行间是对西班牙建筑和文化的融会贯通：从高迪、塞特、德·拉索塔、奥伊萨、博伊加斯（Oriol Bohigas）、莫拉加斯（Antoni de Moragas），到莫奈奥、巴尔德维格（Juan Navarro Baldeweg）、波菲尔、米拉莱斯、坎波·巴埃萨、里纳斯（Josep llinas）等璀璨的群星，用他们的作品为我们描绘了一幅西班牙建筑的史诗。“黄金时代”这一书名正恰如其分地总结了这个辉煌的西班牙世纪。

阅读宋玮博士的这本著作，是一次新的心灵之旅，是与许多建筑师和作品的亲切重逢，更是和自己学生生涯以来关于西班牙的热情和梦想的重逢。它的确值得每位建筑师和热爱建筑的人反复地阅读；它也会为你创造与西班牙建筑偶遇或重逢的喜悦。

李翔宁

2015 年 3 月

自序

2015年，完成《黄金时代——西班牙当代建筑全景》的初稿。

2021年，完成再版文字，内容上增补了一章，并且重校了初稿的文字。

时间过得很快，从2015年7月在西班牙博士毕业至今已有六年时间。相较于第一版时自己的主要身份：建筑理论学者，随后的六年，我选择重回建筑师这个身份。

时至今日，实践时间已超过了当年在西班牙理论学习的年数，如同西班牙建筑师般多年在一线的摸爬滚打，似乎已经逐渐弥补了大多理论学者欠缺的“接地气”，但我却对建筑设计和理论之间的关系愈发迷茫。这种感觉在书写本书增补章节的时候尤为强烈。

2021年，同地产衰退一同进入调整期的建筑设计行业充分证明了这个行业难以摆脱对资本的依附。而建筑理论，毫无疑问，并不是以基于优化建筑设计在资本逻辑中的作用而建立与发展的，本书同样如此。书中对于西班牙现当代建筑的描述，充满着乌托邦式的情怀。这确实是因为当年的自己涉世未深，对建筑整个行业的认识有些幼稚。虽然这次再版酌情处理了部分内容，但还是保留了第一版的主体部分。需要强调的是，像所有乌托邦一样都不可避免地有着单程未来的先天不足，西班牙建筑的发展远不应该如书中这般系统化。由于知识储备和写作能力上的欠缺，自己尚无能力去构建出一个更丰富且矛盾的西班牙建筑集合体，在此只能对本书读者表示深深的歉意。

2021 年之所以再次提笔为《黄金时代——西班牙当代建筑全景》增补了一章，并非为了说明自己已有能力实现对西班牙建筑集合体的全面构建，也不是因西班牙建筑这几年内发生了巨大变化；恰恰相反，值得关注的正是因为它的稳定。从 2008 年起，西班牙建筑就跌入低谷，加之 2020 年后新冠肺炎疫情的影响，市场长期处在萧条状态。但这并没有打垮西班牙建筑，新一代人在这场困境中所展示出的直面的勇气以及与之相适应的能力，远比历史概念下的黄金时代更令我动容，也更能让我理解这些建筑所体现出来的轻松是多么可贵。

时代的一粒沙将变成怎样的山？没有人能在今天给出答案。在整个行业全面看衰和新冠肺炎疫情的影响下，我真心希望读者能从西班牙危机下的时代中找到些许启示与鼓励，发现一两项可以通用的“翻山”技巧，以备新时代的不时之需。

宋　玮

2021 年 11 月

目录

序章 现代性的沉浮

本书开篇无意过多追溯西班牙曾经的辉煌。作为前工业时代的地中海霸主，西班牙的国力于 16 世纪达到巅峰，而在随后的三百年内国运日渐衰弱。尽管充满雄性荷尔蒙的大航海时代为西班牙带来了数不尽的财富，但对这个暮色浮现的帝国来说，它们犹如落日前的余晖，或是用于续命的药物，让这个国家得到更长时间的苟延残喘罢了。

即便摒弃人类悲剧的本质而仅从客观上分析，这一衰落依旧是历史进程的必然。在工业革命后，以农业、手工业兴起的地中海经济体逐渐变得不合时宜。最早看向大洋世界的勇气与高瞻远瞩的智识也伴随着财富所带来的奢华享受而消失殆尽。在以英国为代表的国家工业化欣欣向荣之时，西班牙却故步自封，沉醉于旧日强盛的假象，最终形成了国民意识的惰性。除此之外，混乱的政治、强大而保守的宗教势力等因素，都影响到西班牙国内工业化的发展和普及，使得被称为“第一次工业革命”的大变革仅发生在加泰罗尼亚和巴斯克等北方局部地区。

国家覆灭也许仅由于拉车的战马前蹄少了一颗钉子，历史上许多重要节点事件也常常源于一些并不起眼也似乎毫无关联的因素。很多人并不清楚，西班牙当年大力发展海外殖民、开发世界的另一端，其实是受迫于国内巨大的谷物危机；零星的工业化开始同样源起于国内的某些困局。当然,我们亦可用那句永不会出错的话来概括：这一变革其实是“生产关系不适应生产力”所造成的必然结果。

本章节力图对西班牙现代建筑的启蒙和发展进行一次综合性的描述。在学术领域，关于现代性的起源有着诸多争论。其中一个主流观点认为现代性的诞生是同社会工业化进程密不可分的，这也可以解释西班牙现代性萌芽为什么起始于加泰罗尼亚地区。

加泰罗尼亚地区位于伊比利亚半岛的东北部，同法国和安道尔公国接壤，当地语言为加泰罗尼亚语。早在罗马时期，这一地区就开始出现城市，塔拉戈纳（Tarragona）至今仍留有罗马斗兽场等历史遗迹。中世纪时，这里是称霸地中海地区的阿拉贡王朝核心区域，巴塞罗那在当时作为最重要的港口发展起来。15 世纪，阿拉贡国王同伊比利亚半岛中部的卡斯蒂利亚女王联姻，奠定了未来西班牙王国的基础。在王国诞生初期，两区域尚能较好地延续各自的历史与文化特质，但随着马德里政治中心的稳固和巴塞罗那受到黑血病的冲击，加泰罗尼亚地区的自主权逐渐被中央政府削减与打压。然而辉煌的历史与自身完整且成熟的文化，均让加泰罗尼亚居民对当地有着极强的身份认同感，也正是这个地区长期以来独立运动纷繁不止的最大内因。

在这里，让我们先把加泰罗尼亚地区同西班牙官方的恩怨情仇暂且一放，着眼于它自身的状况。工业革命前的 18 世纪，当地产业结构是以葡萄园和小麦为主的农业为基础，辅以沿海地区的水产养殖业，产业经济整体相对稳定，加之适宜的气候和良好的地理位置，本地居民的生活条件远好于西班牙其他地区。

19 世纪初，巴塞罗那市内的几家现代蒸汽面粉加工厂因成本上涨开始进口小麦，这一举动打破了地区内的供给产业链，致使当地小麦种植业受到明显冲击。祸不单行，暴发于 19 世纪末的葡蚜灾情令葡萄种植产业毁于一旦，造成了葡萄酒产地由西班牙向法国偏移的后续影响。这一系列的变动导致了诸如土地所有权和使用权斗争的连锁反应，最终令大量失去自己土地的无产阶级不得不向工业地区，即城市迁徙。其效果之于加泰罗尼亚，就如同英国工业革命前的圈地运动，这也再一次证明了工业革命一定会以一场工业与农业的人口争夺战开始。即便如此，我们不能幼稚地希望这些局部、短期且偶然的因素能够推动整个西班牙的全面工业化。当代西班牙经济学者对 19 世纪初“为什么工业革命没有在西班牙境内爆发”这一问题进行过大量的分析和归纳，认为造成这种全面滞后或者说部分缺席的原因是复杂且多样的：没有爆发一场真正的农业革命，殖民地相继独立所造成的海外支持锐减，国内矿业资源的匮乏，以及地理环境的相对复杂等因素均不能忽视。

正是在这样的背景下，巴塞罗那迎来了自 15 世纪以来最好的发展契机。先天地理优势与逐渐展开的拉丁美洲贸易为整个地区工业化提供了良好的客观动力和市场需求；离开土地的当地农民同来自南部贫困地区的移民，又为工业化迅速扩张提供了充足劳动力。19 世纪初，巴塞罗那就已成为西班牙的轻工业中心，人口也由 1717 年的 3.7 万人暴涨至 19 世纪初的 10 万人，其中的 2/3 居住在以城中心为圆心，半径 30km 内的范围。

迅猛的人口增长与有限的居住范围，造成城市中心区住房紧缺、居住条件恶化等问题，也影响到市民生命安全与身心健康。仅在 19 世纪前 60 年，就暴发过 1821 年黄热病，1834 年、1854 年和 1865 年三次霍乱等多次大规模疾病。市中心区域的改造与扩建已是迫在眉睫。

受政治因素影响，巴塞罗那外扩并非那么容易。为了应对巴塞罗那的独立运动，马德里中央政府 18 世纪前后在城市两侧分别设立了军事城堡来强化对城内的监控。城区被城墙牢牢限制在一个明确范围内，不管人口怎么增长，居住区域都不能突破。但军事上的高压不过是饮鸩止渴，压制时间越长，最终导致的抵抗也就会越猛烈。1842 年，巴塞罗那出现

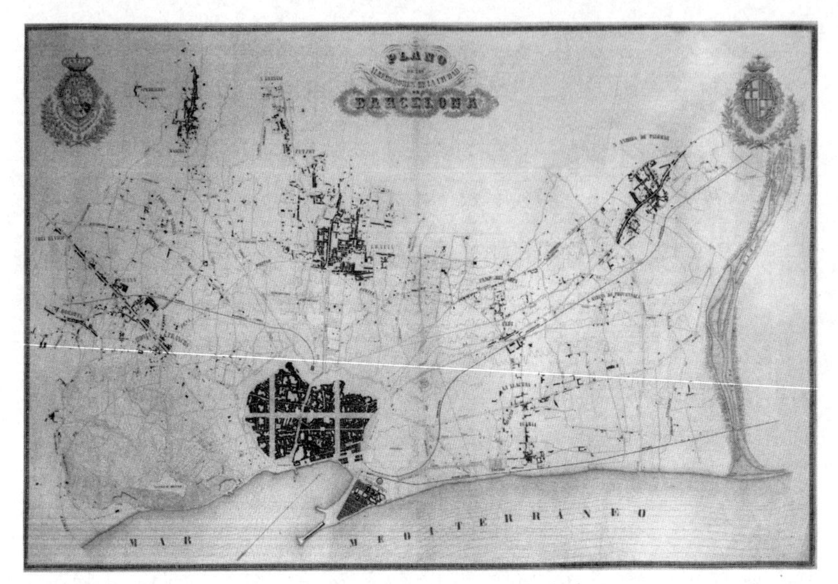

图 0-1　巴塞罗那总平面，1855 年

大规模的暴动，城市东侧的城堡部分受到破坏。这激怒了马德里官方政府，时任波旁王朝摄政王的埃斯帕特罗（Baldomero Espartero）下令位于城西蒙特惠奇山（Montjüic）上的城堡炮轰城内以镇压暴动。这一疯狂举动不但造成了城内大规模的人员伤亡，更震惊了整个西班牙政坛。迫于多方压力，马德里不得不对巴塞罗那当地政府进行补偿。鲜血与生命换来了巴塞罗那政治管制历程中的一次松绑。1854 年，巴塞罗那当地政府终于迎来"倒墙令"，东侧城堡也随着城墙一并拆除（图 0-1）。

城墙的推倒体现出巴塞罗那自治权强化的社会意义，但从城市发展与建设角度来看，长期军事控制造成了城墙内外密度上的巨大反差：城内是高密度的建筑和糟糕的公共基础设施，而城外则是大片的空地和空地外侧零散的五个低密度小镇。这种不均衡性同时意味着对于巴塞罗那来说，其他传统欧洲城市在现代扩张中所面临的土地产权、地区历史肌理等问题均不存在。充满戏剧化的土地状况为城市规划者提供了一次建立"理想城"的完美舞台。1859 年，巴塞罗那政府组织公开竞赛，一场城市规划大戏正式拉开了帷幕。

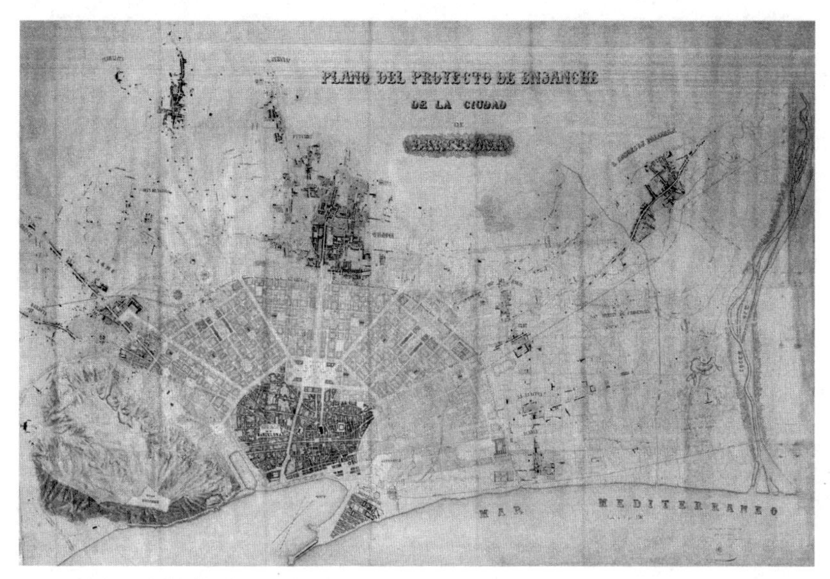

图 0-2　安东尼罗韦拉规划方案

阶级、新城区、新时

1859 年的竞赛，从最初公开竞标到最终方案的确定与实施可谓一波三折。受到政治因素和民族情绪等多方面影响，这一结果必将是一个多方角力的折中产品。加泰罗尼亚建筑师安东尼·罗韦拉（Antoni Rovira）的规划方案是第一轮的获胜作品（图 0-2）。他的方案以原有历史城区作为中心，组织起一个放射型的多层级城市路网系统；用于连接城市中心区与城外五个小镇的干道是本方案城市结构的基础；在放大的交通节点处，建筑师设计了一系列用于承载公共活动的广场和公园。在原老城东西城区交界——兰布拉（La Rambla）大道的北部端头，建筑师安置了一个大型城市广场，以此作为衔接新老城区之间的枢纽。广场同小镇格拉西亚（Gracia）之间的主干道成为新城区的中轴。发散式的道路处理和宽阔的尺度令人联想到巴黎香榭丽舍大街。充满着宏大叙事的表达方式与若隐若现的法国新古典风格，符合加泰罗尼亚主流审美趋势。怀旧的“帝国式”布局，有助于唤回当地人对于阿拉贡王朝“荣耀”的记忆。

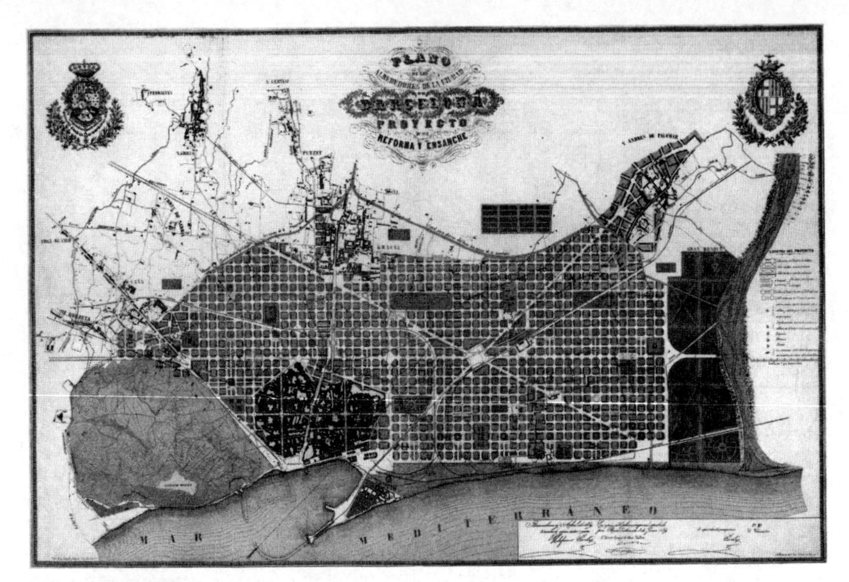

图 0-3　塞尔达规划方案

虽然安东尼·罗韦拉巴洛克式的方案最终没有被实施，但其中对格拉西亚大街和新旧城区交接处广场等节点的构想却被后来的城市建设者继承下来。

也许正因安东尼·罗韦拉“帝国式”的语言令马德里不满，中央政府最终驳回了这个方案。后虽多次上诉与抗议，但依旧没有改变这一结果，最终指定塞尔达的方案作为实施方案（图 0–3）。我们不难理解，实施方案上的波折不过是中央政府与地区政府政治斗争的延续，马德里需要在适当的时候通过对“否决权”的使用来宣誓自身的统治地位。

有趣的是，受到马德里支持的伊德方索·塞尔达（Ildefons Cerda）其实也是地地道道的加泰罗尼亚人。这位建筑师早年在巴塞罗那从事过社会活动工作，并接受了建筑和绘画等相关教育。1835—1841 年赴马德里理工大学学习工程学，1849 年回到巴塞罗那，从事城市方面的研究。他的成果先后被发表，其中以 1867 年出版的《城市设计基本原理》（*General Theory of Urbanization*）最为著名。坊间曾言塞尔达方案最终能被选中正是同他在马德里的教育背景有着密不可分的关系。

相对于罗韦拉方案的历史气息，有着社会学和工程学背景的塞尔达

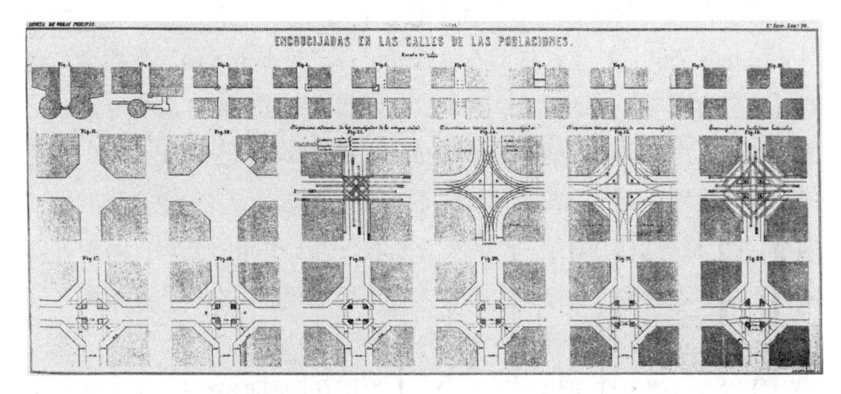

图 0-4　塞达尔规划方案转角细部放样

方案则显得理性得多。面对这片夹在历史城区和小镇之间的空白区域，塞尔达采用正方形作为基本街区模数进行平铺式的填充，考虑到历史城区的轴线和海风的方向，这个方格网的布局并未完全基于正南北；通过对老城肌理的梳理与计算，单个方形边长为 113m。基于马车拐弯方面的考虑，方形的四个尖角被切成 4 个 45° 倒角（图 0-4）。方形街区之间的基本道路宽为 20m，少部分街区根据实际情况有所调整。每 5 个街区之间设置一条放宽至 30m 的主街道，每 10 个街区视为一个基本组（即一个基本组是 10m × 10m 个街区），以此为单位设置学校、市民中心、市场等生活服务的相关设施。

在匀置的网格上，塞尔达叠加了一横两斜共三条最高级别的城市干道，三条道路宽均大于 50m，一条从新城区的中部穿过，两条斜线分别起于城市的西北角与东北角，斜穿整个城区。三条道路交会于名为荣耀广场（Plaza Glories）的新城中心，代表现代交通方式的火车站位于广场的一侧。这些主街道从断面上清晰地展现出市政配套、非机动车道、马车道与火车道的并置，为城市后续的长远发展提供了足够的扩展空间。

在每个方形街区内，塞尔达制定了 18m 的限制高度；建筑仅允许布置于方形四边中的两边，或彼此平行，或组成“L”形，剩下的空地服务于绿化等公共用途。这样的布局首先保证了每个街区的居住质量，满足日照、通风等方面的需求；其次，仅两边设有建筑意味着所有街区是开放的；再次，集中式的公共空间布置模式被解构，分散于各个街区的模式取而代之；最后，双边建筑的布局为街区提供了多种组合可能性：四个“L”形可以围成一个大尺度的方形，居于中间的公共空间则可以用作更高等级的城市公园或广场；几个连续平行的街区串联起来则可以形成一条独立于标准交通网格之外的短步行道路。

单体方面建筑多采用底层商用、上层居住的纵向分布。这一布局让城市商业行为脱离固定市场的限制，故而有利于多层级复杂系统的现代商业的建立，也相继促进物流等相关产业的成熟和产业内的细化。

塞尔达的规划虽不能说面面俱到，但确实针对巴塞罗那当时的情况从整体框架到局部节点都进行了针对性的设计。然而没有人想到巴塞罗那的人口总数会在19世纪增长得如此迅速。整个城市由19世纪初的10万人，迅速增长至55万人。这使得规划师的方案还未完全实现就面临着不适应的尴尬境地。两边设置建筑物的街区设想，很快就被四边围合所取代。四层的限高也都纷纷加至六层。这些被动的适应与调整一方面使得街区角落户型产生通风、采光不足的问题；另一方面也使得开敞式街区变成四边围合的内庭院，这在根本上瓦解了原方案中的公共空间和绿地系统。除去时效性的问题，新方案在处理方格网区域同历史城区之间的交接关系上也饱受争议。虽然街区宽度来自于对历史城区的研究，但并不能改变大部分市民对新方案在整体上与老城肌理延续性较弱的普遍认识。同罗韦拉方案在概念阶段就以新老城市关系作为城市结构的重要立足点不同，塞尔达方案的纯几何操作确实更像是一个“舶来品”。虽在方案的具体实施过程中，塞尔达同他的团队曾针对新老问题开展了大量的细节完善工作，但整体上缺乏对原有肌理尊重的问题还是导致了从官

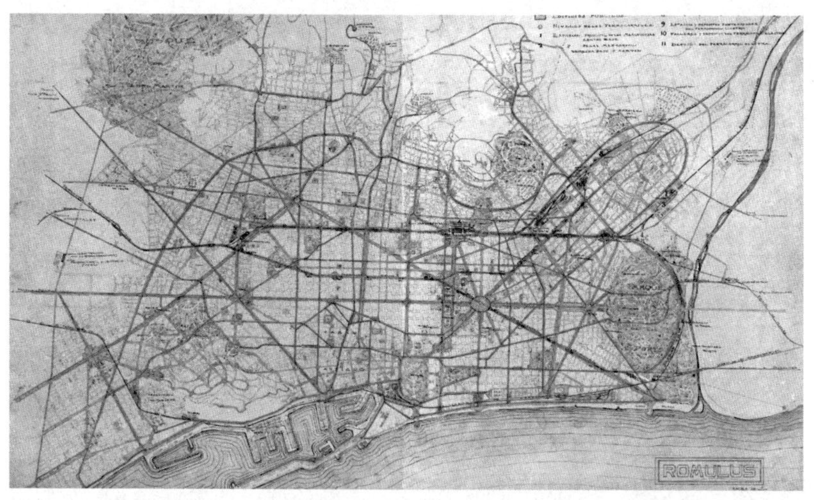

图 0-5 里昂·若瑟利规划方案

方到居民对新规划的排斥，更有政治家利用这种情绪提出了“要反对将那些单调和令人羞愧的小方块强加给我们的政府”的抗议口号。所谓“成也萧何，败也萧何”，是马德里令塞尔达乌托邦式的方案能够得以实施，而这也恰是本地市民对此方案排斥甚至拒绝的主要情感原因之一，最终造成了塞尔达晚年的悲惨结局。

在方案实施不到 50 年时，法国人里昂·若瑟利（Léon Jaussely）在 1905 年提交了新的巴塞罗那城市与交通规划方案，是为上文出现的问题进行系统化调整。具体包括：在城区内新增一系列斜向道路；梳理并强化用于连接周边小镇的主要街道；以城乡交会处为边界绘制了一条环城道路；重新建立集中性的城市公园，并同市内原有山体环境共同组成多层级的绿地系统等（图 0-5）。可惜，随后由于战争和国内的政局动荡，巴塞罗那受益于工业革命的第一轮城市大发展进程被打断，若瑟利方案中针对塞尔达规划的诸多改良设想直至 20 世纪后半程才开始逐渐落地。回溯从罗韦拉、塞尔达再到若瑟利这 50 年巴塞罗那城市规划方案的一次次变化与调整，不难联想出诸如地区与中央政府的博弈、接纳、排斥与自我改良，城市现代意识的萌芽等多纬度的话题，受限于篇幅，这里就不全面展开了。

时逾百年，上文故事里提及的人与事均已烟消云散，以塞尔达方案为构架的巴塞罗那却依旧在有条不紊地发展着。当年的那些批判、斗争、不满早已化作格拉西亚大街上的人流，或是拐角咖啡店里的喧嚣，成为整个城市景观中特有的一部分。以方形为单元铺设，将公共空间和商业分散到每个街区，以组为单位分配大型学校和市民中心等基础设施的做法，使得城市每个区域的生活变得丰富而便利，并吻合了当代城市多中心的发展理念。虽然规划一直在调整，但是时间早已帮助塞尔达证明了此方案的系统性与卓越的远见，多元且清晰的城市结构奠定了整个城市丰富生活的空间基础，与路面交通一同铺设的市政管网是巴塞罗那跻身现代城市最重要的标志。但我们更应该看到的是，整个方案均质肌理背后蕴含的去除差异的原则，它摈弃了服务权贵的精品模式，令所有市民无论社会等级与贫富差距，都可以享有健康而舒适的城市生活。方格与方格之间蕴藏着的平等、平均的民主意识和社会关怀正是塞尔达带给巴塞罗那最大的馈赠。

浪漫主义的回潮

虽然受到了不同程度的抵抗，但没有人能否认塞尔达的规划方案是同整个城市由农业型向工业型转型最为契合的。工业和现代商业的蓬勃发展令工厂主、商人逐渐构成了一个新兴权贵阶级。该阶级在诸多理念上的前卫与革命性，推动着巴塞罗那的发展，其与包括马德里在内的其他西班牙城市差距愈拉愈大。1898 年，西班牙在同美国的战争中失去了最后的海外殖民地，标志着昔日的全球霸主终于全面退出世界舞台。在国家发展整体疲软、海外战事不利等信息所造成的负面情绪弥漫于整个国内之时，一向对中央政府颇为排斥的加泰罗尼亚自然而然地将注意力转向自己地区的文化与民族性上，还有如何更好地融入欧洲主流。

同时期的欧洲，虽然工业化的蓬勃发展带来了生产力与生产方式的大变革，但是这种飞速变化的不安同时刺激了文化界对旧时代的怀念。反工业制品思潮催生了以苏格兰工艺美术运动和欧洲大陆新艺术运动为代表的手工风潮，而在加泰罗尼亚，这一风潮则直接体现在以路易斯·多梅内克·蒙塔奈（Lluis Domenech I Montaner）、安东尼·高迪（Antonio Gaudi）等人为代表的本土建筑师作品之中。在这场被称为加泰罗尼亚现代主义建筑［原名 Arquitectura Modernisme 应直译为“现代主义建筑”，但为了同广义上的现代主义建筑（Modern Architecture）区分开，文中以“加泰罗尼亚现代主义建筑”来代替］的运动中，当地建筑师通过那些看似肆意的折中主义手法，一步步探求着什么是现代语境下的加泰罗尼亚民族特性的答案。

一个完整的艺术派别有几个部分是不可或缺的，首先是能点明特征的宣言。1878 年，多梅内克·蒙塔奈在加泰罗尼亚当地的《文艺复兴报》（*La Renaxenga*）上发表了名为《探索一种乡土国家建筑》（*En busca de una arquitectura national*）一文。文中写道：

“新的形势需要吻合新的需求、技术和经验，并能通过历史上所出现的装饰和大自然的形式表现出来。总的来说，我们需要向过去学习。你也许认为这是折中的思想，就像植物需要从空气、大地和水分中吸取养分一样，如果你相信历史中确实有那些值得我们学习的东西，那作为一个折中主义者又何妨呢！”

其次是在一定的时间范围内有足够多可以证明其主题与特质的项目作品。加泰罗尼亚现代主义的作品多起于 19 世纪 80 年代，1888 年的巴塞罗那世博会被公认为是这一风格的第一次大爆发。建筑师的作品利用时下更为成熟的建造技术轻而易举地实现了历史上多风格、多时期、多元素的平行混搭，某种程度上确实激发了不同建筑语言组合的可能性；有机形体与多彩饰面的搭配强化了作品的视觉冲击力，但却难逃历史折中主义倾向的质疑；令人印象深刻的彩色玻璃和瓷砖延续了地中海的传统，而出自木艺、铁艺等作坊的精致配件不仅遮盖了西班牙工业化程度低的不足，还赋予建筑物少有的亲人尺度与细节。但我们也应该认识到，除了作品数量够多外，艺术派别的完整同时需要有足够影响力且能够准确代言这一艺术派别的领军人物。而对于加泰罗尼亚现代主义来说，安东尼·高迪一定是不二选择。

安东尼·高迪，1852年出生于加泰罗尼亚的小镇雷乌斯（Reus），家族世代从事铁匠工作。这项传统手工艺塑造了高迪对于线条的敏感度和对材料工艺的理解。曾有学者指出，高迪的个人爱好受到过英国前拉斐尔艺术流派的影响，该流派对细节的重视和具有强烈色彩的画风，同高迪的建筑作品有着一定的相似之处。

在1883—1888年的比森斯住宅（Casa Vicens）作品中，年仅31岁的高迪就表现出他在造型上的惊人天赋与独特的美学创造力。新摩尔式的整体造型虽然同其后来的作品有着一定的差别，但对马赛克的热衷则贯穿了高迪的整个职业生涯。规整的几何形体组合配以直线为主的立面线条，可以看出受到同时期多梅内克·蒙塔奈的影响。随后1886—1889年完成的桂尔庄园（Palau Guell）入口设计，高迪提取了当地经典传说中的恶龙作为造型元素融入最为主要的铁门扇中，并在后来的巴特略之家（Casa Batelló）与贝斯瓜德塔（Torre bellesquard，又译为美景屋，图0-6）的屋脊设计上数次使用这一元素的转译。这种通过转译当地文化中的某些特殊信息作为建筑形式的操作被建筑评论家查尔斯·詹克斯（Charles Jencks）视为后现代建筑的最佳范例之一。

桂尔庄园项目开启了高迪同桂尔家族的长期合作。在后者的资助下，建筑师先后完成了位于老城内的桂尔宫、城近郊的桂尔公园以及远郊家族工业区内的桂尔礼拜堂等作品。值得一提的是，在没有建完的桂尔礼拜堂项目中，高迪使用绳索与沙袋制作了著名的倒置模型进行静力分析，并通过这种方式来确定建筑的曲面形式。仅从个人角度来看，该项目是高迪职业生涯中最为优秀的作品，项目由于资金问题造成的教堂的主体建筑缺失、原本应居于半地下的礼拜堂在这种巧合下同场地高差完美契合。基于悬挂模型而生成的斜柱如神来之笔，辅以室内自然粗犷的装饰风格，极大地解构了建筑的人造属性，如同洛吉耶（Marc Antoine Laugier）所论述的建筑同自然的最初关系。但对大多数人来说，位于巴塞罗那市内的圣家族教堂（Sagrada Família）才是高迪的代表作。

图 0-6 贝斯瓜德塔屋顶

1872 年，一个名为约瑟夫·博卡贝拉（Josep Maria Bocabella）的书商在参观完梵蒂冈后回到巴塞罗那，决定同圣何塞的信徒（Asociación Espiritual de Devotos de San José）一同集资捐建一座社区教堂，起名为圣家族教堂。教堂最早委托给建筑师弗朗西斯科·德·比利亚尔(Francisco de Paula del Villar）设计，建筑师基于当时欧洲的流行趋势设计了一个哥特复兴式的方案。1882 年 3 月 19 日，在圣何塞的纪念日，教堂开始动工。但仅过了一年，比利亚尔就因预算超支问题同筹建委员会发生争执，并最终放弃了项目主管的身份。此时教堂已完成地下礼拜堂部分。如果筹建委员会知道一百多年后圣家族教堂依旧没有完工，不知道是否还会因为造价问题结束同比利亚尔的合作。随后委员会主管推荐了年轻的高迪作为新任的项目主管。1884 年，高迪正式接手圣家族教堂的设计，直至去世，一共 43 年（图 0-7）。

图 0–7　圣家族教堂

高迪接手后首要的工作就是针对原方案进行深化和调整。在今圣家族教堂地下博物馆中，我们可以看到高迪基于哥特复兴风格的第一版改良方案。该方案同比森斯住宅中所采用的规整方式一脉相承，只不过在纵向上有所拔高，同时引入了连续尖券的元素。这一手法在巴特略之家和特蕾萨教会学校（Colegio Santa Teresa，图 0–8）中均可找到。20 世纪初，建筑师对双曲线、抛物线等形式的兴趣日渐浓厚，圣家族教堂方案也又一次进行了大规模整改，已经非常接近于如今看到的自然有机形式。二轮调整后的方案因为过于复杂的形式大大拖慢了整个施工的进度。对此，建筑师曾以“我的客户并不着急”来加以调侃。整个项目直至高迪去世，也仅仅完成了不足 1/4。高迪去世后，多米尼克·格拉斯（Domenec Sugrañesi Gras）继续主持设计工作，直至 1936 年西班牙内战爆发。内战期间，由于无政府主义的暴乱和 1939 年初巴塞罗那遭受的轰炸，施工场地上的高迪工作室被焚毁。整个项目的原始图纸与模型几乎损坏殆尽，故而从 1950 年代恢复建造以来，继任的主持建筑师不得不在有限

图 0-8　特蕾萨教会学校

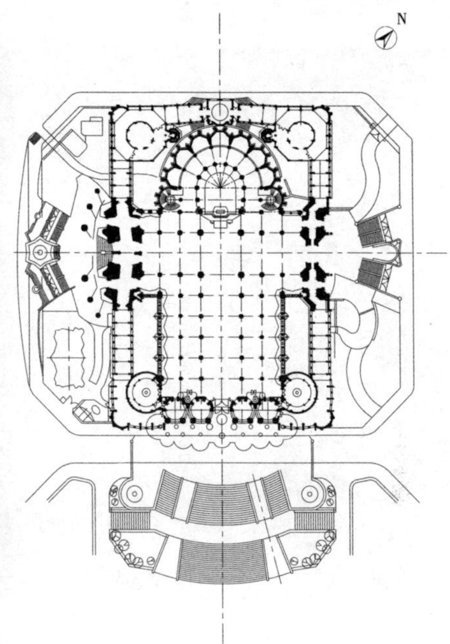

图 0-9　圣家族教堂平面

的资料上进行个人化创作。基础信息不足的问题直到 20 世纪后期在巴塞罗那高级建筑技术学院无意中发现了一套圣家族教堂的备用图纸后才有所改观。当然，这是后话。

回到建筑本身，高迪的平面延续了拉丁十字的基本布局。教堂主体长约 95m，宽约 60m，最多可容纳 13000 人。基于塞尔达规划的方格网肌理，高迪在拉丁十字外侧增设了一个环廊，以调整平面外轮廓同场地之间的关系。教堂主楼背后设有七个半圆形的后殿，让人想到了传统哥特教堂的七叶形格局。总的来说，受限于原方案的基础，高迪能调整的空间并不多（图 0-9）。

原方案除在平面上对建筑师有所限制外，在结构上也同样受到限制。高迪接手后计划大幅度地提升中殿建筑的高度，然而由于原基础问题，柱子在重量上必须严格控制。由于前厅较矮，该区域的柱子最细，支撑靠近中心的四座塔区域处，柱子也随之加粗。所有柱子都不是标准的圆形，而是内接正多边形。同圆形相比后者体积更小，亦起到了减小重量

图 0-10　圣家族教堂结构柱头与天花

的作用。这些柱子的原始方案均采用石材，60 年后的复建考虑到施工难度和重量的问题，中心塔柱在高处已采用混凝土替代。除塔柱外，中心穹顶的内饰面材料也用加工成鳞片状的金色不锈钢替代了传统的马赛克。当阳光从高塔进入，不锈钢的反射同人工照明一同为大厅镀上了一层淡淡的金色（图 0-10）。虽然这些替换多是无奈之举，但是采用当代材料替换传统石材和马赛克的做法至今仍然受到诸多专业人士的反对。

依据现存的资料，我们可知整个建筑共设计有 18 座尖塔，其中三个主要立面各设有四座高塔，象征着十二使徒，每座塔高 100m。教堂中心部分设有四座高 130m 的钟塔，上面分别立有公牛、带翅膀的人、老鹰和狮子的雕塑，以此象征着四位最重要的传教士，即四位圣经中福音书的作者。最后的两座高塔位于教堂的中心轴线上，靠近主入口略矮的高塔象征着玛丽亚，而居于十字交叉处上方的中心高塔，则是象征着耶稣基督，此座塔高 170m，仅比蒙特惠奇山矮 1m。当塔楼全面完工之时，圣家族教堂也将成为世界上最高的教堂。

目前完工的两侧立面的核心分别是以耶稣诞生和受难为主题的两组

大型人物雕塑群像。诞生门在高迪时期完成，立面以耶稣诞生的场景为创作背景，整幅群像中由大量取自圣经中的人物、抽象于自然的装饰元素，以及一些有着隐喻意义的细节共同组成（针对这些细节的展开难免总有捕风捉影之嫌，有兴趣的朋友可以去读一下由西班牙作家埃斯特万·马丁和安德鲁·卡兰萨写的小说《高迪密码》，或者是马里奥·拉克鲁兹所写的《高迪传》，本文在此就不过多讨论了）。而另一侧的受难面则是完成于高迪去世后，整体的风格更偏当代。在以耶稣受难为背景的基本面之上，六根如同骨头般的斜柱撑起一个金字塔式的前厅，棱角分明的线条让受难面与诞生门产生强烈的反差与张力（图 0–11）。

图 0–11　圣家族教堂受难面立面

虽然上文两个立面因频繁出现于各大旅游和专业杂志上而被人所熟知，但实际上二者均为教堂的侧立面，教堂的正立面尚未完工，这个被称作荣誉之门的立面是材料遗失问题最为严重的立面；整个圣家族教堂工期初步预计于 2026 年即高迪去世百年之时完成。该面最终会以何种形式呈现，主立面广场如何处理等一系列问题，也只有等完工之日才能得知。

除立面装饰外，自然元素出现于建筑的角角落落：建筑室内的柱子由下至上逐渐张开，如同树木的枝干，当这些柱子在顶部聚拢时，又仿若盛开的花瓣，盖在前厅之上；屋顶塔尖的收口来自海螺的曲线；圣家族教堂外侧附属用房墙面和屋顶的连续曲线如同树叶。

这个被精心设计的附属用房是高迪的工作室和培训学校。由于整个项目持续周期过长，高迪不得不就地培训学徒和助手帮助他共同完成此项目，建筑师生命的最后十多年亦在此度过。1926 年 6 月 7 日，高迪在从圣家族教堂工地前往巴塞罗那市内教堂做礼拜的路上被刚刚开始运行的城市电车撞倒。虽然立刻被送往圣保罗医院抢救，但仍因抢救无效而在三天后去世。出事时他衣衫褴褛，如同流浪汉，直到去世后才有人认出这位鬼才建筑师。高迪的意外离世让整个圣家族教堂的修建如同一出戏剧，在高潮处戛然而止。

由于其特殊的宗教属性，教堂自开工之日起便不接受任何政府和大型企业的资助，仅依靠参观者的门票和信徒的个人捐赠来维持修建的所有费用。虽然业内至今依旧对是否应该将这个教堂全面建成持有争论，但不可否认的是，圣家族教堂如梦如幻的建筑语言和高迪自身的传奇故事早已让该建筑成为巴塞罗那最重要的城市名片，每年近 300 万的参观人数也使它长期位于西班牙最受欢迎的旅游景点之首。

除圣家族教堂外，高迪在整个巴塞罗那留下六座世界文化遗产级别的建筑，而同时期的多梅内克·蒙塔奈亦有加泰罗尼亚音乐宫（Casa de Musica）、圣保罗医院（Hospital San Pau）等杰作留于后世。换句话说，加泰罗尼亚现代主义的建筑师可以被视为巴塞罗那第一批城市地标的塑造者。但从另一个角度来看，无论是多梅内克·蒙塔奈将历史建筑风格与自然相融合的努力（图 0-12），还是高迪将加泰罗尼亚浪漫艺术表现与维奥莱勒·杜克（Viollet-le-Duc）结构理性主义进行杂交，并以期塑造出一种全新的、极富生命力的建筑表现形式，都不能掩盖他们的作品在整体秩序上的相对混乱与随处可见的矛盾，尤其是后者。高迪作品中众多细节至今仍无人能给予完美的解释，这些谜团伴随着被无数人加以解读的圣家族教堂所产生的文化影响与经济效应，早已远远大于作品本身的功能。

神秘主义的面纱并不能改变整场运动历史折中主义的本质。当时业内甚至嘲笑那些逐渐兴起的现代主义建筑，视其为“将爷爷抛弃，将父

图 0-12　加泰罗尼亚音乐宫室内

亲扫地出门”的愚蠢做法。1899 年版的《西班牙语词典》更是将现代主义定义为“对现代的过分热爱和对古代的过分轻视，尤其是在文学和艺术方面”。从这些文献资料中，我们不难看出，在整个大时代如洪流般涌向现代的进程中，加泰罗尼亚现代主义运动强调对历史风格自由融合的同时，也是一种保守甚至是对于未来的恐惧，如同那个时代引发浪漫思潮的“怀旧”情绪一样，充满着对新技术的不信任，对中产阶级价值标准的厌恶和“上帝之死”后价值体系重建过程的彷徨。

这种对现代主义的否定倾向也延续到后来的新 1900 运动（Noucen-tisme）①。从社会层面上讲，该运动推动了巴塞罗那市内剧院和体育场馆等基础市政设施的兴建，鼓励了加泰罗尼亚语出版业的发展，改革和规范了加泰罗尼亚语的语法，强调了自由、民主的“理想化加泰罗尼亚”（ideal Catalonia）概念，等等。均为随后现代主义的变革打下了社会与文化基础。但在建筑层面上，从加泰罗尼亚现代主义到 1900 运动，整

① 新 1900 运动（Noucentisme），又译为“新百年运动”。是 20 世纪早期兴盛于加泰罗尼亚地区的文化运动。该运动强调地域文化和古典复兴，同欧洲同时期的新艺术运动并不相同。

个行业的语言系统并没有出现任何本质上的变化。

意大利建筑理论学家曼弗雷多·塔夫里（Manfredo Tafuri）在《现代建筑》一书中将此类充满浪漫主义气息的运动之目的，归结为“组织梦境，将其定义为以真实世界为原型的隐喻模型。”[①] 在20世纪初的巴塞罗那，建筑师试图通过自身的努力，将旧时代的历史气息与尚未清晰的新时代风貌，以及巴塞罗那永不能逃避的自我身份探寻融合于一体。当然，这一定不太容易。正如塔夫里在书里继续写道：“新艺术运动的朦胧梦想，已经让位于建立新世界艰苦过程的图像。但悬挂在过去与现实之间的依旧是那副怀旧景象：真正的革新过程当时几乎并没有触及这片地区的建筑思想。”[②]

转瞬即逝的变革

以高迪为代表的加泰罗尼亚现代主义之所以为当代人所推崇，除其作品中所蕴藏的那些动人的浪漫主义表达外，那些宛若天成的动人曲线、华丽的装饰和构件同样令人记忆深刻。这些如今完全不可想象的纯手工产品定义了它们的不可复制性，同时也意味着高昂的成本。即便是在当时的巴塞罗那，高迪的作品也不是普通人所能承担得起。这场绚烂的建筑运动所面向的服务群体更多是社会的上层阶级。

同一时期的欧洲大陆，现代主义已逐渐握有主流话语权。1923年勒·柯布西耶出版了《走向新建筑》，并于同期发表了一系列住宅和现代城市构想；1925年瓦尔特·格罗皮乌斯已经在包豪斯开始了教学工作；而密斯·凡·德·罗更是早在1919年的弗里德里希大街高层的竞赛方

① 曼弗雷多·塔夫里，弗朗切斯科·达尔科．现代建筑[M]. 刘先觉，译．北京：中国建筑工业出版社，2000（6）：79.

② 同上。

案中就发布了玻璃摩天楼的方案。1927 年的魏森霍夫住宅展终将什么是现代主义风格具象且肯定地表达出来，并直接推动了次年 CIAM 的成立。

1928 年，即在 CIAM 成立的当年，一名叫约瑟夫·塞特（Josep Sert）的巴塞罗那建筑学院学生组织了一次前往巴黎的集体旅行。在巴黎，他们首次接触到柯布西耶和他的《走向新建筑》，现代主义简洁的建筑语言与功能性的组织逻辑深深刺激到这批年轻的建筑学子们。返回巴塞罗那后，塞特·托雷斯·克拉维（Josep Torres Clavé）等人成立了一个由学生组成的小组推广现代主义建筑，并于 1928 年的 5 月 15 日至 16 日，邀请柯布西耶在赴马德里的途中停留巴塞罗那，做了一场学术讲座。随后在巴塞罗那的达尔莫画廊（Galeria Dalmau）策划了第一场介绍现代主义建筑的专题展览。

1929 年，世界博览会灯光主题展在巴塞罗那举行。选址位于巴塞罗那主城区西侧。这个在里昂·若瑟利规划方案中被定义为城西核心广场的公共空间借此契机开始被重点打造，同 1888 年巴塞罗那世博会对城东原军事城堡区进行更新的做法如出一辙。从城市层面来看，1929 年的灯光世博会定义了一个新的城市发展中心与方向，并让人们开始反思已存在的旧城市结构。轨道交通等新兴现代化交通工具亦借此时机进入城市。作为枢纽的新西班牙广场，成为巴塞罗那西边重要的文化中心和连接马德里、阿拉贡等西班牙腹地城市的交通枢纽。更为重要的是，1929 年在蒙特惠奇山举办的世博会提供了一个机会，将这座山并入了城市之中，使得这片自然区域成长为巴塞罗那最为吸引人且重要的休闲公园。

但从建筑层面上看，这场由新 1900 运动团体整体把控的展会则像是对后现代“大拼盘”展会风格的一次预言。历史折中主义手法扎堆的建筑群以现代建造的方式在一年时间里迅速填满了整个西班牙广场，并沿山势拾级而上。两座拷贝自威尼斯圣马可广场的钟塔立于连接广场与主展场道路的入口两侧；手法混拼的主题馆显得矛盾且拙劣，为了迎合“异

图 0-13 巴塞罗那世博会，1929 年

域风情”的旅游诉求，规划者甚至在主展区的一侧修建了一个安达鲁西亚风格的主题小镇；而居于整个展区最高处的国家馆为吻合主题精心设计了灯光，让这届博览会充满了浓浓的腐朽气息（图 0-13）。

也正是这样的一场“集体怀旧”的闹剧，令德国建筑师密斯·凡·德·罗设计的德国馆显得如此与众不同。密斯刻意将这个作品放在了位于由主展区去往主题小镇的必经之路上，令所有参展人都无法忽视其存在。这个作品所特有的纯粹空间体验，理性构成原则，精确材料使用等特质，如同一枚重磅炸弹，投向了那个依旧沉醉于旧日的巴塞罗那（图 0-14）。

借德国馆的契机，塞特仿照 CIAM 的形式，在巴塞罗那成立了加泰罗尼亚现代建筑联盟（G.A.T.C.P.A.C.）。1930 年，西班牙现代建筑联盟（G.A.T.E.P.A.C.）也随之成立，并于同年发行属于自己的刊物 *A.C.*（*Actividad Contemporanea*）。在第一期的卷首语上，建筑联盟这样写道：

图 0-14　巴塞罗那德国馆（复建）

“建筑需要满足理性与实用性，从内容、整体、材料、空间、采光等方面制定出满足内部功能性的方案，在外部则需要在美的比例、秩序、平衡性下保持一种简洁性。我们应该删除过多的装饰，同虚假的材料和风格作斗争。通过集体的努力，在实践操作中还原建筑的自身特征，即一种自然、技术、社会、经济的统一综合体。”①

同之前的加泰罗尼亚现代主义运动宣言相比，更强调装饰的复古风格在建筑联盟的文字中被明确摒弃，而更强调功能性。现代建筑联盟的成立标志着以塞特为代表的年轻一代建筑师开始同欧洲大陆先锋思想对接。虽然在诸如建于蒙塔奈路（Calle Muntaner）的住宅等早期项目中有模仿柯布西耶的痕迹，但整个建筑的语言系统已经同浪漫怀旧泾渭分明，一个新时代从此开启。

---

① G.A.T.C.P.A.C.. *Actividad Contemporanea No.1*，1931.

图 0-15　方格网区社会住宅，1932 年

欧洲大陆对伊比利亚半岛的影响远不仅限于建筑领域，在政治和社会层面表现得更为明显。20 世纪 30 年代初，伴随着独裁统治者米戈尔·普里莫·德里维拉（Miguel Primo de Rivera）的退位，西班牙政局进入了多党派角力的局面。1930 年 8 月，各共和派在圣·塞巴斯蒂安（San Sebastian）签署了公约，决定推翻君主制。在经历了半年的局部起义和混乱选举后，1931 年 4 月，西班牙终于迎来了自己的民主政府——第二共和国临时政府，民主进程取得了初步的胜利。新政权在成立之初为了表现其优越性，加强了对社会中下层人群的重视，加大了对学校、医院等公共设施的投入，这无疑为年轻一代提供了一个完美的成长契机。建于巴塞罗那市郊，由塞特等人联合设计的工人住宅（Casa Bloc）正是这一时期的最好体现。

项目起源于 1932 年由艾依瓜德（Jaume Aiguader）所发起针对巴塞罗那工人住宅问题的讨论（El problema de l'habitacioobrera a Barcelona）。以塞特为首的现代建筑联盟提交了一个基于巴塞罗那方格网区（Eixample）的社会住宅方案。方案为一栋 6 层的板式住宅（图 0-15）单体，处于方格网的一边。建筑师摒弃任何纯装饰的线条，仅通过外凸

图 0–16　圣安德鲁社会住宅，1933 年

的阳台来丰富立面构成。在功能组织上，建筑师设计了一个上下两层的复式单元，这个单元并没有延续底层商用的传统做法，而是设置了一个直接面向城市的居住空间。屋顶也被利用起来，用于公共活动。底层和顶层的处理方式让人联想到柯布在同时期的一系列单体别墅方案，单元式的操作方式也为后来的工人住宅设计打下了基础。

一年后，政府委托现代建筑联盟设计一栋位于巴塞罗那北部的圣安德鲁（Sant Andreu）的工人住宅。由于巴塞罗那的新城规划造成城区外扩和地价上涨，原建于老城外围的工厂为了降低成本不得不向更偏远的区域迁移，而圣安德鲁区域在 20 世纪 30 年代便成为巴塞罗那周边主要的工业聚集区（图 0–16）。

新建筑面对的场地情况同城内的方格网肌理有着很大不同。针对东西两侧既有的两栋大型工厂，建筑师以一个“S”形的建筑体量来应对。“S”形两个宽阔内凹庭院面对两侧工厂打开，从而为工人们提供休憩的公共区域；“S”形建筑体量的底部被全部架空，这一方面是塞特等人对柯布西耶新建筑五点的诠释与再现；另一方面，架空可以使场地两侧的庭院联系起来，有利于两侧工人在地面层的自由活动，从而缓解大体量对周边街区行人的活动带来的不便影响（图 0–17）。

图 0–17　圣安德鲁社会住宅沿街立面局部

功能组织上，工人住宅延续了之前方案的特性，都是基于一个类似Loft的两层房型作为标准单元，单元内的下层为厨房与起居室，上层则为卧室，起居室设一小型阳台。不同于原方案中用于丰富立面构成的外阳台，新方案的阳台均采用内阳台的处理方式。起居室和主卧室朝向南面或者东面，保证了主居住空间的日照和采光。单元入口则朝向北侧和西侧，这些入口通过一个半开放长廊串联，为立面提供了一个虚实的变化，并为邻里提供一个简单社交的空间。从建筑底层的纯粹公共活动区域到长廊的半公共区域，再到住户私密区域，开放度在逐步收缩，尺度上也与之相对应在一点点调整（图 0–18）。

建筑的室内同样维持了这一时期现代主义的主流风格：厨房与卫生间的布置强调功能需求，运用极简的家居、工业风的灯具，等等。这些精确却又有些清冷的设计令室内的整体风格有一丝禁欲主义的倾向。同早期魏森霍夫住宅展中的诸多项目一样，建筑师大胆地使用了鲜亮的涂料作为面层，室内为粉红色，室外则以黄色为主。

毫无疑问，这个为中下层人群量身定做的工人住宅项目，同加泰罗尼亚现代主义时期的豪宅作品相比一定是略显简陋的。项目在极其有限条件下为使用者提供了一个功能健全的集合住宅与包含两种不同程度的开放空间，同时较好地体现出年轻一代的本土建筑师对新时代建筑材料

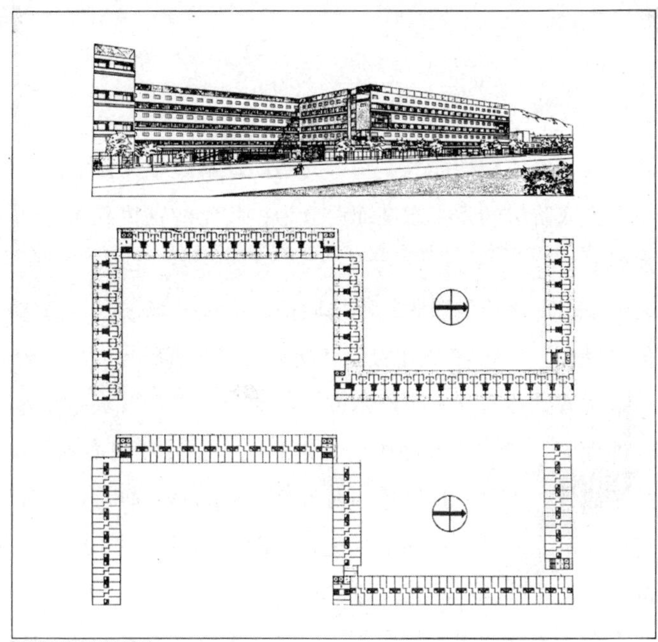

Perspectiva realizada por Torres Clavé.
Plantas Tipo.

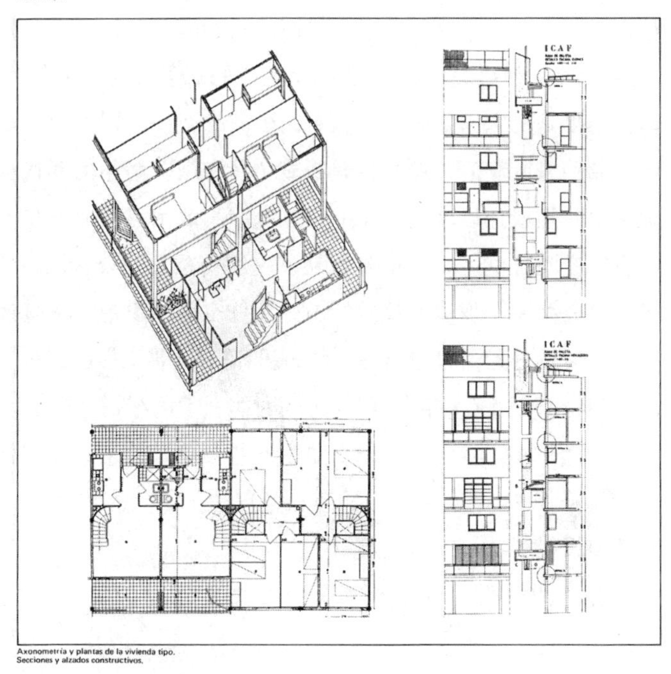

Axonometría y plantas de la vivienda tipo.
Secciones y alzados constructivos.

图 0-18　圣安德鲁社会住宅平面和户型单元

和装饰、形式与功能的关系等问题的理解。工人住宅因其所蕴含政府对新兴工人阶级的重视态度而后成为执政党的宣传武器，屡见于各大官方媒体上。

正当现代建筑联盟打算撸起袖子大干一场之时，南部叛乱的消息也传了过来，1936 年 7 月的那声枪响标志着西班牙内战的全面爆发。这场战争的残酷在乔治·奥威尔的《向加泰罗尼亚致敬》和海明威的《丧钟为谁而鸣》等文学作品中均可以略窥一二。对很多国际民主斗士而言，这场战争并不是一场简单的西班牙内部战争，而是“代表着一场对抗当时最大的罪恶——法西斯主义，即以弗朗哥将军（Francisco Franco）的国家主义派和他们的意大利和德国同盟为代表的圣战。”[①] 甚至有大量的文人志士不远万里来到西班牙，以自身行动来支持民主政府，他们其中很多人也永远地埋在了这里。然而民间的战斗热情并没有为共和国带来最后的胜利。这场被欧洲众强国所操控的战争游戏终于在 1939 年落下帷幕，结果是民主国家的毁灭和专制国家的诞生，以及建筑联盟时代的终结。弗朗哥胜利后，那些带有明显“共和国”烙印的现代主义建筑大多被付之一炬或加以改建。而上文这栋因其政治意义而备受瞩目的工人住宅也未逃脱其厄运。1940 年代初，一座警察局办公楼被强加在其中一个半围合庭院中，加建不仅破坏了原开放空间的设想，更直接影响到后面区域的通风采光，同时警察局所代表的监控态度，甚至有些“杀鸡给猴看”的味道，直至 1975 年警察局才被拆除。21 世纪初，整栋工人住宅开始进行全面整修，并将一间位于角落的居住单元改造成为博物馆。博物馆内完全还原了 1934 年室内的布置，包括家具、室内颜色，甚至门把手和洗浴设施等。

自 1937 年起，国家机器开始全面运转以应对来自南部的战争压

① 马丁·布林克霍恩. 西班牙的民主和内战 [M]. 上海：上海译文出版社，2003：7.

力，现代建筑联盟已经没有太多的实践工作，部分建筑师也深陷战争泥潭。1937年塞特为西班牙第二共和国设计的巴黎世界博览会西班牙馆基本上是这个建筑师团体的绝唱。西班牙馆采用轻质的钢结构，方正的建筑体量，底部架空。参观者从建筑下层进入一个围合的庭院内部，然后被一条坡道从底层引导至二层主展区，整个空间结构简洁而流畅。该建筑建成后，毕加索（Pablo Picasso）的《格尔尼卡（*Mural Guernica*）》、亚历山大·考尔德（Alexander Calder）的《水星喷泉（*Fountain of Mercury*）》、米罗（Joan Miró）的《加泰罗尼亚农民和革命（*The Catalan Peasant and the Revolution*）》等一系列西班牙著名当代艺术家的作品均先后在世博会期间于此地展览，全面展示了西班牙人民对于战争的憎恶和对于和平的诉求。第二共和国政府也希望借此平台来博取全世界的关注与援助。该项目在1937年世博会结束后被拆除，后于1980年代末在巴塞罗那复建。

1939年1月12日，加泰罗尼亚现代建筑联盟主要创始人之一的托雷斯·克拉维在一场守卫战中献出了他年轻的生命；1月26日，加泰罗尼亚首府巴塞罗那被右派军队攻陷；建筑联盟的主要成员相继流亡于古巴、智利和哥伦比亚等拉美国家；之前因工作、经济窘迫和个人伤病等原因滞留在巴黎的塞特，得到希格弗莱德·吉迪恩（Sigfried Giedion）的帮助得以前往美国，在哈佛大学建筑系任教，直至1947年母亲重病才重新踏上自己的祖国；而留在加泰罗尼亚的成员们或被关押，或受到被剥夺从业权等不同程度的迫害。至此，建筑联盟以一个彻彻底底的悲剧结尾，为其短暂又绚烂的10年画下了一个沉痛的句号。

回看建筑联盟的10年，他们为巴塞罗那和西班牙建筑界留下了一套新的实践方式，一丝现代社会的民主意识和些许急于求成的革命经验。现代主义建筑语言在政府的推动下成为“我们这个时代建筑”的代言，正面回答了之前众多建筑师天才所没有回答的问题，即在现代工业社会下如何实现建筑的现代性表述，又如何让建筑成为更具普世服务功能的空间载体。我们还可以看到加泰罗尼亚建筑联盟对城市设计的实验将建筑师的思考从微观带到了宏观，激发了当地建筑师对城市的热情与兴趣，并逐渐将“城市意识”成为一种基本职业素质。同俄国先锋派一样，现代建筑联盟在政治意识形态上表现出来的幼稚，虽然为其悲剧结局埋下了伏笔，但众多流亡拉丁美洲的建筑师却依旧努力推广着现代建筑，塞特随后更成为 CIAM 的主席，活跃于全球建筑的舞台上。

如果没有这场内战，也许西班牙会同欧洲其他国家一样逐渐完成工业化的改造；如果没有这场内战，也许西班牙建筑会全盘接受现代建筑语言；也许没有这场内战，大量优秀的本土建筑师不需要逃离故土；整个西班牙建筑的发展也将走上一条完全不同的道路。然而历史没有也许，持续三年的战争令至少 120 万人失去生命，50 万人逃离西班牙。第二共和国战败后，弗朗哥政府对左翼现代主义建筑师的迫害、对左翼思想的打压令刚刚萌芽的西班牙现代建筑迅速消亡，被新一轮的复古风格取而代之。

马德里学派

内战结束没多久，第二次世界大战就全面爆发。然而出乎所有人的意料，在内战中得到德国支持的弗朗哥政府官方虽然明面上支持法西斯政府，但却以国家无力参与战争的借口让西班牙保持中立，饱经内战创伤的西班牙方得到喘息的机会，二战中的明哲保身也使得西班牙境内大量历史建筑在这场浩劫中幸存下来。

但即便如此，弗朗哥的独裁统治方式与支援轴心国的志愿部队“蓝色师团”均证明了当局同意大利与德国法西斯在意识形态上的相似。这种形而上的联系也导致了 1940 年代德国新古典主义和意大利新理性风格成为独裁时期西班牙建筑的主要参考。前者成为西班牙建筑的官方首选，而后者则体现在马德里建筑师于1940—1950年代之间的一系列作品尝试。1941年弗朗西斯科·卡布雷罗（Francisco Cabrero）的战争纪念碑方案就明显参照了罗马的意大利文化宫（Palazzo della Civiltà Italiana），而在1948年的马德里工会大楼项目中，纯几何的体量操作，均质的开窗方式，脱胎于古典建筑的比例关系等特质都可以看到新理性主义的影响。但这栋被称作西班牙战后第一座现代建筑并不能掩饰整个1940年代的古典主义盛行，建筑史学家尼古拉斯·佩夫斯纳（Nikolaus Pevsner）认为西班牙是整个欧洲大陆上仅有的两个没有真正受到现代主义影响的国家之一。

二战后，受到国际制裁和弗朗哥闭关锁国政策等多方面影响，西班牙建筑在世界媒体中几近销声匿迹。直至1961年，在一本名为《欧洲新建筑》的书籍中才重新出现了西班牙建筑的身影。这一次代表西班牙的是马德里建筑师亚历杭德罗·德·拉索塔·马丁内斯（Alejandro de la Sota Martínez）和他建于塔拉戈纳的市政厅（The Civil Government of Tarragona）。

亚历杭德罗·德·拉索塔，1913年生于西班牙加利西亚地区的蓬特韦德拉（Pontevedra），1941年毕业于马德里建筑学院后开始自己的建筑实践生涯，1956—1972年间曾任教于马德里建筑学院，1996年2月14日卒于西班牙马德里。由于德·拉索塔右翼的家庭背景，建筑师职业生涯早期就得到如塞维利亚的埃斯基贝尔村（Pueblo de Esquivel，Sevilla）等公共建筑的设计机会，并迅速从马德里建筑师群体中脱颖而出。1956年，德·拉索塔赢得了塔拉戈纳市政厅的竞赛。项目直到1959年才开始动工，1961年落成。

塔拉戈纳市位于加泰罗尼亚地区，邻近地中海，航运一直是该地的支柱产业。这个城市最早建于古罗马时期，是当时伊比利亚半岛上最重要的城镇之一，至今仍保留着大量的古罗马遗迹。如今是加泰罗尼亚地区塔拉戈纳省的首府。德·拉索塔设计的市政厅坐落于新城中轴——新兰布拉大道（Rambla Nova）尽头的广场一侧（图 0–19）。

德·拉索塔的方案由一个六层高的主楼和两层高的裙楼所组成，一、二层用于办公，三至六层则用于居住，通过交通上的处理而维持两种功能在流线上的相对独立。同我们习惯的主楼裙楼关系不同，建筑师将主楼紧贴广场而把两层裙楼甩在后面。受限于 21m 的高度控制，将主楼外置更有利于整个建筑之于广场的纪念性塑造。在平面上，6m × 6m 的混凝土柱网控制了整个建筑的基本尺度，很好地满足一、二层办公区域的布置需求。在面对广场的主立面处理上，入口区域后退为紧贴广场的建筑提供了一个前厅区域。支撑上层的十字钢柱直接落地，刻意更换结构柱的主材可以减小柱子的直径，细小的柱子和入口内凹形成的阴影，为整个建筑营造出一种漂浮感。在二层的中心位置处，建筑师设计了一个外挑阳台，这个立面唯一外凸的元素，在广场集会活动时扮演的宣讲台的角色。三层的立面再次后退，在不破坏二层阳台地位的前提下，为住宅区域提供了一个内凹的阳台，同时打破了立面的整体连续性，传达出不同功能分区的转换。底层和三层相似的内凹动作，形成一种以二层为中轴上下的镜像，从而再一次强化二楼的核心位置（图 0–20）。仅从一到三层的关系来看，三层内凹的处理是清晰且合理的，但立面不连续的做法却会削弱建筑整体纪念性的塑造。为此，建筑师设计了一系列立面细节来平衡：首先，二层阳台居中可以明确定位建筑立面的中轴，通过基于中轴的水平方向对称是强化纪念性的常规策略。但设想如果四至六层住宅部分的阳台都延续二楼的方式，那么建筑的立面就会显得过于单一，同时又会削弱二楼阳台的核心地位。故而建筑师选择仅让六层阳台同二层阳台在面宽和位置上对应，以一种首尾呼应的方式定位中轴；四层与五层的阳台均被收拢在一个正方形的内凹洞口中，两个正方形彼此错位增加了中轴部位的丰富度（图 0–21）。

除强化中轴外，建筑外墙面通体石材的厚重感也有助于体现市政厅

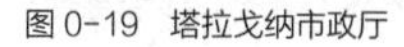

图 0-19　塔拉戈纳市政厅

图 0-20　塔拉戈纳市政厅立面局部

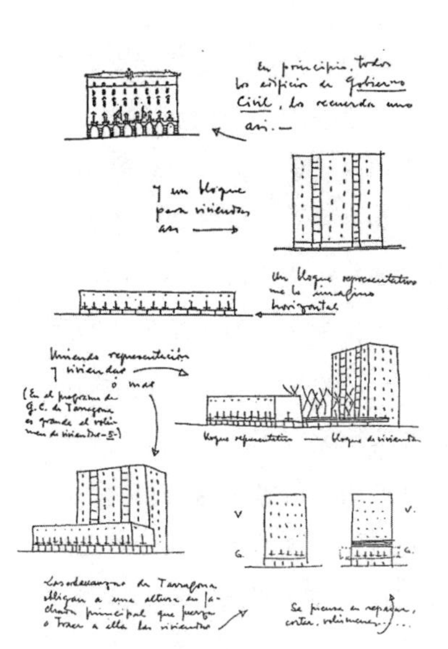

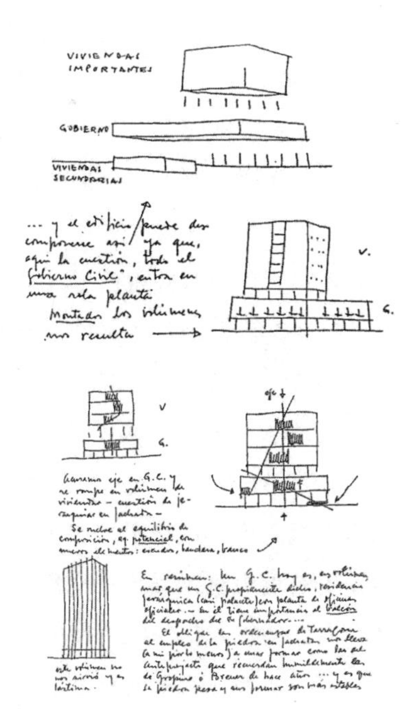

图 0-21　塔拉戈纳市政厅概念草图

的庄重与权威，层与层之间在立面上的区分仅基于不同石材的颜色变化。弱化水平体量的意图同样体现在四五层之间立面金属板的使用上。金属的阳台栏板同时遮盖住了四层阳台与五层楼板，上下两层阳台的顶针关系打破了常规的门窗认知，从而试图建立起一种更为抽象的体块与洞口关系。这些强化建筑整体而弱化建筑节点的做法使得建筑的体块感更清晰，从而起到缓解建筑作为政府部门在高度上的劣势，形成一种对于高度上的认知误判。

德·拉索塔的项目对于整个西班牙建筑界，无疑是有着里程碑式的重要意义。这意味着在经历了“古典复辟风”的1940年代，西班牙建筑师重新回到现代建筑语言的表达序列中来，这种风格得以用于官方建筑更是说明政府对于建筑形态控制的放宽，在马德里与巴塞罗那也开始重新出现一批语言明晰的现代建筑案例。当然，这种逐渐松弛与西班牙在1950年代末期的新国际外交策略有着密切的关系。

如果我们将德·拉索塔的项目同20年前的工人住宅相对比，我们不难发现，相较于工人住宅形式与功能之间的绝对对应，市政厅立面上的变化逻辑受到了构成、形而上体量关系等更复杂因素的综合影响。从中我们不难看出建筑师将西班牙本土对于材料敏感的传统，意大利理性主义的手法与经典现代主义的功能性加以融合的努力。这种多风格融合的尝试从一个侧面说明了西班牙建筑在1950年代的特殊状况：独裁统治的介入破坏了现代建筑系统的连续性，闭关锁国的政策令其他建筑语言只能以片段化的方式进入。西班牙建筑不得不接受“与世隔绝”的现实，而将注意力集中在基于已有信息的重新整合上来。但实际上，这种解构原系统的重组对西班牙来说并不陌生，在西班牙的整个建筑史上，混合各个时期建筑风格的项目屡见不鲜，加泰罗尼亚现代主义运动更是将这种对历史风格和元素的非理性使用推到了一个新的高度。换句话说，西班牙建筑师往往轻体系观念，而更重视如将参照信息以自我操作的前提下进行提炼，又如何进行再利用。我们即便将这种操作倾向称之为西班牙现代建筑的核心特色之一也并无不妥。

回溯19世纪和20世纪，似乎巴塞罗那较马德里的发展更进了一步，这种先进性不仅体现在建筑与城市领域，毕加索、达利等人在艺术界更是有着举足轻重的影响力。但这种暂时的领先更多是得益于工业革命对生产力的解放以及延伸的相关影响。马泰·卡林内斯库曾在著作中将现代性（Modernity）做了两种形式的归类[①]：一种是社会阶段上的现代性，是科学的进步，工业革命和资本主义带来的全面经济社会变化的产物；另外一种则是美学概念上的现代性。如果说，前一种现代性多体现为相信科学技术造福人类的可能性、对理性的崇拜、对实用主义以及对大都市的激情，那么后者则是导致艺术“先锋派”产生的重要原因。其浪漫派的开端，即为倾向于激进的反资产阶级态度，从反叛，无政府，到自我流放。较之那些积极抱负，文化现代性更多表现在对资产阶级的公开拒斥和否定。借用这个概念来看1939年前巴塞罗那的发展脉络，以塞尔达和现代建筑联盟为代表的操作多在意理性、民主、实用与社会化，而以高迪为代表的加泰罗尼亚现代主义运动则偏向美学的现代性，即对手工业的强调与对“现代”的拒绝。

然而，随着弗朗哥上台后对加泰罗尼亚、巴斯克等强势独立文化地区的打压与中央集权时期政治首都得天独厚的优势，属于马德里的建筑文化开始逐渐成形。不同于巴塞罗那的多元化与城市主义，马德里建筑师的风格更为内敛。伴随着教学系统的逐渐完善，马德里建筑师的实践从1960年代迎来了全面的爆发。西班牙建筑界也从以巴塞罗那为先锋，转为以马德里和巴塞罗那为双核心的新格局。

一个真正多元的时代才刚刚开始。

---

① 马泰·卡林内斯库．现代性的五副面孔——现代主义、先锋派、颓废、媚俗艺术、后现代主义[M]．北京：商务印书馆，2002：5.

第一章 过渡

1975 年，弗朗西斯科 · 弗朗哥去世，结束了自己在西班牙长达近 40 年的独裁统治，将政权交给了年轻的国王胡安 · 卡洛斯（Juan Carlos I）。然而，时代发展和民智进步并不允许一个新独裁政府的出现。在经历了一番政局动荡、调整与反腐之后，西班牙政治体系重回民主的轨道。

相对于 1939 年独裁政府的建立，弗朗哥的去世对整个国家影响要小得多。实际上，从 1965 年前后，西班牙就已经开始调整与转型。在国际上，弗朗哥利用冷战契机同美国等强国重建起外交甚至盟友关系，从而大大缓解了西班牙 20 世纪 40 年代进入的国际困境。在国内，西班牙的经济从 20 世纪 60 年代开始进入一个高速发展阶段。国家 GDP 以每年超 7% 的速率持续增长，西班牙成为当时全球经济增长第二快的国家。当然，这种繁华景象并不能证明独裁政权的正确性和适时性，它更多是在整个欧洲工业生产平均水平较高的前提下，洼地效益所产生的必然结果，经济发展和人民生活的改善使得社会中产阶级群体数量日渐增长。

但短时间里的高速发展并不能让国家境况得到深度而全面的改善，西班牙的工业化程度依旧存在整体较低，发展程度不均等问题。除了纺织、能源等产业相对成熟，其他工业类型均较为薄弱；工业化区域主要集中在马德里、巴塞罗那及北部沿海等有着一定工业基础，同时教育水平较高的地域，而南部则依旧维持以农业为主的产业结构。这种分化导致国内人口从南部向中北部中心城区迁移，进一步刺激了马德里与巴塞罗那的人口增长和工业发展，也引发了如民间资本集中、城市新一轮扩张等后续问题以及文化的新一轮融合。整个发展趋势并没有因弗朗哥的去世而中断。

伴随着国内政局的稳定和对外政策的开放，旅游业如雨后春笋般兴起。这首先得益于西班牙国内多种文化的融合与共生状态：西班牙早期受到罗马文化的影响；长期的摩尔人统治亦令北非文化在西班牙南部地区落地生根。16世纪西班牙帝国在地中海的统治地位引导了整个地中海沿岸文化的再一次对流。旅游业的兴起还基于20世纪60年代以后交通工具的升级和人们对文化“猎奇”心理的驱动；颇具讽刺意义的是，幸亏弗朗哥的政策，才使得国内大量历史建筑没有受到战争的破坏。

旅游业的发展不仅带来了可观的经济效益，同时也为西班牙境内带来随时更新的全球最新资讯。1968年法国的“五月风暴”、捷克同苏联的斗争、越南战争的影响都无间隙地流入西班牙。文化与意识层面上的被动开放使得整个国家对民主的诉求日渐强烈。从这个角度上讲，弗朗哥去世后的政治体制改革并不仅依靠卡洛斯国王的个人意志，还使整个欧洲意识形态逐步一体化的大潮几近不可逆转。

弗朗哥去世诚然是对起于1939年的这段历史画下一个句号，但并不意味着新时代就能迅速、顺利地开始。对大多数人来说，他们难免天真地认为弗朗哥去世后自己的生活状况应该立刻变好；然而在1975年之后的头几年里，国家的发展更像是一个漩涡，民众逐渐认识到寄希望于一场政治变革能立竿见影改变教育、就业等问题并不现实。低于预期的发展形势与新时代的陌生感，让社会中弥漫着失落与焦虑情绪，甚至产生一种“现在真的比弗朗哥时期更好吗”的疑问。

在这样一个充满各种不确定性的过渡时期，建筑也必然受到影响而产生相应的变化。这些变化并不因 1975 年就停止或加速，而是维持着属于自己的惯性。在马德里和巴塞罗那，整个国家始于 1960 年代的一系列调整都直接地反映到当地的建筑实践中；而在西班牙的其他地方，这些变化则出现得较晚。

工业化与工具性

促进 1950 年代西班牙工业恢复的原因很多,除去战争伤痛的渐愈外，还有两个相对重要的事件：其一是 1950 年，在当年意德盟友的帮助下，西亚特（Seat）汽车厂建立；其二是冷战时期，美西双方出于各自政治需求而签订互惠条约。西班牙允许美国在西境内驻军，以此换得派遣包括建筑师和工程师在内的一系列技术人员赴美培训的机会。该举措大大增加了整个国内高端工业工程技术人员的数量。

工业上的复苏也很快体现在建造领域。在巴塞罗那，建筑师希拉尔德斯和洛佩斯·伊涅古（Giraldez & Lopez Iñigo）于 1957—1958 年建成了巴塞罗那大学法学院。该项目是西班牙战后首例全面采用标准化钢结构的作品，钢结构的特质在功能上满足了教室大跨度的空间需求，不足一年的时间完成施工更是充分展示了钢结构在缩短工期方面的优势。建筑师塞萨尔·奥利兹 - 埃查格（Cesar Ortiz-Echague）也在同时期为西亚特汽车厂设计一个可以容纳 1000 人的餐厅。由于场地地质条件特殊，建筑师大胆使用了铝作为建筑主材料以降低建筑自重。在当时由于缺乏足够施工经验的专业人员，建筑的大部分结构、材料与细部均由建筑师同航空工程师共同合作完成，波形铝板屋顶使用的是当时飞机机身的材料，建筑细部的模式都借用制造飞机的基本模数。该项目建成后受到了国际上的肯定，并获得了美国建筑师协会雷诺奖。借领奖契机，建筑师前往美国参观学习，并拜访了在美实践的密斯。受到密斯影响的塞萨

图 1-1　西亚特总部办公大楼和展示中心，1965 年

尔·奥利兹－埃查格在随后 1958—1965 年间设计的西亚特总部办公大楼和展示中心项目，几乎是密斯经典案例的复刻（图 1–1）。两栋单体建筑采用经典的钢 + 玻璃的材料搭配，主体办公大楼让人很容易联想到希格拉姆大厦；而楼前的汽车展示中心，则是密斯 1922 年混凝土办公楼方案和他后期大面积玻璃表皮的混合体。对密斯的崇拜甚至还体现在建筑师的穿衣风格和拍照方式上。颇令人遗憾的是项目建成没多久，这位当时西班牙境内奇缺的工业建筑师就离开西班牙移民去了密斯的故乡——德国。而西亚特总部办公大楼和展示中心也于后来相继被拆除。

塞萨尔·奥利兹－埃查格的工业化现代风格虽然充满了硬朗的机械美感，并推动了建筑在材料与构造上的大胆创新，但是其形式上过于明显的参考令其作品同马德里一样对工业化建造感兴趣的建筑师德·拉索塔，与德·拉索塔相比，似乎缺乏一点原创性与地域意识。后者在建于马德里的马拉维亚体育馆（Gymnasium of Maravillas）项目中充分展现了建筑结构与空间的完美融合。

德·拉索塔对工业化建造的兴趣最早起于 1957—1958 年间他为马德里巴拉哈斯的 TABSA 航空公司设计的工业厂房项目（Aeronautic Workshops of Barajas，TABSA）。在该项目里，德·拉索塔受到合作工程师古兹曼（Enrique

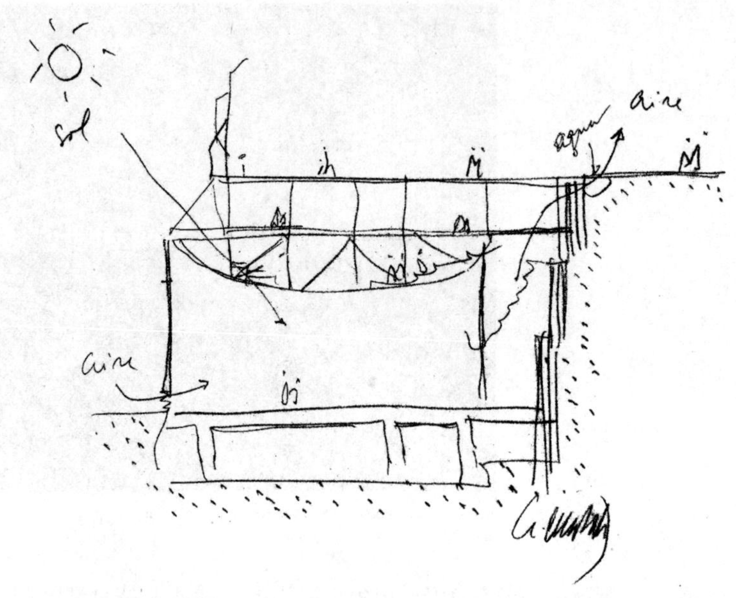

图 1-2　马拉维亚体育馆剖面草图

Guzmán）和马克斯（Eusebio Rojas Marcos）的影响，开始关注工业化建筑的建筑语言与结构逻辑。随后建于马德里的克雷萨奶制品工厂项目（Clesa Dairy Plant）就可以看到建筑师对此问题的持续思考，并尝试在工业建造方式下优化功能。这些尝试最终成就了完成于 1962 年的马拉维亚体育馆。

马拉维亚体育馆位于马德里城区北部，是教会学校马拉维亚的配套场馆。学校在 20 世纪 50 年代因学生增长而不得不进行加建，新加建的部分位于原学校西南角空地处，主要功能包括一座体育场和若干间教室。项目最大的挑战在于这片地处北侧操场与南侧街道之间狭长空地的南北两侧有着 12m 高差。

基于场地的特殊环境，德·拉索塔制定了利用场地高差，将两个主要功能纵向叠加后嵌于场地的基本策略（图 1-2）。具体来讲，建筑屋顶面同操场面持平，后被用于室外篮球场地的屋顶被看作是整个操场的延续。从北侧操场的入口下行则可以直接进入新建筑上层的教室。位于教室下层的体育场，主要入口则开在南侧街道面，停车等辅助功能区（后被改造成了游泳馆）置于地下。几个主要功能通过角落的垂直交通连接。

图 1-3　马拉维亚体育馆下层体育场室内

建筑的整体高度同南侧街道面建筑高度基本一致，从而保持了街道立面的连续性。

这个概念模型非常清晰，但却在实际操作中面临着一个亟须解决的问题：按照常规要求，体育馆（包括看台）与阶梯教室皆需要足够的高度，而二者直接叠加的总高度远大于 12m 的场地高差，硬生生地叠加无法实现建筑完美嵌入场地的想法；而如果下挖，则会造成地下车库的坡道长度过长。

面对这个似乎无解的难题，德·拉索塔天才般地利用了体育馆的结构形式。为了满足大跨度的需求，体育馆结构选择了常规的钢桁架结构，结构柱位于南北两条长边内侧。桁架经过专门计算，上层杆件保持水平而将底层杆件下拉，从而让桁架的底部轮廓线形成了一个弧面（图 1–3），弧面最低部分的下方正好为运动主活动区，北部拉高后，有利于一侧场地看台的安置。在对外处理看台需求的同时，建筑师顺势将阶梯教室也嵌入到拉高的桁架结构内部，利用底部弧线处理阶梯教室的高度需求（图 1–4）。

为了降低结构框架下凹对下层运动区域的压迫，建筑师在南侧保留一

图 1-4　马拉维亚体育馆上层教室室内

图 1-5　马拉维亚体育馆体育馆沿街立面

个通高区域，受限于场地条件，南侧亦是唯一可开设窗户的立面。建筑师根据窗户功能的不同定位而对立面在纵向上采用不同的处理方式：上层居中的斜窗有利于调节夏冬天不同的日照强度和深度；垂直窗部分则为教室提供基础的照明；中层横向长窗拉通整个立面，为体育馆提供了基本的自然采光；下层则处理得相对封闭，保证教会学校的安全性和私密性（图 1–5）。

图 1-6　马拉维亚体育馆下层体育场天窗与结构关系

同场地完全融为一体的剖面空间关系，以及对开窗面积和位置的精确控制使得室内有着强烈的明暗对比，斜向的光路为整个空间带来了一丝神性气质，同学校教会属性相吻合，又令人联想到经典的穴居模型（图 1-6）。

除功能布局巧妙地借用了场地高差外，建筑的通风系统也基于南北高差进行了精心设计。建筑师在南侧底部留有充足的通风口；夏季时，由底部进入的空气通过位于南侧上部的开启窗扇流出，加快室内空气流动；而在冬天，南侧上部窗户关闭，由底部进入的空气经加热后从北侧上部排出，保证了空气流通和采暖的经济性。

在材料使用方面，受到项目预算的限制，红砖、金属与木材是整个建筑的主要材料，材料的表面质感多直接暴露，与塔拉戈纳市政厅相比可能更为质朴。但我们需要看到在西班牙工业化的早期，通过马拉维亚体育馆项目德·拉索塔给出了如何将技术同设计结合的完美答案。不可否认，这个项目特殊的地理条件降低了建筑的可复制性，但这也正是该项目的意义。场地特征和工业技术的相得益彰证明了优秀工业时代建筑作品的评判标准并非技术的高低，而是在于使用得是否合理。技术是一种工具，其价值并不能靠彰显其自身精密昂贵来实现，而是看其如何解决问题，如何更好地服务使用者，仅此而已。德·拉索塔的马拉维亚体育馆正是以一种日常化与地域性的表达方式，消解了当时人们对工业技术的盲目崇拜，令技术重获工具本质。

新贵族的姿态

1960—1970 年的 10 年间，西班牙人均收入增长了近 2 倍。工业和现代商业的成熟是这一时期收入增长的主因，而曾经是国民经济支柱的农业占比则已小于国民生产总值的 10%。新产业结构改变了社会阶层的布局，王朝贵族、地主等传统权势阶层的影响力逐渐降低，企业家和现代银行家等财团与社会力量开始成为西班牙的新贵。如同文艺复兴初期的新贵们会选择通过新建筑来彰显自身在社会上的存在感一样，在这一时期先后落成于马德里的两座银行总部亦是代表着新兴商业权贵的崛起。其中由马德里建筑师萨恩斯·德·奥伊萨设计的毕尔巴鄂银行总部（Banco de Bilbao Tower）是西班牙当代建筑史上最重要的高层建筑之一。

弗朗西斯科·哈维尔·萨恩斯·德·奥伊萨（Francisco Javier Sáenz de Oiza），1918 年出生于西班牙北部的纳瓦拉省（Navarra）。1946 年在马德里完成学业后以国立艺术学院（Academia de Bellas Artes）奖学金获得者的身份赴美工作学习。1949 年回西班牙任教。1968 年成为马德里理工大学建筑学院的最高教职教授，1981 年至 1983 年任马德里理工大学建筑学院院长，2000 年离世。

早在 1950 年，奥伊萨自美返西后的第一个作品——建于西班牙北部山区阿兰萨苏（Aranzazu）的教堂项目，就已经展现出作为建筑师过人

图 1-7　白塔，1961 年

才能。该项目会在后面的章节中详细介绍，这里就不多做赘述。在随后建于马德里被称作白塔（Torre Blancas）的高层住宅项目里，奥伊萨借鉴了当时方兴起的有机式建筑风格，以核心筒为中心向外自由发散的平面组织方式体现出其美国游学受到赖特“生长城市”理论的影响，也证明其对国际时尚建筑语言敏锐的捕捉能力（图 1-7）。这座高层建筑在业界换来的肯定与关注并未让有机建筑成为奥伊萨职业生涯的风格定式。事实上，奥伊萨的职业生涯从没出现过一种长期固定的设计风格。这个标准的“狐狸”式建筑师会根据不同的项目要求与场地状况，采用迥异的手法与策略。

回到毕尔巴鄂银行总部项目本身，该高层位于马德里中心城区北部，这里是南北纵贯线之一的卡斯提亚娜大道（Paseo de la Castellana）与马德里城市环线的交会处。从 19 世纪开始，各大机构和贵族府邸相继布局于卡斯提亚娜大道两侧。进入 20 世纪，随着社会权贵阶层的变化，这里逐渐变成以金融机构和商业场所为主的商业中心，著名的皇家马德里足球队主场也坐落于此。毕尔巴鄂银行将自己公司的总部选在这样一个商业与交通地位并重的路口，对于用该建筑来树立企业形象的作用是不言而喻的。

奥伊萨的方案由地面三十层的方正塔状主楼、两层裙楼和地下三层停车场三个主要部分构成。从布局上讲，塔楼南面向城市环线的一侧设有室外停车场，同时令建筑同环线拉开了一定距离，这段距离一方面降低了环线交通噪声对主楼的影响；另一方面也为主楼的形象展示提供了

图 1-8　毕尔巴鄂银行总部及其周边

充足的观看距离。两层群楼则沿卡斯提亚娜大道向北布置（图 1–8）。塔楼平面采用了经典的现代高层办公楼平面模型：所有辅助功能集中于核心筒内，并以此为中心组织塔楼标准层。标准层平面是规则的长方形，仅在四角进行了倒角处理。规整的平面保证了办公空间的有效面积，曲线拐角则让内部办公空间和外部建筑体量充满动感（图 1–9）。结构上，建筑采用了钢结构同混凝土结构混合的体系，以降低建筑造价。塔楼每五层设置一个结构转化层，衍生出的无柱空间被用于会议室等大空间功能区域。垂直方向的结构变化也直接对应于建筑外立面的横向分割上。

为了更好地凸显整个塔楼的挺拔感，建筑师于广场面并没有设计一个大的裙楼，也没有刻意塑造一个极具纪念性的入口。但这并不意味着建筑缺乏由城市公共空间向上层办公私密空间的过渡。人从广场进入建筑需要穿过楼前的绿化后下行几步方可到达入口标高层。入口层略后退于建筑外轮廓，形成一个内凹的前廊。前廊的高度被精确控制：固定幕墙玻璃的金属龙骨低于前廊的顶面高度，使得人在进入前廊时能感知到一个先压低后小幅度抬高的变化，这一方面强化了建筑的边界感；另一

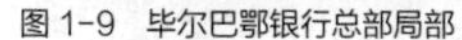

图 1-9　毕尔巴鄂银行总部局部

图 1-10　毕尔巴鄂银行总部下沉入口

方面也放大了两个不同属性空间的感知差异。同样的方式也应用于入口前厅的压低和大堂的抬高。剖面高度上的压低与抬高帮助建筑最终形成了一个由室外、门廊、下层公共区域到上层办公区域开放性逐层降低的空间序列（图 1-10）。

建筑师采用了金属和玻璃作为外立面的主要材料，形态简约、通体透明，寓意着现代商业的典雅与开放。在材料的搭配上我们可以看到受密斯高层作品的启发；圆滑边角处理则有着丹尼尔·伯恩罕（Daniel Burnham）作品的影子。但不同于密斯作品中立面同结构的对应关系，毕尔巴鄂银行总部的立面虽传达出了一定的结构逻辑，但本质上更接近于一个独立的外表。仅从形式上讲，奥伊萨的作品更像是赖特设计的约翰逊办公大楼（Johnson Wax Administration Building）的塔楼放大版。每层在立面上均设有一个向外的出挑的板面，板面为镂空金属格栅，便于工人对外立面的清理和检修，同时又起到一定的遮阳效果（图 1-11）。在室内，公共区域优雅的饰面材料与办公区域结构外露形成了鲜明的对比，并没有完全受到任何一种时尚建筑语言的风格约束。总而言之，奥

图 1-11　毕尔巴鄂银行总部遮阳板细部

图 1-12　西班牙洲际银行总部大楼

伊萨的这个高层项目，虽然有着诸多大师作品的痕迹，但建筑师基于自身对项目的理解和西班牙特殊的自然与经济条件，塑造了一栋兼具现代银行办公功能性与西班牙地域表达的作品，为西班牙当时极少的高层实践提供了一个优秀的范例。该项目在 2005 年阿巴罗斯和埃莱罗斯（Abalos & Herreros）建于大加纳利群岛（Gran Canaria）的办公楼等年轻一代作品中都有着清晰的影响。

比毕尔巴鄂银行略晚一点，另一家银行——西班牙洲际银行（Bankinter）的新总部大楼也在同一片区破土动工。新的洲际银行总部位于卡斯提亚娜大道与马克斯·德·里斯卡路（Marques de Riscal）的交口处，主体建筑并不完全沿路，而是被一栋建于 19 世纪的历史建筑遮挡住了部分。建筑的主入口因此不得不设在马克斯·德·里斯卡路上。如何处理卡斯提亚娜大道上历史建筑和新建筑的关系，是理解新总部大楼的关键（图 1-12）。

有趣的是，新西班牙洲际银行总部同毕尔巴鄂银行总部不仅在项目功能、场地区位、设计与动工时间上有颇多相似之处，在建筑师的选择上也有着某种巧合。西班牙洲际银行总部的建筑师拉斐尔·莫奈奥（Rafael Moneo）恰好是奥伊萨的学生。然而这些相似的前提条件与文化背景最终因二者对具体场地的理解不同而推导出完全不同的最终呈现。

新银行总部由位于建筑底层接待客户的营业厅、上层办公空间和一个地下停车场三部分功能组成。新老两栋建筑之间并不相连，功能上也彼此独立，新建筑主要用作针对客户的办公区，而历史建筑则被用作银行内部办公区域，两栋建筑共享了一个入口广场。建筑师将通往地下停车场的车道置于两者之间，强化了两者彼此的独立性。

同毕尔巴鄂银行总部相比，洲际银行总部在体量上要小很多。主楼是一座八层塔楼，两侧设有裙楼。塔楼标准平面是一个切去一角的梯形，梯形的长边平行于卡斯提亚娜大道，一个长方形的交通盒外挂在梯形的短边处。主楼远离历史建筑一侧的裙楼为地上一层，地下一层。地下层前设有小广场，通过广场一角的室外楼梯相连，便于工作人员相对独立的交通流线。靠近老建筑一侧的裙楼因受到地下停车的影响则为地上二层，局部一层的体量同另一侧裙楼相似，一楼屋顶作为二层的入口广场，一个楼梯直接同入口广场相连；裙楼整体的连续性，使得主裙楼的两个体量彼此独立且完整。建筑师刻意令裙楼的斜边同塔楼斜边垂直，使得两者咬合在一起；两层裙楼背后的半圆形在便于处理地下停车场坡道转弯的同时，也令新建筑同周边环境完全分离开来（图 1–13）。

当行人由卡斯提亚娜大道拐入马克斯·德·里斯卡路时，裙楼整体性强化了建筑的入口，新旧建筑分立两侧，给予入口广场一种挤压的效果。主体塔楼的底层被架空，架空所形成的视觉通廊与历史建筑的凸窗形成一个巧妙的框景关系。令人不自觉地想起史密斯夫妇（Peter Smithson & Alison Smithson）的英国经济学家大楼（The Economist Building）。

受到前面历史建筑的影响，裙楼的处理多考虑到马克斯·德·里斯卡路一侧，而主体塔楼因其高度优势，则可以在卡斯提亚娜大道的立面上同历史建筑形成一种前景与后景的关系，而卡斯提亚娜大道、历史建筑、主塔楼主立面三者的平行更是强化了这一关系。出于此关系的考

图 1-13　西班牙洲际银行总部大楼沿街立面

虑，建筑师在主体塔楼的立面处理上首先确定了同历史建筑相似的红砖作为饰面材料，材料的相似性有助于建立一种历史的延续，为了强化前后的彼此独立，两者立面分割和构成的差异则需要被放大。新塔楼立面是一个由方窗和实墙所构成的经典墙面与洞口组合。窗户被分为两类，下面五层为小型方窗，上层则是三个大型长方形洞口式窗户。窗口均采用相似的细部手法：窗洞两侧竖向的砖块从外向窗口分两次内退，内退的距离基于砖的尺寸，并最终形成一种窗口的细节。阳光下这一细节可以营造出折变的落影，窗口下沿为金属盖板，两种材料的搭配有着阿尔瓦·阿尔托的神韵；窗框被精心地隐藏起来，从远处看又如两种主材砖与玻璃的直接碰撞，形成了一种强烈的虚实对比。上部的大型洞口，建筑师邀请雕刻家弗朗西斯科·洛佩兹·埃尔南德斯（Francisco Lopez Hernandez）设计了一组自然主义浮雕，雕塑位于大型洞口的中部，打破了洞口的完整性，缓解了窗户序列上大下小的不适，从卡斯提亚娜大道看过去，三个高窗一目了然，中部的浮雕也成为建筑的标志（图 1-14）。

在室内，建筑师选用同毕尔巴鄂银行总部大厅相似的木材作为主要饰面材料，邀请了另一位艺术家巴布罗·巴拉苏埃洛（Pablo Palazuelo）设计了一系列以几何图形变化为主题的装饰。颇为可惜的是，整个项目在随后使用中曾多次被改造，但好在原方案中建筑与周边的关系依旧清晰。

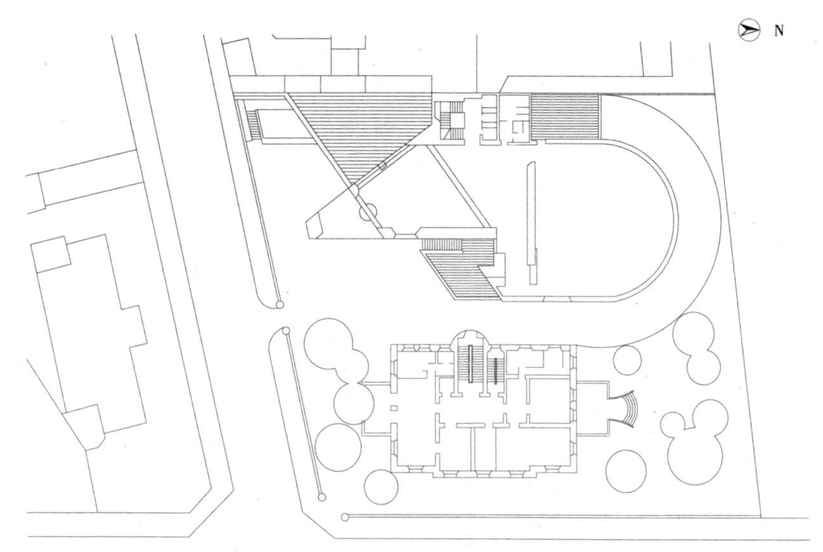

图 1-14　西班牙洲际银行总部大楼一层平面

从奥伊萨到莫奈奥，两代建筑师在同一时期处理相似功能作品所最后呈现出的差异，不仅是由两人在风格和建筑认知不同所造成的，奥伊萨的融合策略某种程度上代表着一批在独裁初期的西班牙建筑师对国际建筑时尚的向往与碎片化的借鉴。当然，他们的天赋往往可以将外部影响与场地功能等内在因素完美地结合起来，而莫奈奥则成长于西班牙或者说马德里建筑学派的成熟期，其自身完善且系统的教育背景与更全面的信息来源，令这一代建筑师的作品逐渐走出了囫囵吞枣式的国际风格本土化，关于这一代人其他的重要作品将在后续章节展开更详细的介绍。

公共意识的觉醒

从 20 世纪 60 年代开始，马德里学派的建筑师逐渐崭露头角，而曾经是西班牙先锋文化代表的巴塞罗那建筑界，则因政府打压与管控，在活动上受到诸多限制。约瑟夫 · 柯德克（Josep Antoni Coderch）和成立于 1950 年代初期以“复原、重生”为意图的 R 小组（Group R）是这一段过渡时期的领军人物。前者通过极具巴塞罗那浪漫气质的个人表达，借助“十次小组”（Team X）的平台逐渐被欧洲主流建筑圈所熟悉，后者多次组织以城市为主题的研究和联合设计，代表着巴塞罗那“城市”传统的延续，这一坚持在新民主政体建立后迅速得到了回报。弗朗哥去世一年后，巴塞罗那临时政府就推出了新一轮的城市规划方案（Plan General Metropolitan，1976），并在1978年政府改组完成后开始推行。

不同于前文提及的巴塞罗那多轮城市规划方案，新方案并不再指向大面积的城市扩张，而是一套基于既有城区的改造与更新策略。方案强调在大的方针上要根据城内不同区域的客观条件及人口状况，采取不同的应对策略。而在具体操作层面上，则以小规模的公共空间项目为主，达到以小博大、重塑街区特质的目的。

从客观上讲，这种“查漏补缺”式的策略是受到多方面因素影响的结果。首先是低迷的经济状况，虽然西班牙经济在1960年代迎来大爆发，但相对于欧洲其他国家，经济基础依旧薄弱；其次，爆发于1970年代初的能源危机也极大地影响到了方案的实施；再次，新政府在建立之初便面临来自民众的怀疑态度，故而无法有效地实现整个城市资源的全面调动；最后，巴塞罗那城市公共空间的严重缺失也确实是这一时期的核心问题。从主观上来说，由于弗朗哥时期加泰罗尼亚语被禁用，当地居民在公共场所行为受限的历史前提，重塑公共空间对新政府来说意味着强调市民自由与权力的回归，宣扬开放与包容的政治态度，实现对市民已丧失的信任关系和社会参与意识的重建。

1979年，巴塞罗那政府组织了西班牙第一次真正意义上的公开竞赛——将西班牙广场北侧的原屠宰场广场改造成城市公园[①]。竞赛的最终

① 西班牙广场最早出现于1905年若瑟利的交通方案上，后借1929年的世界博览会契机开始兴建。因为其良好的地理位置和城市西侧交通枢纽的定位，这里很快发展成巴塞罗那城市的次中心。新的公园并不完全与西班牙广场相接，而是位于已经闲置许久的斗牛场的背后，在广场同巴塞罗那主火车站相连主干道的一侧。

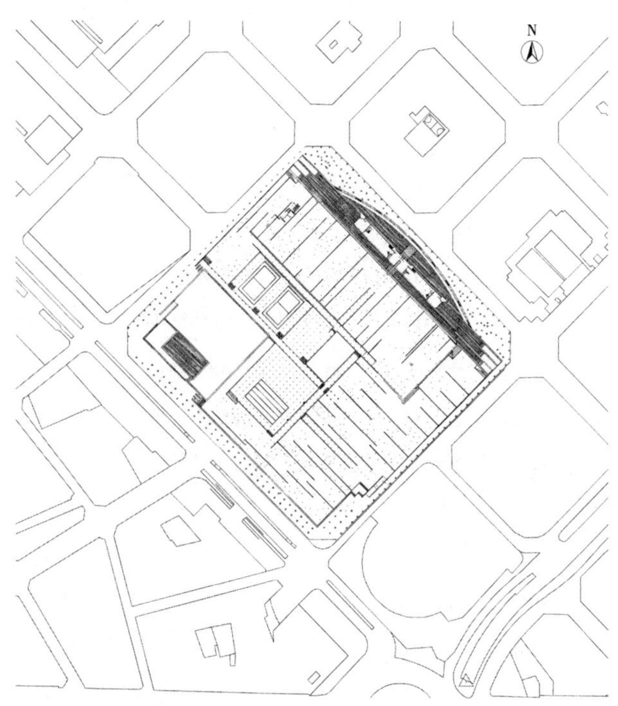

图 1-15　米罗公园总平面

获胜者是由 5 位年轻建筑师组成的组合。

该方案将公园定位为一个完全不设围墙的开放公共空间，拿掉了所有的围护设施。根据原有场地的地理特征，自西向东两次叠落，形成三个高程。三个区域在功能上彼此独立，最高处被平整成广场，全面硬质的铺地方式意味着地中海硬质广场的传统被再次激活，广场一角后期竖立了由超现实主义艺术家胡安·米罗（Joan Miró）设计的大型雕塑作品——女人和鸟，公园的名字也由屠宰场公园（Parc de l'Escorxador）更名为米罗公园（Parc de Joan Miró）。中间高程区域是种满了棕榈树的大面积覆土区，中间散布着一系列历史遗迹和市民休闲活动设施。东部最低处则是一个被水池环绕的社区图书馆（图 1-15）。

三次高差与功能的变化完全是呼应了不同的周边环境：紧邻大尺度城市道路的一侧提供的是大片无遮蔽的草坪和广场，面对城市方格网区域，选择了延续城市结构的方式，公园中间区域保留下的历史元素与自然植被的穿插形成了一种纪念性的氛围，而需要被强调的是整个公园边界被弱化，仅通过高差变化与外围市政道路分开。没有围栏的开放处理意味着市民可以自由穿行，可以随时进出公园而不受限制，这对刚从独裁统治走出来的巴塞罗那来说，无疑是有着特殊的政治寓意。建筑师希望通过这种定义边界的方式传递出社会在弗朗哥死后对民主、平等和开放的诉求。这个项目的形式、位置、规模和定位不仅是受场地条件、经济预算、功能定位等因素的左右，它蕴含并且表现出个人和集体之间的权利、论争和抵抗。

除了最终获胜方案外，诸多落选的方案同样有着可圈可点之处：爱德华·布鲁（Eduard Bru）的方案将公园传统设施和绿植等元素全部进行线性处理，水平排列在一起。一条贯穿整个基地对角线的道路打破了排列的单一逻辑，同时弱化了过强的形式阵列对人活动的影响。该方案在肌理的处理上同晚几年的库哈斯（Rem Koolhaas）拉维莱特公园（La Villette Park）的竞赛方案（1982—1983 年）颇为相近。而另一对建筑师组合皮依和比亚普兰纳（Piñon & Viaplana）的方案，则是将这片占据四个街区的场地全面硬化，包括座椅、雨棚与灯光照明等在内的人工配套设施都以一种看似随意的方式散落在场地上，如同一种大地艺术，而人的活动被不着痕迹地组织起来。方案以反常规公园的设计方式，塑造出一片完全人造的城市景观。这个极简的现代风格同周边历史街区形成了鲜明的对比，并引发了一个争论：建于城市内的公共空间应该是以完全人工的元素来塑造一个明显带有工业时代气息的公园，还是像纽约中央公园一样以仿自然的方式来塑造一幅逃离城市的假象？该方案虽然没有实现，但在不久后的巴塞罗那圣徒火车站（Sant Estacion，1981—1983 年）的站前广场（又名加泰罗尼亚国家广场）项目中，两位建筑师几乎完全延续了之前公园竞赛方案的全部特点。

加泰罗尼亚国家广场是巴塞罗那主火车站的北入口广场，同时连接着塔拉戈纳大街（Carrer Tarragona）等三条重要城市干道。整个北广场

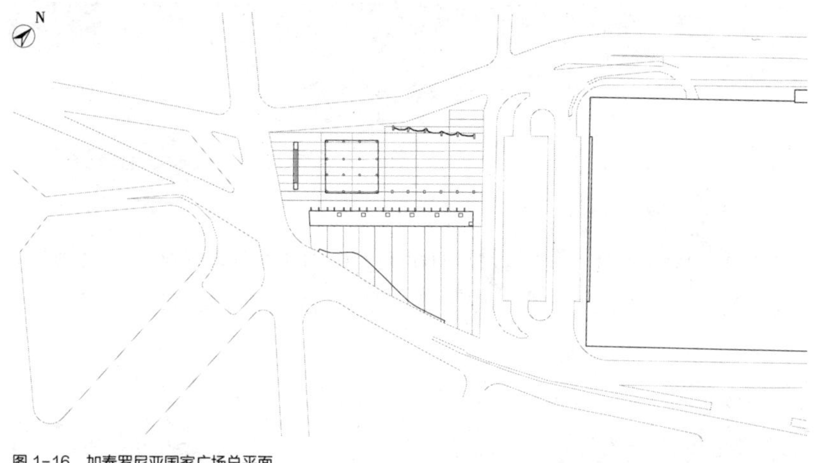

图 1-16　加泰罗尼亚国家广场总平面

如同一个被交通环绕的小岛，是火车站地面与地下不同交通工具转换的枢纽。广场需要满足私人与公共交通的临时停车需求，便于多种不同交通方式的快速穿越和换乘等功能，同时也要考虑火车站瞬时大量人流的疏散（图 1–16）。

复杂的功能需求造成传统设计语言表达的限制，这反倒成为皮侬和比亚普兰纳发挥极简主义的最好契机。针对广场的周边环境，建筑师将屠宰场公园方案中的元素进行了一定程度的调整：广场居中设置了一个金属材质的线性雨棚，雨棚下对应地面高出广场两步台阶，直线的造型横穿广场正对火车站主立面的中轴线，在夏季为行人提供遮阳，在阴雨天提供避雨，同时也起到了引导行人的作用。柱廊的空间原型为整个行进的过程增加了一定的仪式感。整个雨棚除了在顶部纵向上设计一个波浪起伏的造型之外，其余没有任何多余的变化。其他服务设施都以这个直线雨棚为轴布置于其两侧，分别满足人的几种基本行为需求：方形平顶的金属棚架用于行人停留和候车，与用于快速穿梭的直线雨棚不同，方形棚架更为高大规整，同马路对面的高层在体量上相呼应；柱础的细节来自对古典柱式的抽象，令人想起了佛罗伦萨领主广场上的佣兵凉亭（图 1–17）；蛇形长凳提供行人短时间休息的场所，长凳位置选择在广场车流量相对较小的一侧，曲线对应街角的曲线。这些位置的确定虽然都

图 1-17　加泰罗尼亚国家广场鸟瞰

是基于建筑师的美学素养来精确控制，但是表现出一种开放而随意的态度。换句话说，建筑师的“轻”植入将这些设施对人行为的干涉程度降到最低。按照自己的方式活动而不受到“设计”的制约，正是建筑师对公共空间理解的阐释。简约的形式语言令具有公共性的广场得以从周边纷乱的整体商业空间脱中离出来。坊间传闻这些细节并不是由建筑师亲自完成，而是交由学生深化，这个学生在该项目完成后，离开了皮依和比亚普兰纳团队，同他的夫人开始了自己的实践之路，随后成为巴塞罗那当代建筑实践中最重要的建筑师之一。这个学生叫恩里克·米拉莱斯，关于他的故事此处暂且放下。

在材料使用方面，整个广场采用了全硬质铺地，充满了强烈的人工气息。对南欧人来说，纪念物和硬质铺地是传统广场的标配元素；硬质广场平坦、坚固和耐用的特点也适于大量的人流往来和运送行李的需求。

项目延续了同时期巴塞罗那建筑师对边界的态度。除北侧近邻城市主干道的边界设有一个避免机动车直接冲上广场的小起坡路牙石外，其余的边界基准面均同街道地平之间几乎完全拉平，只是通过材料变化勾勒出边界，便于行人携带行李。曾有人问建筑师如何来定义这个广场的轮廓，建筑师笑答道：阳光射到那些不同形状的雨棚，会在地上留下影子，它就是这个场地的边界。

弱化的边界打破了广场同周边环境之间的界限，极简手法给这个项目赋予了一种“空”的特质，缓解了周边城市环境局促的节奏。新的火车站前广场如同沙漠中的绿洲，在车水马龙的火车站前提供了一片自由舒展的城市区域。

除一系列位于方格网区域的新建公共空间项目外，针对历史城区的更新也有条不紊地进行中，措施主要包括改善老城区住房的生活配套设置，重新梳理老城区的路网，限制机动车的穿行，置换历史建筑的功能，兴建一批新住宅项目等，以期望通过这些举措，增加对年轻人的吸引力，重新激发老城区活力。巴塞罗那建筑师约瑟夫·里纳斯（Josep llinas）正是在这个时期设计了位于卡门路（Calle Carmen）的一栋集合住宅。

该项目位于历史街区的一角，场地呈长方形，西北方向的短边朝向一个小型广场，朝向西南的长边紧贴仅 4m 宽的罗伊路（Calle Roig）。罗伊路的另一侧是一栋多层住宅。场地形式决定了该住宅需沿长边展开，但在如此局促的场地上如何解决采光问题则成为本项目的最大挑战。

里纳斯将长方形的场地分成两部分区别对待，在靠近广场的一侧，建筑紧贴场地外轮廓线，建筑师在广场和罗伊路的转角处采用了局部架空的方式来缓解罗伊路过窄而形成的局促感（图 1-18）；拐角的上层被精心设计。在面向罗伊路的一侧，建筑师让建筑整体略向后退，尽可能地放宽罗伊路宽度；始于拐角延续到罗伊路的底层架空，立面上的长条窗和出挑的线性雨棚强化了沿街体量的独立和连续性。住宅区域位于二层以上，从而避免了街道对住户的影响。所有的居住单元集中于三个彼此独立的小塔楼内，三个塔楼前后错位，并根据阳光射入角度调整朝向，

图 1-18　卡门路住宅广场立面

图 1-19　卡门路住宅沿街道立面

最大程度上缓解采光问题。塔楼间形成的空腔亦可弥补周边密度过高而造成的通风问题。新建筑正是通过这种复杂的平面处理来改善老城区内住宅普遍存在的采光通风问题，理性的形体变化对应周边城区的不同肌理，质朴的立面质感与经典绿色门窗的搭配，保证了建筑同周边住宅的协调（图 1-19）。

毫无疑问，这个时期的巴塞罗那即使反复强调尊重具体问题，也确实以小型项目为规划的主要落地点，但由于现实的复杂与多样，整个规划依旧难逃大型城市总体规划方案泛泛而谈的通病。在城市人口结构和生活方式改变的前提下，老城区的人口流失也很难因几个公共空间的增设而得到根本性的扭转。但我们更应该看到，这些公共项目的价值并不在于是否能够大范围地改善巴塞罗那公共生活品质，而是在于引导与恢复之前被抑制过的市民参与意识。“建筑不应当让那些处在个人空间里的人忽视社会，而公共空间的作用就在于让人们聚在一起，共享信任。”这种来自市民的公共意识与信任，正是巴塞罗那随后进行的更大规模城市复兴运动得以成功的基础。

旅游业兴起下的历史折中

战后现代化交通工具快速普及，世界整体局势趋于稳定，在人均收入的提高以及休闲需求的增长等多方面利好因素的作用下，国际旅游业在 20 世纪的五六十年代起步并进入迅速发展阶段。国际旅游兴起的时期恰逢西班牙政策的逐步开放，于是乎它迅速成为西班牙最主要的经济产业之一。

不难理解，国际旅游群体青睐西班牙，因为这里有悠久的历史，历代王朝及文明的起伏和更迭使得整个国家的文化同时兼具罗马风格、哥特风格、相互杂糅的拜占庭与摩尔风格；二战中立的外交政策让西班牙国内的历史建筑得以完好保存；相对于北非的动荡，地处欧洲大陆的西班牙必然成为文化猎奇的首选。同时，西班牙国内较低的物价和本地居民热情好客的性格也是旅游业能在此地快速发展的重要原因之一。整个西班牙年接待国外游客数量从 1960 年的 600 万人次，迅速增长到 1970 年的 2400 万人次，1980 年代初，这一数字更是突破 4000 万大关。

旅游业的快速兴起带来了巨额的经济效益，也使得西班牙的相关政府部门和民间财团开始重视对传统文化与遗产的保护与修复，亦开始强调新建筑同历史城区环境肌理的融合。1970 年代，西班牙建筑师协会组织了一次名为“大众建筑”（Arquitectura Popular）的活动，意在收集与整理西班牙各地区的传统建筑形式，以便在随后城市发展和更新中留下充分的历史文献作为参照。

1977 年，在西班牙南部重镇塞维利亚（Sevilla），路易斯·卡布莱罗和佩莱阿（Ruiz Cabrero & Perea）设计了塞维利亚建筑师协会办公楼。新建筑位于塞维利亚历史街区的一个拐角处，场地是一个直角梯形，北侧短边紧邻进入塞维利亚老城的主干道，东侧斜边则对着一个狭长的城市广场。

图 1-20　塞维利亚建筑师协会，1977 年

新办公楼高六层，同北侧主街道上的其他建筑保持一致，建筑面饰石材的选择受到对面建于 14 世纪的圣保罗教堂影响。纯粹的立面洞口关系，教堂钟塔反射在新建筑玻璃面上的影子清晰可见（图 1–20）。在面对广场的东侧，建筑师设计了一片有窗洞的四层高独立墙面，延续了整个沿街立面的节奏，强化了广场的围合感。立面上的窗洞被刻意放大，从而更好地适应广场的尺度。

不同于立面设计以环境为引导，平面设计则更多出于功能考虑。直角梯形被清晰地分成一个相对规整的长方形和一个小的直角梯形，长方形区域用于办公空间，剩下的部分则用于放置楼梯和入口庭院，后者的设置不仅出于改善办公空间采光与微气候的目的，同时也为了满足塞维利亚当地 25% 庭院面积的规范。庭院里长方形的水池、瓷砖铺地以及高度变化等细节都有着明显的摩尔文化痕迹。

在建筑师协会办公楼以北的不远处，另外一对年轻建筑师组合——克鲁斯和奥尔蒂斯（Cruz & Ortiz）也在1970年代末期完成了一个住宅作品。安东尼·奥克鲁斯（Antonio Cruz）和安东尼奥·奥迪斯（Antonio Ortiz）的背景相似，二人均出生于塞维利亚，后在马德里完成建筑专业教育。本科毕业后，一同回到塞维利亚并成立了以俩人名字命名的事务所，开始职业实践。

该住宅项目的场地是一栋历史建筑被拆除后所留下的，因此，是被卡在一片历史街区的内部，形状非常不规则。住宅需要为11户提供中等面积的公寓。基于此要求，建筑师按照二到四层，每层三户，底层两户的方式排布了这11户住宅。在每层平面的处理上，所有居住单元都被放置于这一不规则场地的端头部位，户型设计的原则是在保证主功能空间规整的前提下，通过辅助或交通区域加以调整。底层剩余的面积用于处理机动车和人行入口。

将所有住宅单元推向角落后，场地中间剩下的不规则部分则被用于项目的中庭。建筑师大胆地将传统方正的中庭设计成一个豌豆形。这个打破传统的形式同高迪的米拉之家内庭院神似，其与入口的关系和纵向长条窗的做法，又同希哥德·劳沃伦兹（Sigurd Lewerentz）设计的办公楼有着异曲同工之处。建筑师在最初的方案里还为整个庭院设计了一个屋顶覆盖，以减少夏季阳光的进入，但最终并未实现。整个庭院如同一个日晷，伴随着太阳的东升西落而在庭院里留下迷人的光影变化。建筑在外饰砖面做法上重现了塞维利亚传统的砌砖技法，让新建筑同周边历史街区的气息相吻合（图1-21）。

在建于塞维利亚的两个作品中，我们可以看到建筑师在保持现代性建筑语言的前提下，试图融合地域元素和传统工艺的努力，恰如后一个住宅项目横跨弗朗哥去世前后一样，这些项目的最终呈现也好似找到了一种联系新旧两个世界的方式。

图 1-21　塞维利亚住宅内庭院立面

但这种在历史语境下的折中，稍有不慎就可能落入后现代主义的虚假与浮夸中。1986 年，奥伊萨在马德里郊区设计了 M-30 集合住宅。面对场地周围喧闹的高速公路，建筑师选择了以内庭院为中心来组织建筑形式和流线，整个建筑如同一条有体量感的丝带贴在场地的外轮廓线上，如同柯布西耶的阿尔及尔（Alger）住宅集合体（Obus）平面反转。外立面抽象后的几何游戏有着阿尔多·罗西（Aldo Rossi）类型学操作的影子。从高速路上看，整个建筑的高度变化以及窗口墙体的比例仿如一座军事城堡。建筑师试图通过这样的形式来表达对外部环境隔绝的态度。内立面同外立面反差明显，用色大胆，使用了大量几何装饰，很难想象这一充满了墨西哥风情的立面处理方式同前文提到的毕尔巴鄂银行总部出自一人之手。而在略早于此项目，同样由奥伊萨设计的桑坦德剧院（Teatro de Festivales de Santander）中，亦出现了诸如放大的坡面屋顶和柱头、几何形式的装饰构图、高纯度的颜色搭配等经典的后现代主义手法（图 1-22）。

在历史风格复兴的语境下，后现代建筑拼贴的方式确实彻底解放了

图 1-22　桑坦德剧院立面

建筑师的自由度，并在视觉上轻易地实现了建筑同历史的直接联系，但建筑师在使用这一方式时却往往过于随意，移植来的新历史元素难免会沦为一种无意义的装饰，失去原有语境的用法会造成历史延伸性上的缺失，并最终走向后现代建筑的秩序混乱。而 1970 年代末期建于塞维利亚的作品却更多地反映出全球化建筑语言与地域文化之间、几何形式与场地之间、概念与材料之间的磨合与斗争。这种虽然尊重环境却不轻易妥协的建筑风格，在 1980 年代初期被佐尼斯、弗兰姆普敦等建筑理论学家定义为批判的地域主义。

第二章 从地域到地景

在1975年之后的几年里，西班牙政府一直在调整和摸索。虽然国家借国王胡安·卡洛斯（Juan Carlos）“民主、立宪和议会的君主制”的退让，而使得民主政体得以成功建立，但新一代的执政者却并没有任何民主国家治理的经验，西班牙历史上不足10年的两次民主共和国经历亦不足以解决经验缺乏的难题，普通西班牙民众对什么是民主政治更是一头雾水。在这样的一个震荡期里，马德里频繁受到政治变动与军事暴乱之苦。与此同时，南部的高失业率、北部的恐怖主义、西部的贫困问题和东部的独立运动相应而至。

其实，“新民主制度最严重的问题仍然是自1898年起就困扰西班牙政治的老问题：如何将西班牙的统一与各地区的不同需求加以协调”。为此，新政府在1978年宪法中将西班牙划分为17个自治州，推行区域自治，每个自治州都拥有一定的政策决定权。区域自治进一步解构了弗朗哥时期的中央集权制度，适当的分权凸显出民主政府较之前者的优越性，有利于展现新时代新政府的姿态。同时，基于当时中央政府混乱的内部权力斗争状况，将部分权力归还于地方也是不得已而为之：加泰罗尼亚等地强势地方势力给新中央政府带来很大压力，面对数量庞大且繁杂的地区问题，中央政府也暂时无力一一解决；分权亦是转移注意力和降低马德里权力冲突的一种手段和策略。

对地方政府来说，自治系统给了每个州政府决策的极高自由度，这对加泰罗尼亚、加利西亚（Galicia）和巴斯克三个语言与文化特征明显独立的地区来说尤为重要。当地文化思潮的回温很快就反映到建筑设计领域中来，跳脱出马德里学派的普世思考模型，一大批具有强烈地域特征的作品在这一时期涌现出来。

地域，从田园到城市

让我们首先把目光投到西班牙的西北角，从加利西亚自治区和在那里实践的建筑师曼努埃尔·加莱戈（Manuel Gallego）说起。

加利西亚地处西班牙西北部，自治州的南部与葡萄牙接壤，西部和北部直面大西洋，东部与西班牙阿斯图里亚斯（Asturies）和卡斯蒂利亚－莱昂（Castillay León）两区域相邻。当地语言为加利西亚语，是一门同葡萄牙语非常接近的地方语言。区内多丘陵与山脉，大量河道流淌于山间。受到大西洋影响，当地气候夏季凉爽，冬季温和；偶有降雪，全年湿润多雨，是西班牙年降水量最多的地区；该地一直维持着较高的绿色植被覆盖率。首府圣地亚哥·德·孔波斯特拉（Santiago de Compostela）是世界著名的圣地亚哥朝圣之路（Camino de Santiago）的终点。

“加利西亚”一名来源于公元前罗马人进驻此地时对当地人的称呼——Gallaeci，意为“水边居民”。对当时的罗马帝国来说，这里已经是大陆西边的尽头，故而也称其为“Finisterre”，意为“天涯海角”。如今在加利西亚最西端一个面向大海的岬角，依旧延续着这个带有浓厚地域主义气息的名字。公元 5 世纪，加利西亚曾是一个独立王国，后被西哥特人、阿斯图里亚人和卡斯蒂亚人等统治。靠海、多山的地形地貌特征决定了渔业和畜牧业是此地的主要产业，在传统农耕时代，经济状况一直相对落后。直到20世纪50年代后，随着现代农林业和旅游业的兴起，地区基本状况才有所改善。

建筑师曼努埃尔·加莱戈出生于1936年，是土生土长的加利西亚人。如同当时大部分非加泰罗尼亚建筑师一样，他也是在马德里建筑学院完成的学业，1963年本科毕业，之后继续攻读博士学位，师承德·拉索塔。1967年博士毕业后离开马德里，回到故乡从事设计工作。

在当时，离开设计氛围相对先锋的首都回到家乡工作并没那么容易。除去意识形态层面的相对保守外，20世纪60年代，加利西亚地处一隅又没有太多工业，依旧保持着传统的建造和施工产业链，这必然导致曼努埃尔在德·拉索塔处学到的大量同工业化结合的建造方式无法施展。在这里，石材、木材等传统材料，和被植被覆盖的山谷丘陵、历史气息浓厚的小城市以及尚未被全面普及的现代化意识，等等，都是建筑师所需去面对的现实。

曼努埃尔·加莱戈从业初期以独立建筑师的身份参与工作，主要项目都是建筑师同当地工人在场地上直接完成的，项目类型多为农村住宅和城市郊区的度假别墅。在加莱戈最早作品——建于拉科鲁尼亚（La Coruña）地区的农庄中，他采用了一个剖面为直角梯形的经典单坡建筑模型，外围被当地石砌的矮墙包裹，乱石砌筑的石墙与建筑立面下层围护，强化了一种粗砺的质感，小木模的清水混凝土立面更是将这一质感放大。同建筑相反，室内设计得理性与内敛，虽然周边自然环境景色宜人，但建筑师并没有采用大面积玻璃窗面，而是谨慎处理开窗的大小和位置，从而维持建筑纯粹的体量感，墙面与窗户的比例让人联想到德·拉索塔的穴居模型。

随着1978年后新地区政府的组建，加莱戈慢慢获得更多设计公共项目的机会。在1981—1983年建于拉科鲁尼亚地区的小镇文化中心项目中，建筑师将项目最为主要的两个功能：报告厅与图书馆拆解，分别置于场地两角，以缓解建筑如果集中布置所形成的大体量同小镇肌理之间的冲突。图书馆的主阅览空间被抬起，加在场地的中心处，形式上在高处连接了位于底层的图书馆入口区和报告厅区。架空所形成的通廊令行人可以自由斜穿场地。这个区域的整体标高略低于周边的道路标高，这种下沉的方式一方面重新定义了场地边界，更重要的是为了降低建筑整体的高度，以便令其同小镇的平均高度不太冲突。图书馆的建筑形式抽象取自当地的传统农舍，两长边各设有条形长窗。条形窗中心线同人起身时视线高度持平。当人在整个空间中行走时，长窗如同一幅画卷，远处的山脉同观者建立起一种新的运动关系；而当人坐下后，可以被压扁的窗高则整个处于人视觉余光以外，从而令人更好地将注意力集中于书本之上。一起一坐，视线的距离产生了两种完全不同的深度变化，建筑师却仅仅利用一个长窗高度的精确控制就完成了这两种状态的切换。

在这些早期项目中，我们不难发现加莱戈的建筑对场地保有足够的尊重，建筑形式亦不排斥当地建筑类型和材料的影响。对于当时的加利西亚人来说，建筑并不是一个用金属与玻璃构建出来的方盒子，而是一个用石头砌成、木头装饰的双坡屋顶，矮趴趴地匍匐在大地上。加莱戈亦曾说道："建筑并不是一个简单的个体，通过建筑，我们可以实现自然景观秩序的重塑，同时服务于人的居住目的"。

1985 年，加莱戈完成了一栋位于拉科鲁尼亚市区的小型博物馆，该博物馆主要用于存放位于街对面教堂的教会藏品，场地面宽极小，面前的街道同样异常局促。基于特殊的空间条件，建筑师巧妙地利用高度设计了一个楼层相错的剖面，为展览提供了最大的空间延展面。作为串联上下空间的核心要素，楼梯被精心拆解成三段，三段的主材从下到上依次为石材、木材和钢。材质的变化让楼梯的构件越来越小，从而给人越来越轻的漂浮错觉。一系列从狭长高窗挤入并洒落的光线，强化了空间的神圣气息（图 2-1）。外立面延续了建筑师早期厚重少窗的风格，基本的体量分割受到两侧建筑的影响。整个项目逻辑清晰，建筑语言凝练且准确，在一个难度极大的场地上机敏地捕捉到可以被利用的特质，并

图 2-1　教会藏品博物馆室内空间

以此建立起一个有且仅属于该项目的特质，充分体现出建筑师不仅能处理郊野环境同建筑的关系，城市高密度的复杂环境亦可轻松应对。后者的能力在后来建于1988—1995年的拉科鲁尼亚的省立美术馆（Museo de Belas Artes de Coruna）项目中更是得以全面展现。

拉科鲁尼亚的原意为“勇敢者的码头”，最早建于古罗马时期，今在其海边依旧耸立着古罗马时期以“大力神赫拉克利斯”命名的灯塔（Tower of Hercules）。这里是加利西亚自治区的第二大城市，也是西班牙西北部最重要的港口城市之一。由于历史原因，市中心的历史肌理与建筑保存完整，但随着城市发展外扩，诸多老建筑被闲置下来。20世纪60年代，在国家经济大发展时期，城市也曾一度开始更新老城，但好景不长，1970年代的能源危机迅速浇灭了这一趋势，不少当地小型公司和企业倒闭，整个城市也从此进入了漫长的恢复期。

新的拉科鲁尼亚省立美术馆地处城市历史街区和新城的交界处，总建筑面积为5700m²。场地上原存有一座建于18世纪的修道院，修道院主体部分被毁，仅留下南立面和东侧外围的教堂。既有建筑直接影响整个新博物馆的整体布局，两个主功能体块：位于南侧呼应原立面的带状长方体和一个规整的正方形体块，前者底层设有咖啡馆和互动场地等功能，二层为一些临时展区，而后者则是整个展览空间的主体。两个体块彼此独立，展览空间被充分暴露出来的框架关系同带状长方体墙洞的砌筑关系形成了鲜明对比，中间嵌入服务配套功能区，整体通透的建筑语言明确地传达出其与两侧完全不同的功能定位（图2-2）。

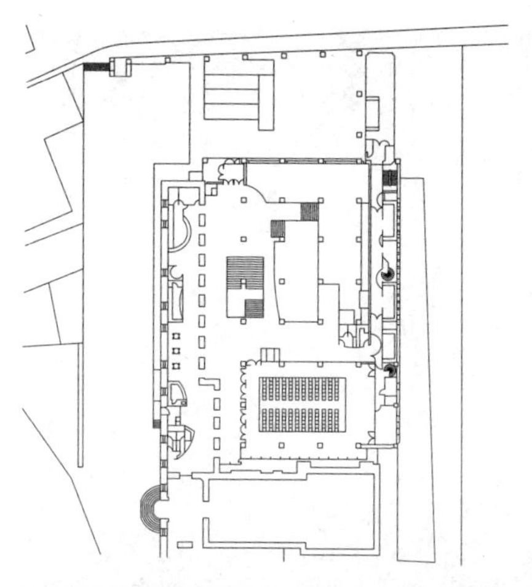

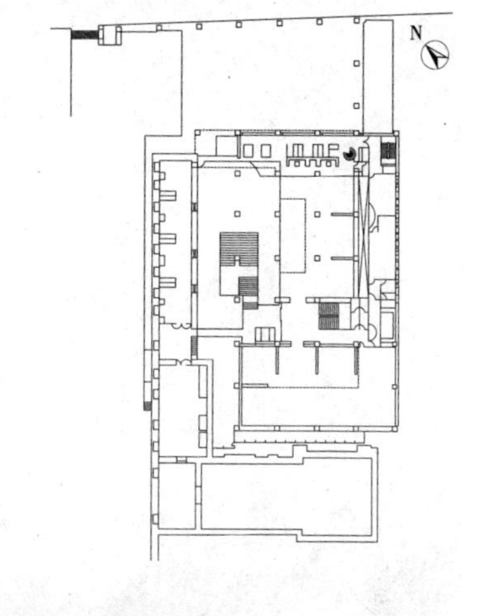

图 2-2　拉科鲁尼亚省立美术馆平面

图 2-3　拉科鲁尼亚省立美术馆前厅

中间部分的天窗受到历史建筑的轮廓影响，结合了水平和斜坡两种不同形式。充足的自然光让这个区域有着较高的亮度，而两侧展览区因封闭墙面和展览需求而刻意地压低亮度，形成了暗、明、暗的光线层级，并进一步凸显中间区域同两侧的差异。当参观者从西侧入口进入后，良好的照度保证了人的视线可以轻易地穿透整个空间与底部的玻璃幕墙，落在尽端的原场地东侧教堂上，斑驳的肌理如同一个坐标点（图 2-3）。参观者在这一瞬

图 2-4　拉科鲁尼亚省立美术馆多功能厅室内

间感受到一条属于时间的轴线。同样的做法也在多功能厅内被再次使用（图 2-4）。

在这个居中空间里，用于引导至二楼主展览区的楼梯是当仁不让的主角。楼梯再次被刻意分成两段：前段看起来极为厚重，有趣的是，这段梯面的宽度同建筑轴网间距基本吻合，但建筑师并没有老实地将楼梯卡在双柱之间，而将其平移了半个柱距的距离，一根柱子落在楼梯当中。平移拉开了楼梯同底层展览区之间的距离，也制造出一种楼梯对中心区的侵入感，强化楼梯在空间中的存在，便于更好地引导行人向上参观。后一段楼梯则为钢结构，宽度被收窄。楼梯前后两段的尺度变化和前段居中的柱子，将整个楼梯实际做了两种功能的区分：一种是用于上下的交通；另一种则是用于中间区的公共活动与停留。

在外部关系的处理方面，建筑将主展览区外推，而将中部的入口后退，入口的位置呼应了原修道院入口这一场地的历史文脉，也为建筑提供了一个宽阔的入口广场。立面风格延续了加莱戈少窗而重体量感的做法，但出于延续街道立面的考虑，主立面外侧设置了一排大型立柱，北侧的条形办公区域局部悬挑，形成了一种体量的穿插，并与周边的城市肌理相呼应。

从早期自然语境下的类比式操作到后期城市环境中优秀的破题能力，加莱戈的项目延续了以场地为基础的核心理念，但其对场地特质的转译却早已摆脱纯粹的材料相似和形式的同构，走向了更多元的操作方式。

曼努埃尔·加莱戈在加利西亚的实践主要集中于1980年代，另外两个独立语言地区——东北部的加泰罗尼亚地区和北部巴斯克地区，则因经济和文化成熟度上的优势，更早就开始了地域特征与建筑设计结合的探索。

在加泰罗尼亚，前文提及的“十人小组”成员约瑟夫·柯德克于1951—1954年间在巴塞罗那海边低层高密度的巴塞罗奈塔区（Barceloneta）设计了一栋位于街角的多层集合住宅。项目面向街道两个面的底层均为沿街商业店面，上层是一梯两户的住宅。由于住宅面向低收入人群的定位，户型被压缩得非常紧凑，但保留的对角线视线穿透却很好地缓解了内部体验的局促感。在立面上，建筑师大面积地使用了遮阳板作为主要立面元素，辅以传统的黄色马赛克贴面。风格现代简约，成本把控精准，在设计上又不乏对加泰罗尼亚传统元素创新使用的小心思，是西班牙最早的地域主义尝试之一（图2-5）。稍晚些时期的另外一位当地建筑师——安东尼·德·莫拉加斯（Antoni de Moragas），他在1967—1970年的住宅项目中对传统瓷砖和砖砌手法的融合，更是让人联想到加泰罗尼亚现代运动时期的辉煌（图2-6）。1960年代，莫拉加斯等人在巴塞罗那成立了强调“在现代建筑语言系统里重现加泰罗尼亚地域元素”的R小组（Group R），虽然该小组仅持续了10年，但重现传统、重视地域的概念深深地影响到小组中最年轻的成员——奥利奥·博伊加斯（Oriol Bohigas）。

奥利奥·博伊加斯，1925年生于巴塞罗那，1951年毕业于巴塞罗那

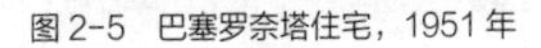

图 2-5　巴塞罗奈塔住宅，1951 年

图 2-6　莫拉加斯集合住宅中砖砌细部

建筑学院。同年，与他的好友加同学约瑟夫·马托雷尔（Josep Martorell）成立了建筑事务所。1961 年获得规划学学位，1963 年获得建筑学博士。1962 年，英国人大卫·麦凯（David Mackay）加入成为新合伙人，事务所随即更名为以三人姓氏的首字母组合而成的 MBM 建筑事务所。

1962 年，博伊加斯针对巴塞罗那当时相对落后的经济和技术状况，提出了“现实主义”（Cap a una arquitectura realista）的实践策略，强调建筑设计应以当下负担得起的造价与技术能力为前提，根据地域的不同特点进行设计。这一提议得到了当时诸多建筑师的响应。诚然，过分地强调“现实主义”会压缩实验建筑的空间，这一口号也缺乏在专业领域上所应具有的批判性。但建筑实践与生俱来是需要调动较大经济成本与较长周期的，这决定了建筑师不能仅局限在设计层面去考虑问题。“现实主义”在当时的巴塞罗那备受肯定，正是由于它让所有从业人员能够深入思考当下现实的诸多可能性。“现实主义”也并不意味着唯商业至上，忽视创新，而仅是将创新置于与社会经济、文化与技术同步的轨道上罢了。

1961—1964 年，建筑师在庭院之家（Casa de Pati）项目里将加泰罗尼亚传统住宅的内庭院平面组织方式同现代高层住宅相结合，利用中心庭院组织交通，同时优化整个高层对内区域的通风和采光，中庭底部为硬质庭院。庭院地面和墙面皆采用传统的蓝色瓷砖贴面，中心设有水井，让人联想到巴特略之家，并影响到后文会提及的瓦尔登七号等一系列作品（图 2–7）。

图 2–7　庭院之家的中庭

除传统元素的转译外，MBM 作品的内部空间逻辑也极具巴塞罗那“城市文化”特色，这种被评论家称为“迷你城市”的平面控制策略是 MBM 在学校、办公等公共项目上的核心理念，1974 年设计的社区学校（Escuela Thau）即为最好的案例之一。

该学校位于巴塞罗那西北城郊的山坡上。1970 年代，这里还未进行大规模开发，场地周边的既有建筑多以点状自由散落，并未形成某种清晰的肌理。项目要求建立一个含幼儿园、小学和中学三种机构于一身的综合性学校，预计容纳 1440 名学生。

考虑到学生的数量和不同年龄段在管理、教育与心理学的不同需求，整个学校被分成三个部分：幼儿园和小学是该项目的主体，中学部分和辅助用房分别独立设置。分散布局有助于控制体量，也便于更好地适应场地的高差变化。基于该区域尚属飞地的前提，建筑师将巴塞罗那新城区经典的方格网肌理移植到项目场地，用来控制建筑布局的基本轴线，以此建立建筑同城市之间的关系（图 2–8）。

在三个体量中，主体部分较为方正。幼儿园功能区被布置在底层外侧。设计充分考虑幼儿在身高与发育状况上同少年的差异，在卫生间等部分都有专门的优化。结合场地，所有班级共享一个被围合的室外活动场地。场

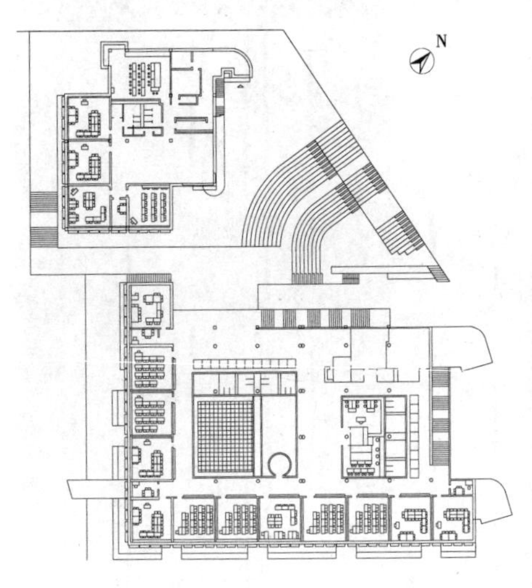

图 2-8　社区学校一层总平面

图 2-9　社区学校主楼梯空间

地一侧设有院门方便管理。由于幼儿园和小学日程安排并不一致，独立院门也将两个主功能的出入口加以区分。小学部分位于主体的二、三层，通过一个引导性极强的宽直跑楼梯与入口相连，玻璃为主的立面所带来的充足采光与被刻意放大的空间尺度，令这个楼梯很好地扮演了室内外空间过渡的角色（图 2–9）。

二、三层平面布局近似于“回”字形，由于房屋朝向不是正南北，入口、交通空间与辅助配套功能空间都位于建筑东北与西北方向，所有教室都集中排布在东南和西南两侧，教室窗户外设有固定的铝百叶，在保证教室充足自然采光的同时降低东西方向的光线对上课的影响，固定百叶窗的龙骨同墙面完全脱开，这使得即便百叶全落下来后也可保证室内良好通风（图 2–10）。

“回”字形布局的中间区域除部分用于公共卫生间等不需采光的功能房间外，大部分空间被规划为图书馆和一个小型庭院。图书馆阅览空间贯穿二、三层，钢结构支撑的屋顶天窗为整个空间提供适度的自然采光。

由于项目场地和造价的限制，主体部分的平面排布得十分紧凑。很多空间都考虑到两重功能的属性。如建筑师将教室外围的走廊放宽，走

图 2-10　社区学校建筑外立面

廊墙面上安装了很多固定的木板，这些木板或被用作学生手工美术作品的展示，或放置用于资料查询的电脑。中部区域的走廊长宽比接近于 2∶1，可以用作集中活动的临时场地。

整个平面设计充分地考虑了幼儿园与小学的功能性需求，但这种功能性同时受到 MBM“迷你城市”理念的控制。重新梳理整个平面的布置逻辑，其实越靠近中心的区域公共性越强：可用作集中活动的走廊如同我们传统城市的中心市民广场，图书馆则扮演着广场一侧神殿或教堂等服务市民的公共建筑，环廊象征着城市街道，它不仅连接各个功能区域，同时还是一些城市活动的发生地。挂在走廊一侧的每个教室类比于住宅或者办公楼等城市中有着具体功能的建筑单元。颇为可惜的是，虽然在 MBM 实践中建筑与城市的同构关系是清晰、严密并可读的，但随着博伊加斯后来角色的逐渐复杂，MBM 最终没有建立起一套成熟的“迷你城市”理论。

回到项目本身，建筑屋面和楼板均采用密肋井格梁结构，用于增大柱距，来为教室和室内空间提供更灵活的布置。不论是屋顶还是柱子，建筑师都没有进行饰面二次处理，混凝土直接暴露的做法既可以理解为是受到当时粗野主义的影响，又可以认为这种去除不必要装饰的做法正

图 2-11　社区学校内小学、中学与活动区三者关系

是博伊加斯对"现实主义"概念的落实。除用于结构的混凝土外，木材是室内最主要的材料，木材温和的质地缓解了混凝土所形成的冰冷氛围。在细节设计上，建筑师别出心裁地将施工用的金属脚手架再次加工后用来悬挂衣物；室内照明的灯具刻意选用了 1930 年代建筑联盟作品中的经典设计，以此来传达建筑师对于历史和前辈的敬意。

独立的中学部分位于主体建筑东北侧，体量较小。受到场地地形影响，中学部分的入口同主体建筑的三层处于同一标高。两栋建筑在平面原则和立面手法上基本一致，后被校方用一个封闭的长廊连接起来，并戏称其为"成长之桥"。

在场地设计方面，建筑师借主体部分和中学部分之间的高差设计了一个古希腊式的露天剧场，剧场拾级而下，正好便于连接两部分建筑体量，同时也为整个学校提供了演出与活动的户外场地（图 2-11）。

相较于曼努埃尔·加莱戈的作品，MBM 的社区学校项目更具有工业质感，铝百叶等配件充分展示出 1970 年代的巴塞罗那已经逐渐建立起一条较成熟的配套产业链条，我们同时更应该看到 MBM 将城市结构带入单体平面组织的尝试，这一尝试的出现不单是博伊加斯自身的学术倾向，还是巴塞罗那建筑师长期对城市关注的传统和诞生于 19 世纪的“城市”文化等因素。事实上，相对于 MBM 的“迷你城市”理论，博伊加斯在巴塞罗那起于 1980 年的“第二次城市更新”中所扮演的角色，更加充分说明了这一传统与文化的价值。当然，这是后话。

地景，从大地到海洋

不同于加利西亚的农业文化与巴塞罗那的城市传统，巴斯克（Pais Vasco）地区[①]的主要特点是基于山和林。西班牙本身是一个多山的国家，平均海拔 660m，这一高度在欧洲境内仅次于瑞士。中部的梅塞塔高原（Meseta Central）占伊比利亚半岛 2/5 的面积；北部则为比利牛斯山脉的延续，巴斯克地区正是位于此山脉之中。

不同于中部高原的干旱，面向大西洋的巴斯克地区气候湿润多雨，地形地貌多为山体和丘陵，林业和畜牧业是这里的传统产业。工业革命后，巴斯克地区的工业和采矿业开始发展，19 世纪末已成为西班牙经济最好的地区之一。多山的自然环境对当地传统住宅形式和材料都有着直接影响，并反映到现代建筑上来。1950 年，奥伊萨的作品——建于巴斯克山区的阿兰萨苏教堂（Satuario de Arantzazu），算得上该地区现代建筑同自然风貌结合的最早案例。

阿兰萨苏教堂建于群山中，远离巴斯克地区的几个主要城市，教堂离最近的市镇也有半小时以上的车程，它如同传统修道院一样远离世俗喧嚣。周围的山体多被森林覆盖，间或有裸岩穿插其间，这里多雨雪而少晴天，空气中长期飘浮着一层淡淡的雾气（图 2-12）。

阿兰萨苏教堂是奥伊萨赴美归来后的首个建成作品。建筑师在平面

① 本书中所提及的巴斯克地区仅指西班牙北部区域。在法国境内，还有一个被称作北巴斯克的地区。两个区域都是巴斯克人的聚集地，当地语言也都以巴斯克语为母语。

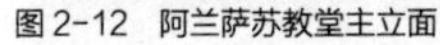
图 2-12 阿兰萨苏教堂主立面

图 2-13 阿兰萨苏教堂室内

上选择了拉丁十字式的经典巴西利卡布局，部分根据环境和地理特征进行调整。建筑入口层远低于一旁的道路，人需下行多个台阶方能进入教堂，这一反传统式的高差关系让教堂如同深陷在山体之中一样。教堂内部，扁平厚重的立柱与拱券式的结构为大厅提供了一个宏大的一统式空间。两侧墙壁在顶部交接处被设计成曲面，内凹嵌入高窗。曲面使得墙面与屋顶连续起来，加之相同的饰面材料，整个室内近似一个挖掘而成的洞穴（图 2-13）。桶状的剖面也令其具有一种单方向性。大厅的尽头是一片由不规则形状石头拼成的巨型石墙，石头前后凹凸错落变化，宛若从巨石开凿出来一般,存放圣像的壁龛深陷在其中。墙面顶部设有天窗，天窗被很小心地隐藏起来，光从“未知”的上方洒落，在石墙面上形成了清晰的褪晕（图 2-14）。粗糙的材料搭配，辅以阴暗的光线，强化了室内独特的洞穴气息。除结构外，室内装饰材料均为木材，同场地周围的森林相呼应，构建尺寸比常规配件尺寸略大，更吻合“洞穴”的原始特质。教堂从整体氛围到小节点均精心营造出一种“非现代”的超现实。拉丁十字短边的高处设有一片异形的彩色玻璃，这无疑是对哥特式教堂

图 2-14 阿兰萨苏教堂末端石墙局部

图 2-15 阿兰萨苏教堂外立面使徒雕塑与石钉

玫瑰花窗的呼应。阳光穿过彩色玻璃，在室内留下了斑驳的颜色和一个不规则的十字落影。

建筑师在外立面的设计方面汲取了哥特教堂的特征。正立面两端分别设有高塔，外侧建有一个半围合廊道，背后的半圆柱形体量直面山涧，除混凝土外，就地取材的石材是整个建筑墙面的主要用材。但在教堂一侧的钟楼、建筑正立面两侧塔楼以及横向连接处，建筑师对石材进行了特殊的处理。石材对外一面被凿成尖角，这些有尖角的石材单元有如一个个钉子，让人想到苦行僧式的修行方式，几何规整的排列，本身就是人工感的最好证明，然而这种介于装饰与抽象意指之间的元素，无疑为教堂增加了一抹神秘的色彩。“钉塔”横向连接处的上方是由巴斯克地区著名雕塑家豪尔赫·德·奥泰伊萨（Jorge de Oteiza）完成的名为“使徒”的人物群像雕塑。雕塑以 14 个抽象人物造型来影射大千世界的芸芸众生，钉塔、人像，同教义中所提及的人之原罪与救赎等主题紧密相关（图 2-15）。除此以外，建筑大门亦是当地另一位雕塑家爱德华多·奇利达（Eduardo Chillida）的作品。这次合作所产生的友谊一直持续到建筑师去世。

在这个项目里，建筑师弱化了宗教建筑强调纪念性的常规手段，更是摒弃了一切华美装饰，反其道而行之地采用了粗犷风格，以一种不可预知的方式来定义宗教建筑的同时，建立起一种建筑同巴斯克地域文化、景观融合的可能。随后，奥伊萨的职业活动开始向马德里偏移，而从外省归来的路易斯·贝尼阿·冈切基（Luis Pena Ganchegui）则接过奥伊萨的大旗，在其整个职业生涯中为巴斯克地区共设计了上百件建筑作品，成为巴斯克地域建筑的标志性人物。

路易斯·贝尼阿·冈切基，1926年出生于巴斯克地区。1959年在马德里建筑学院获得博士学位，毕业后曾在巴塞罗那任教，1977年回到巴斯克地区，在圣·塞巴斯蒂安建筑学院担任教师，1985年获得终身教授称号。

早在1958年，冈切基就开始了在巴斯克地区的实践。由于受到马德里学派的影响，建筑师早期作品多源自形式美感、结构等对经典建筑本体问题的理解。随着一系列乡村住宅的陆续建成，建筑师的风格也开始从马德里的新理性主义向更具巴斯克地域特质的当代建筑转变。

在1965年建于比斯开省（Vizcaya）的乡村住宅中，建筑师将当地传统住宅元素与一栋24户住户的现代集合住宅相融合。双坡屋顶、根据山体地势而层层叠落的建筑形体、巴斯克式的中庭都在该设计中得以诠释。建筑师后曾借鲁道夫·阿恩海姆（Rudolf Arnheim）的心理学理论来阐释自己对建筑的理解，他认为任何富有想象力的思考与创意其本身是来自并高于周边环境所能提供的模式。对冈切基大部分的地域化建筑实践，我们似乎都可以用这句话来加以概括。

除传统建筑设计工作外，建筑师还参与了大量公共空间、公园和广场等景观类项目的设计。1961年，建筑师设计了位于圣·塞巴斯蒂安（San

Sebastian）的三位一体广场（Plaza de la Trinidad）。这个项目属于圣·塞巴斯蒂安在弗朗哥时期第一批城市公共空间项目。场地位于城市外围与乌尔古尔山（Monte Urgull）之间的夹缝地带，原为老城墙所在的地方。城墙拆除后，该地块就闲置下来。建筑师将场地现状进行了基本的规整，利用一侧墙体和两块比较方正的区域设计了一组供公共活动的平台及其看台。而对场地剩下的部分，建筑师则采用画面留白的方式进行轻处理。由于广场背靠被绿植覆盖的乌尔古尔山，建筑师在广场上并没有再种植任何新的植物，整个广场区块间的划分仅通过不同铺地材质的转变来实现，这一系列的轻巧做法让整个项目如未经设计一般，充满真实和自然。

1975 年，冈切基完成了他在圣·塞巴斯蒂安的第二个广场作品：戴尼斯广场（Plaza de Tenis，又名网球广场）。项目位于圣·塞巴斯蒂安滨海公路——戴尼斯大道尽头一处名为"贝壳湾"（Bahía de La Concha）的地方，整个项目由爱德华多·奇利达设计的雕塑《风之梳》（*Peine del Viento*）和冈切基设计的广场两部分组成。作为戴尼斯滨海大道的终点，场地是一处由山海相会所形成的夹角地块。特殊的地理位置意味着这里既是城市的开始，亦是大西洋的终止。奇利达的雕塑由三个钢铁巨爪组成，每个巨爪重达 10t，被牢牢地镶嵌在海中岩石上。三个雕塑在形式上相似，但在朝向和细节上有所差异。整个造型如同伸进波涛中的巨手，又似梳子一般梳理着大西洋上躁动的空气（图 2-16）。

而作为观看雕塑与大海的平台和前场地，冈切基的设计则平静、低调很多。沿海一侧的矮墙将大海与陆地一分为二，矮墙厚度够宽，足以令人舒服地坐在上面。建筑师以希腊神庙中的基座为原型，设计了一组自由形态的多层平台（图 2-17），矮墙和平台的材料均为石材。除了高低错落的平台外，场地上再无任何多余的元素和植被，石材的铺地同山体岩石的交接处理也是采用直接撞击的方式，充满了一种人与自然的对抗感。当游客身处其中时，很难将冈切基的广场、奇利达的雕塑同咬合

图 2-16 《风之梳》，1977 年

广场的山体、礁石，以及这一切的背景——大海分开看待。大海的惊涛拍岸、山体的鬼斧神工、自然的超凡力量，反倒更好地衬托出人的伟大和张开双手面向自然的勇气（图 2-18）。冈切基曾多次强调巴斯克地区的建筑是一种可以生长的建筑，而戴尼斯广场就是如此。这些对地形地貌的梳理与刻画，宛若城市跃入大海前的最后一步。

相对于建筑作品，景观类项目往往没有复杂的功能，也缺乏具体的体量感。往小了说，这类项目不过是在自然环境里的人工植入与改良罢了。然而正是这些看似不起眼的植入，却是对孕育地域特征“土地”的直接回应。我们多称这一类型的项目为“地景设计”（Landscape Design）。

英语中的“landscape”按照构成来分析，是由“土地＋景色”两个词组成的，中文即是对英语的直译。在西班牙语中，“地景”一词写为 paisaje，同国家 pais 拥有相同的词根。这个词根最早源于拉丁语的 pacus，指的是“土地的角落、划分和边界”，后来才把这个词引申为国土与疆界等含义。西班牙语 paisaje 从构词的角度上讲，指的是处理土地

图 2-17 戴尼斯广场局部

图 2-18 雕塑与广场局部

的智慧。比起英语，更强调人的介入。

受到缺水等因素影响，巴洛克时期盛行的古典园林在西班牙并未普及，西班牙直到 20 世纪末才在一些建筑类专业院校内设开设景观设计专业。在历史上地景类项目均由本国建筑师来完成，由高迪设计的桂尔公园就是如此。这种在我国属于跨学科的操作方式，有助于强化建筑师对场地的理解，丰富最后的呈现效果，并更好地建立由室内至室外环境的概念延续。当然，建筑师的知识背景往往会令其设计的景观作品在风格上过于硬朗，前文中冈切基的作品已经充分展现出这一点。有趣的是，即便有专业的植物搭配设计人员配合的项目，西班牙的景观设计也有着极其特殊的风格。巴塞罗那建筑师卡洛斯·费拉特尔（Carlos Ferrater）在蒙特惠奇山上设计的巴塞罗那植物园（Barcelona Botanical Garden）项目里，建筑师彻底摒弃了通过仿造自然形态来设计植物园的惯用方式，根据山体地形和地势，设计了一个以三角形为模数的网状结构，覆盖在原始场地上（图 2-19）。每片三角形根据不同的功能要求采用不同的处理方式，或用混凝土覆盖，作为园区内的步道系统；或让山体覆土直接

图 2-19 巴塞罗那植物园形态与山体关系分析

图 2-20 托雷多山体景观楼梯

裸露，种满来自全球各地的地中海气候植物；或是加工成为公园的广场与休憩平台。在这种绝对理性的网格下，不同的三角区域彼此独立，方便学者与研究人员工作，也便于后期单元板块的更替。三角形网格的特殊性令整个项目的地面层同山体地貌完美契合，但混凝土这一纯粹人工化的材料与完全理性的网格又与自然形成一种非常态的反差。相似方式也出现在托雷斯和马丁内斯拉贝纳（Torres & Martionz Lapena）在历史古城托雷多（Toledo）设计的用于连接老城和山下新城的公共交通项目中。新交通系统没有采用外挂山体的方式，而是生硬地嵌入山体内部。项目远看如同与山体融为一体，近看则恰恰相反，宛如开山般划出了一条清晰的伤痕（图 2-20）。这两个项目独特的处理场地的方式，以一种强有力的植入来放大人类与自然的对话，亦或对抗这个永恒的话题。最后不禁让人产生疑问：这究竟是对地形地貌的尊重，还是破坏后的虚假掩饰?

这个问题也许每个人都有属于自己的答案，但当我们怀揣这个问题再回头看看由冈切基和爱德华多·奇利达共同设计的戴尼斯广场，云淡风轻背后的自信其实并不弱于“偷天换日”的雄心。在场地面前，以一种近乎针灸式的准确设计来完成对整个既有现状的重新梳理，甚至是升华。也许没有任何一个项目比下文的这个项目更具有说服力。

该项目是为德国哲学家沃尔特·本雅明（Walter Benjamin）设计的纪念碑，位于一个叫作“包港”（Portbou）的小镇上。小镇地处西班牙和法国的交界处，如果坐火车从西班牙到法国，这里是西班牙境内的最后一站。1940年9月26日，被誉为“欧洲最后一位知识分子”的沃尔特·本雅明以服用过量吗啡的方式在这里自杀身亡，随后被葬于当地的天主教墓园中。这个传统墓园沿山而建，所有墓穴分布在几个不同高度的平台上，存放遗骸的壁龛和用于仪式的小礼拜堂均为白色。本雅明的墓远离其他壁龛独立布置，位于一个狭长的方形广场的尽端。墓碑是一块半个身高的石头，上面刻着本雅明的名字、出生到死亡的日期，以及一句用德语和加泰罗尼亚语写成的话：“所有文明的记录，都是蛮行的记录。”

关于这个墓地的真伪其实是有争议的。本雅明去世的数月后，生前好友汉娜·阿伦特（Hannah Arendt）曾来过这里。阿伦特后来写道：“墓园位于一处小海湾里，正对着地中海。墓园是由一些石头雕出的台地构成的，棺椁也存放在台地的石墙内。不错，这里是我有生以来看到的最迷人、最美丽的场所之一。”文中汉娜·阿伦特所描述的场地确实正是埋葬本雅明的天主教墓园，但同时阿伦特也曾告诉肖勒姆（Gershom Scholem）：“不会再有线索了，这里，没有他的名字。”确实，这块墓碑显得有些新，特殊的位置更说明了这里应该不是本雅明墓地所在的地方，但这究竟是如汉娜·阿伦特所说本雅明的伪墓，还是仅出于旅游开发需求而进行的更新，就不得而知了。

1994年，为纪念本雅明逝世50周年，以色列艺术家丹尼·卡拉万（Dani Karavan）受邀在此地设计了一组名为“走廊”（passages，德语名为passagen）的大地艺术作品，包括一个纪念碑和墓园周边的几个小品，

图 2-21 本雅明纪念碑入口

均采用耐候钢作为主要材料，冰冷的金属质感同周边自然环境的反差产生了强烈的不融合感，这赋予了整个作品新晋闯入者的姿态。

在整组作品中，放置于天主教墓园主入口一侧的纪念碑是主要的体量。简单说来，该纪念碑是一个中空的长方体，斜插入山体，如同单筒望远镜般直通大海。换而言之，它就像一个迷你的穿山隧道也许更容易理解。从侧面看，露出山体外的部分呈三角形，三角形的坡度同背后的山体接近。出入口外设有一条由钢板覆盖用作引导的路径，路径同长方形等宽，一直铺设到山边（图 2-21）。

在这个被插入山中的封闭长方体内设有 87 级踏步，踏步被架起，同下部的山岩相脱离，保证了踏步声的共振，加之长方体的封闭，回声同原声叠加在一起，放大了踏步回音的音量，产生如低音鼓般的声效，令行走的每一步都要小心翼翼。直到走进破山而出的后半段，长方体在断面上稍加变化，上方的盖板被移开，让这段通道面向天空打开，出口瞬时激增的亮度会造成人眼睛一时不适，从而让人清晰地意识到场所的转化。拾级而下，一面玻璃板挡在下部开放的端口前，玻璃板完全透明，以致人在入口处很难注意到它的存在。玻璃板上面用德语、西班牙语、加泰罗尼亚语、法语和英语分别写着同样一句话：

“纪念无名者比纪念知名者更困难。历史的构建是献给对无名者的记忆。”

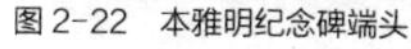

图 2-22　本雅明纪念碑端头

图 2-23　本雅明纪念碑内部的人影

文字脚注写着“G.S.I，1241”，据陶西格猜测，该句话出自泰德曼和叔维蓬豪塞（Hermann Schweppenhausser）编撰的《本雅明全集》（*Gesammelte Schriften*）。字体为白色，字号很小，在阳光下若隐若现。玻璃板如一道上锁的门，截挡行人于此，人的视线倒是可以穿过玻璃看到长方体外的尽头——澎湃的大海（图 2-22）。晴天时，大海宁静而深邃；起风时，浪花激拍礁石；自然的动态打破了整个雕塑的静止。得益于玻璃的反射，当人透过玻璃看海，其实看到的是一个真实的海面和一个长方体反射于玻璃上的镜像，二者的叠加好似整个体量延伸至海上，如摩西一般，在海面开了个不知通往何处的兔子洞。

由于受长方体长度所限，走完这 80 余级台阶并不会很久，很多人会选择在山外台阶上坐一会儿，然后起身往回走。这时如果有他人恰巧走在通道前面部分，参观者会惊奇地发现：长廊四面封闭，光线被彻底隔绝，从有光一侧看，所有处于暗处的人因背光都变成了没有差别的黑影，这些影子暂时地抹去了人的一切物理特征。每个人,在这里都扮演着“无名者”的角色（图 2-23）。

丹尼·卡拉万的作品名为“走廊”，名字来自本雅明未完成的《拱廊计划》[1]。该书对19世纪巴黎由金属和玻璃搭建的屋顶拱廊尤为关注，从而可以在某种程度上解释雕塑家选择材料的基本原则。本雅明曾在《经验与贫乏》一书中写道：“现在，玻璃、包豪斯建筑、钢铁做到了这一点：在它们所建造的房间里，人很难留下痕迹。”这段文字似乎在建立玻璃、钢板与“无名者”之间的隐喻关系；“passages”同时还有着“通道，跨越”的意思，这又令人想到本雅明在《历史的天使》中对历史和未来的描述。如果我们再把思维放开一点，整个走廊仿若镜头，玻璃面恰是镜头上的镜片。而本雅明正是最早讨论机械复制时代，讨论以电影、摄影为代表的新艺术形式对文化和艺术意义的哲学家。

除纪念碑外，丹尼·卡拉万设计的其他几个小品同样富含深意。原墓园白墙外种有一棵橄榄树，树的位置选在了墓园内本雅明墓地的中轴延长线上，寓意了超脱死亡后生命的延续。树的一旁有几阶钢板做成的踏步，踏步并不通向任何地方，仅用于强调橄榄树。沿着墓园外侧的小径上行，会发现在墓园另一侧入口旁，有一块耐候钢板铺成的方形平台，平台中间摆放着一个正方形体块。正方体不高，普通人可以一步踩上去，面积也不大，仅容一人站稳。当人充满好奇地站上去，会发现正是这一步的高程变化使得视线可以翻过天主教墓园围墙，直达背后的大海，海面以围墙为基线横向展开。

回想墓园的整个游走过程，海曾以多种形式被观察到：纪念碑内部的海由于长方体的限定是点状的；墓园里的海受到平台高差和两侧植物的影响，呈现中轴对称的纵向构图。而在这里，海终于回归到一个更真实的样子：水平方向上的无边无际。这个游戏般的设置完成了整个情感序列的最后回归，我们大概可以明白这一步寓意着超脱死亡

---

① 《拱廊计划》的英文版为 *Arcades Project*，而德文版为 *Passagenwerk*。

的限制，让我们发现一个更加广阔的世界（图 2-24）。

图 2-24　天主教墓园围墙与地中海

一个长方体、一棵橄榄树与几阶踏步、一个平台上的小方块，这就是整个作品的所有元素。离开这里，它们甚至凑不齐家门口的一块小绿化，但在这里，却是解读一切信息的钥匙，艺术家的寥寥几笔重建了人与场地的所有关系。有趣的是，本雅明在《机械复制时代的艺术作品》中主要表达机械时代下艺术品的体验可以与场所脱离，而丹尼·卡拉万却让这个纪念碑完完全全地站在了他的反面。

其实，无论地域建筑还是地景建筑，虽然它们在形式体量上千差万别，但二者的关键点是相似的。首先，都是一个“借”的过程，建筑师通过借用环境或文脉，让建筑同场地建立更紧密的关系；其次是“平衡”，建筑师需要在两极之间进行取舍，国际与在地、自然与人工、经济与高新技术，等等。但更重要的是，在貌似不断“中庸”的过程中找到并坚守住属于建筑自身的特点。说来简单，实操起来却并不容易。

1986 年，弗兰姆普敦同西班牙著名的建筑历史与理论学家伊格纳西·德·索拉 – 莫拉莱斯（Ignasi de Sola-Morales）在纽约一同策划了名为“一幅折中全景”的西班牙当代建筑展。这是西班牙建筑师在 1975 年以后作为一个群体在世界平台上最隆重的一次亮相。展览中展出了奥伊萨、德·拉索塔、莫奈奥、冈切基等众多前文已介绍过，亦或未提到的建筑师及作品。对弗兰姆普敦来说，西班牙当代建筑中融合多方面地域与文化特质的设计方式是他发表《走向批判的地域主义》（*Towards a*

Critical Regionalism，1983）一文后最佳的群体证据。但对弗兰姆普敦来说，西班牙建筑又绝不仅是“地域主义”这般可以一概而论的，在展览的引言部分，他这样写道：

“当我们将西班牙建筑同英美建筑放在一起作比较时，我们会发现大多数英美建筑都往往有着好的甚至超乎预期的机会。但从最终结果来看，他们要不是对项目失去控制，就不会采用一种较为狭隘的方式加以应对，从而徘徊于按部就班的商业风格与偶然出现的审美情趣之间。与之相反，西班牙建筑在操作上保持着高水准的文化与技术控制力。当我们和客户对那些现代与传统孰优孰劣的琐碎争论而感到厌倦之时，西班牙建筑师因其建造和技术上的能力，对完全个人式表达的反思，在小尺度层面的关注，均令他们的建筑作品具有普遍的适用性，满足‘非乌托邦’工业社会下现实层面的价值和需求。”

第三章 明星

自治政策在一定程度上为西班牙日趋成熟的地域特征提供了更广阔的平台与自由，亦有利于各地区更具针对性地解决自身问题。然而，文化上的百花齐放并不能掩盖西班牙经济同欧洲其他国家相比根基较浅、结构不均衡的劣势。换句话说，在经济上的自治政策不可能是灵丹妙药，并不能起到立竿见影的效果。

在本国财政捉襟见肘的情况下，西班牙政府向欧盟前身的欧洲共同体申请经济援助并通过。自 1980 年代初起，以“基础设施援助资金”名义的资金开始陆续注入西班牙。虽然民主政府因建立时间较短而在资金使用合理性和方式、权力监管等方面尚不健全，但这笔资金对于西班牙当时低廉的人力成本与物价，以及其本土货币比塞塔（peseta）的低汇率无疑是一笔巨款，直接解决了西班牙在公共设施建设方面的资金短缺问题。国内从医院到学校、从图书馆到博物馆、从交通系统到市民活动空间等一系列公共项目开始全面铺开。

这场大建设给西班牙建筑师，尤其是年轻一代带来了极佳的实践机会，持续稳定的项目来源快速塑造出一批个人风格鲜明的建筑师。他们的作品往往因为良好的完成度，对建筑深入且独特的理解而受到业界和社会的关注。

马德里，光与重力的两种诠释

胡安·纳瓦罗·巴尔德维格（Juan Navarro Baldeweg），1939年出生于西班牙北部城市桑坦德（Santander）。1960年毕业于圣费尔南多艺术学院，后转入马德里建筑学院继续学习，1969年获得博士学位。巴尔德维格早期曾在德·拉索塔事务所工作过，1974年获奖学金赴剑桥学习视觉艺术，1980年在马德里成立个人事务所。除建筑设计工作外，巴尔德维格亦长期活跃在绘画和雕塑领域。对巴尔德维格来说，“绘画和雕塑是对人性本质与冲动最基本的反映”[①]。艺术善于捕捉情绪与感知放大的特点，同样体现在其建筑设计作品上。

1976年，巴尔德维格在巴塞罗那展出了装置作品——《光与金属》（*Luz & Metales*，图3-1）。装置由一个秋千和一扇窗户构成。秋千不是常规的下垂状态，而是将其固定在高处，窗户周边白墙被建筑师画上多种颜色的短线条，如同儿童画里常用表现发光物体的方式。这个雕塑作品塑造了一个似乎真实却又不应该被如此具象的瞬间：在真实世界里，光虽然是可以被看到，但似乎很难有形；重力虽可以被感知，却很难物化。而在这里，借助了这些非光的线条或是光的某种不真实表现来激发观者对光的联想，同样荡在高处的秋千清晰地表达出重力、动态，或是逃离，或是回归基准面的状态被隐藏起来。

如果将该装置试图传达的信息投射到建筑上，可以得到以下几点：光通过加工方式能被更好地感知到；重力可以通过某种方式而被物化；漂浮亦或下坠，以及基本面是建立重力感知的基础。这些推论在巴尔德维格的早期设计中，被迅速融合与转化成一个有着多变操作可能的空间原型。

在其建于穆尔西亚（Murcia）河道磨坊的改造（1984—1988年），

---

① *El Croquis 133*：*Juan Navarro Baldeweg*. *El Croquis*. 2007-8.

图 3-1　光与金属

或是萨拉曼卡（Salamaca）的多功能会议中心（1985—1992 年）项目里，我们都可以找到这个空间原型的存在：帆拱形状的穹顶，中间开有一个圆形洞口，如同罗马万神庙或罗马浴场，光从这个洞口穿过并塑形成营造下层空间的核心要素。在河道磨坊改造项目中，帆拱形的穹顶被设置在一个贯穿两层的方形光井下端，从屋顶落下的光，需要穿过上面两层的光井，挤进第二层地面的洞口，落在最下层的地面上。三层分别采用三种不同形式的光井，建立起一个逐渐深入的序列。由于最上层的开窗面距离下层接面较远，最终穿过圆形洞口落入最下层的光实际是由漫射光和人工光混合的，势必不会如万神庙般出现一个清晰的圆形光斑，而是会均匀洒在整个穹顶上，慢慢晕开。在萨拉曼卡多功能会议中心项目中，该模型则被应用于会议大厅顶部。穹顶中央的洞口对外采光，建筑师设计了特殊的双层天窗以柔化进入室内的光线，避免出现过度的强度对比影响下层空间使用。大厅虽然体量巨大，但建筑师通过吊顶和结构方式让穹顶漂浮在大厅上空。穹顶同四周围墙之间保持了一段空隙，更是强化了这种漂浮感，渗入的光线还可以起到补充照明的作用，并营造出一种“轻质”的感受。该原型中所延续的对光与重力的探索，终在

图 3-2　佩德罗萨利纳斯图书馆立面

1990 年位于马德里的佩德罗萨利纳斯图书馆（Biblioteca Pedro Salinas）中达到极致（图 3-2）。

项目位于马德里南托莱多门（Puerta de Toledo）附近，托莱多门建于 19 世纪，是用于纪念费尔南多七世同法国战争胜利所修建的凯旋门，后在 1995 年被翻新。如今以托莱多门为中心的广场是通往马德里南部区域的重要交通节点。

1982 年巴尔德维格曾在图书馆沿托莱多路（Calle de Toledo）的对面设计了一个含餐厅、洗衣房、工作室、教室，以及小型多功能厅的社会服务中心。由于这里高差较大，建筑一侧的入口开在同托莱多门同一高度，另一侧入口则位于背后的二楼，二楼入口外设有一个被抬高的广场，用于组织多方人流，屋顶略带曲面的造型是对原场地整体走势的还原。

图书馆项目始于社会服务中心完工后的第二年。虽然两块场地分别位于托莱多路两侧，但建筑师并没有采用相似的设计策略来制造对称性。除延续社会服务中心立面白色石材与前广场灰色石材的颜色搭配，新建筑仅在靠近托莱多路的一侧设计了一个体量后退所形成的平台，来呼应另一侧服务中心的二层广场。

新图书馆共四层，地上三层，地下一层。地下层主要用于儿童阅览，相对独立，儿童即使发出较大的声音也不会影响到其他的阅览空间。由

图 3-3　佩德罗萨利纳斯图书馆室内书架

于地形原因，与地下层齐平一侧的市政标高，独立的出入口也保证了位于底层儿童空间活动的独立。前文提及的建筑二层退台同社区中心的二层入口广场在高度上保持一致，图书馆在与社区中心广场阶梯相对应的位置也设有一个通往二层退台的室外楼梯。

受退台的影响，地上部分可以被看作是两个体量的叠加：下层根据场地轮廓完全铺开，主要包括主入口、辅助功能用房和信息查询区域等功能。主阅览空间则集中布置在上面两层，是一个从底层中心拔出的标准圆柱体。从建筑的外立面看，两个体块的反差消减了底层的体量感，令观者产生建筑实际上是一个圆柱形放在一个被抬高的广场上的错觉，以另一种方式呼应了社会服务中心。

在平面处理上，底层资料查询区域的书架布置方式暗示出上层圆形平面的存在，并通过位于柱体外围的弧线形楼梯同上层相连。上层的阅览空间被一个局部夹层一分为二，阅览区域位于中心区，而书架沿圆柱的外侧布置为三层，用来遮挡自然光线，三层书架之间通过小型楼梯相连，建立了一个复杂的局部交通环境。无论是圆柱居中拔起的空间形式还是书架的布置，都让人想到瑞典建筑师阿斯普朗德（Gunnar Asplund）设计的斯德哥尔摩公共图书馆（图 3-3）。

阅览区夹层下面的封闭空间主要用于阅览，上层比较开放，除去阅览功能外，这里还常被用作举办活动的临时场地。在这里，建筑师再次启用了他的经典空间原型：一个金属制成的穹顶悬挂于大厅上空，同萨拉曼卡会议大厅的方式类似，中间孔洞同屋顶天窗相连，双层天窗降低光的强度，穹顶同周边墙壁之间的间距营造出漂浮感，与金属的重量感

图 3-4　佩德罗萨利纳斯图书馆上层阅览空间

形成反差（图 3-4）。

除核心空间外，建筑师在该项目中将自己对光和重力的理解贯彻到建筑的多个维度上。首先是光，建筑入口之于建筑主体量外凸且封闭，由明（室外）到暗（室内）的变化让人感受到城市环境到室内环境的转变。进入建筑后，阅览者需上行几个台阶方能到达一层主阅览区域，在这个台阶的正上方，建筑师设计了一个三角形剖面的长条天窗，局部光线强度的变化再次定义了不同的空间（图 3-5）。相似的手法在二层主阅览区同样有所体现。夹层下方阅览区域的光线主要由人工光提供，当人离开阅览区域进入书架区时，来自顶部空隙处和侧窗的光线又一次改变了两个紧邻空间完全不同的光照体验。如果我们的行进路线是自沿街入口进入一层，穿过二层的书库区最后到底部阅览区入座，大概会经历暗、明、暗、明、暗四次光线变化过程。

其次，在重力的感知方面，建筑师刻意压低了入口层的层高，使得进入二层后产生明显的空间体验转换，并塑造出一种向下压的力。二层中间精心设计的架空结构令上层阅览空间如同被轻轻托起，加之顶部漂浮的穹顶最终呈现出由重变轻的重力变化。

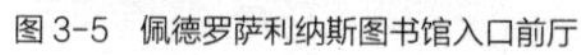
图 3-5　佩德罗萨利纳斯图书馆入口前厅

图 3-6　埃斯特雷马杜拉自治区行政办公楼建筑立面

毫无疑问，巴尔德维格偏爱上文提及的光与重力模型，但这并不意味建筑师的手法被此局限住。在建于梅里达（Merida）的埃斯特雷马杜拉（Extremadura）自治区行政办公楼项目（1989—1995年）中，巴尔德维格就放弃了该原型。建筑位于梅里达历史城区外圈，瓜地亚那河（Rio Guadiana）河边。场地是一块沿河横向展开的瘦长方形，被两侧的罗马老桥和圣地亚哥卡拉特拉瓦设计的新桥夹在中间。虽然场地中有遗迹令建筑师不得不采用一种架空的方式，但整体的建筑语言并没有因其历史元素而有所折中，一个现代、简洁的方正体块同河道平行，期间内嵌了三个大小、位置均不一致的平台，皆处于面向河道的一侧。设置平台一方面有利于扩大采光面，保证建筑室内办公的采光要求；另一方面又使建筑立面的连续性不因开窗多过而被破坏。新建筑无论是材料还是建筑外表的构件，都同历史建筑泾渭分明，但连续内凹的形式与沿河高度的整体把控又让新建筑如同罗马古桥另一侧城墙的延伸，二者共同塑造了一个串联历史与当下的沿河立面，一条城市与自然的边界（图 3-6）。

除了瓜地亚那河作为最重要的场地线索外，场地内的古罗马遗迹同样

图 3-7　埃斯特雷马杜拉自治区行政办公楼与场地关系

不能被忽视。架空后的底层对公众开放，是个可进入的小型罗马遗迹博物馆。巴尔德维格在这里却并没有采用“悬浮”的手法，梁柱结构完全暴露出来，支撑结构柱直接落在遗迹中，强化了上层建筑的存在感与重量感。不均匀的天井让光线穿透整个办公建筑，落于历史遗迹之上（图 3–7）。

确实，新建筑在这片颇为特殊的场地上扮演了一个“介入物”的角色。建筑插于室内与室外之间、历史与当代之间、城市与自然之间、罗马遗迹与天空之间。这种同时兼具连接与隔断的矛盾特质，令人想起了建筑师在文章《物及剖面》（*Un objeto es una sección*）中所阐释的建筑对于环境连续性与独立性的作用。

不知为何，巴尔德维格在完成了托莱多门图书馆后，那个穹顶的原型也慢慢淡出他的设计，倒也算是功成身退。梅里达办公楼作品中对“介入感”的兴趣逐渐影响到他随后的实践。然而，马德里人对于光与重力的热情并未随之消退，在另一位出身于马德里学派的建筑师阿尔伯托·坎波·巴埃萨（Albert Campo Baeza）的作品中，光与重力则是他职业生涯最重要的标签。

坎波·巴埃萨，1946 年生于马德里附近的巴亚多利德（Valladolid），1971

年毕业于马德里理工大学，1982年获得博士学位。坎波·巴埃萨很少谈及他在学校的事情，倒是经常谈到他先后共事过的四位本土建筑师：哈维尔·卡瓦哈尔（Javier Carvajar）、奥伊萨、德·拉索塔和朱利奥·卡诺·拉索（Julio Cano Lasso）①。其中，后面两位对坎波·巴埃萨职业生涯产生的影响最为深远。

朱利奥·卡诺·拉索是坎波·巴埃萨在马德里理工大学读书时的老师，坎波·巴埃萨毕业后，朱利奥·卡诺·拉索雇其作为自己的助理。1974—1976年，坎波·巴埃萨先后参与了朱利奥·卡诺·拉索为维多利亚（Victoria）、萨拉曼卡和庞普罗纳（Pamplona）设计的三所培训中心和建于阿尔梅里亚（Almeria）的技术学院（Universidad Laboral）项目。在坎波·巴埃萨早期作品中经常出现的以庭院为中心组织体量、棋盘式平面以及对纯白色的立面处理，均受到朱利奥·卡诺·拉索的影响。

不同于朱利奥·卡诺·拉索对坎波·巴埃萨形式上的影响，德·拉索塔的影响则更多体现在形而上的层面。前文提及的在1957年塔拉戈纳市政厅项目中，德·拉索塔就开始思考建筑与大地之间是否存在一种基本的永恒关系。在1976年的多明格斯住宅（Casa Domínguez）中，德·拉索塔终于找到了属于自己的答案（图3-8）。建筑师描述此项目时曾写道："眠于底而生活于高处，如同树一般；洞穴与棚屋，这并不新鲜，只不过正被人遗忘。"在这段论述中，将空间的基本类型分成洞穴与棚屋两类，同戈特弗里德·森佩尔（Gottfried Semper）切石术（stereotonics）和建构术（tectonic）的分类有着异曲同工之处，均试图从根本上阐述人类最基本的居住方式。这两种延续来自德·拉索塔的居住基本方式，以及其二者之间的对抗，塑造了坎波·巴埃萨中后期作品中的张力。

坎波·巴埃萨于1980年代开始独立实践。早期项目主要为小型学校和一

---

① Antonio Pizza. *The quest for abstract architecture. Alberto Campo Baeza Works and Projects*, Editorial Gustavo Gili. 2000.

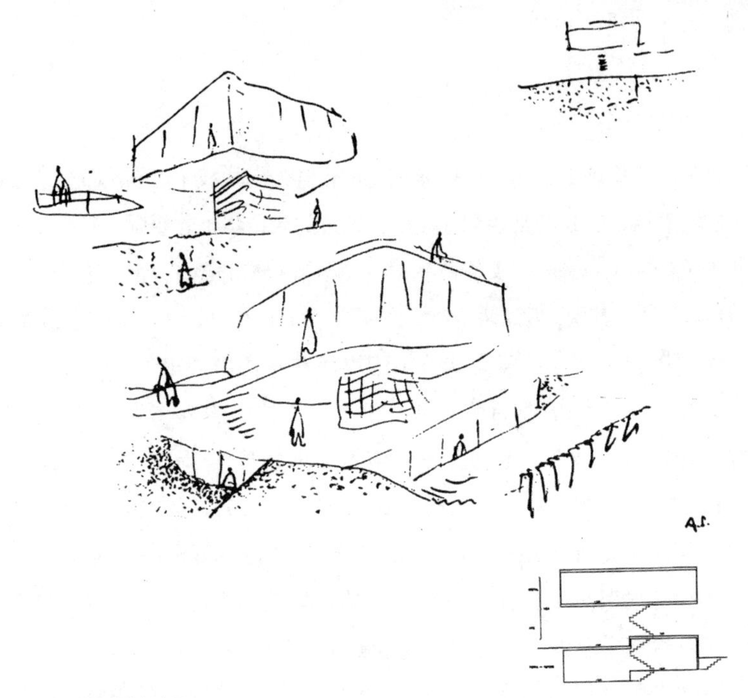

图 3-8　多明格斯住宅概念图

些私人住宅。随着实践的深入，坎波·巴埃萨放弃了朱利奥·卡诺·拉索平铺式的建筑形式，尽可能地将室内处理得更为紧凑和规则，纯粹的几何体块逐渐取代了多形体的穿插，并以此建起了一种近乎极简的虚实关系。混凝土墙面配方正窗洞逐渐成为坎波·巴埃萨的标志。而住宅项目的私人属性让作品更趋内向。以内庭院或中庭为中心建立起的多平台系统，令人想到了阿道夫·路斯（Adolf Loos）的体积规划。光线与视觉的对角线式穿插也在这一时期反复出现，基于个人概念的模型也在不知不觉中完善起来。

2001 年，建筑师完成了位于格拉纳达（Granada）的格拉纳达银行总部（La Caja de Ahorros de Granada Headquarters），在这个最重要的代表作中，坎波·巴埃萨将自己内向的空间结构、光与重力的理解、厚重的材料，以及一个混杂着切石术和建构术的空间模型都很好地融于一起，展示出一幅在现代建筑中极为罕见的、如同天启般的古典场景。

格拉纳达位于西班牙南部的安达卢西亚地区，内华达山（Sierra

Nevada，是“雪山”的意思）山麓内。在西班牙语里，格拉纳达是“石榴”的意思，故而这里也被称作“石榴之城”。格拉纳达历史悠久，早在古希腊时期就有人居住的记载。由于其特殊的地理条件，这里一直被视为军事重镇。公元711年，摩尔人占领格拉纳达，开始了长达800年的统治，这里更是摩尔人退离伊比利亚半岛前拥有的最后一片土地。立于山端的那座混合着伊斯兰教、犹太教和基督教风格的阿尔罕布拉宫（Alhambra）正是纪念其逝去辉煌最华美的乐章。华盛顿·欧文（Washington Irving）后在他《阿尔罕伯拉》[①] 一书中，以文学化的手法重现了阿尔罕布拉宫的美丽与摩尔人离去时的依依不舍。

在山下，发源于内华达山脉的赫尼尔河（Rio Genil）穿城而过，将格拉纳达分成新区和老区。新银行总部位于南侧新区，在场地西边不远的地方就是城市的外环高速。地域文脉的弱势让坎波·巴埃萨的内向操作显得更为合理。

建筑场地略起坡，建筑师首先通过一个方正体量的插入，在找平场地的同时亦解决了地下停车以及同周边道路衔接问题，这个方正体量同时还可以看作一个平台，从而提升建筑主体部分的视觉高度（图3-9）。

建筑主体部分是一个57m×57m×37m的长方体。建筑师以3m×3m作为基本模数来控制结构框架，室内的结构逻辑直接反映到建筑外立面上来。四个立面都以3m×3m的方格满铺，7排17列。由于建筑并非正南北朝向，在东南西南两个南面上，建筑窗户内退，形成了一个近3m的深洞，以适应西班牙南部炙热阳光；退后的单元格在开窗方式上并不完全一致，而是根据室内需求进行调整，但得益于内凹的处理，变化的开窗方式并不会破坏建筑立面整体效果。两个北面由于不存在阳光直射的问题，外表面与框架齐平。因为这两个立面的内部空间基本以办公为

---

① 华盛顿·欧文．阿尔罕伯拉[M]．万紫、雨宁，译．上海：上海文艺出版社，2008.

图 3-9　格拉纳达银行总部建筑立面

图 3-10　格拉纳达银行总部两侧立面对比

主，外立面每个单元格的处理方式也比较接近，均为中间安置窗户与开启扇，上下则采用洞石挂板（图 3-10）。

从平面上看，这个规整的方形被分成两部分：一个沿外轮廓的“回”字形功能区和一个居中的内庭。平面的分割延续 3m × 3m 的模数，朝南的半个“回”字为 15m 宽的开放办公区，而朝北的半个“回”字则为

图 3-11　格拉纳达银行总部室内中庭

图 3-12　格拉纳达银行总部室内中庭立面局部

9m 的个人办公部分。

居中的内庭打通整个主体，除居于一侧的多功能厅外，内轮廓为标准的正方形。内庭四面均选择整体性强的方式来弱化单个面的细节感，从而放大内庭的空间体验。东南、西南两面办公室区域朝内庭面都采用大面积的落地玻璃，两个北面则使用了雪花石这一传统地中海石材，石材的厚度和其间的矿物质可以令部分光线进入室内，墙面中间均匀分布着正方形的小窗洞，用于背后空间的通风，多功能厅的外饰材料则选择产自罗马省蒂沃利（Tivoli）地区的洞石。而在整个内庭中间，四根直径 3m，高度达 30m 的素混凝土巨柱是这个大型空间的唯一元素，建筑师选择使用格拉纳达主教堂柱子的尺寸来呼应当地文脉（图 3-11）。

建筑屋顶采用密肋井格梁，部分井格中设置天窗。因为梁高度较大，当太阳高度角不高时，光线会先射在梁上，经反射后柔和地落在中庭中，而当太阳高度角较高时，阳光会沿对角线方向落在内庭北侧雪花石墙面上。经反射的光线不仅点亮整个大厅，同时也给整个空间染上一抹独属于雪花石的浅褐色（图 3-12）。

人想要进入该中庭需要从下层体量一侧的室外楼梯到室外平台，再由设在南面的一个并不明显的入口进入。前厅的层高和视线深度都被精确地控制，将中庭在入口处“藏”了起来，欲扬先抑的方式进一步强化了人们进入中庭空间后的戏剧化体验。柱子的非常规尺度会让人的视线不自觉地聚焦于此，并引导向上走，直至那些被光填满的洞口。似乎这些巨大的柱子不仅用来支撑这个厚重的屋顶，同时也一并托起了光和屋顶外的天空。以天光作为主要的光源，加之中庭内规整而单一的表面控制，让整个内庭空间有了一丝神性。坎波·巴埃萨后来用“impluvium”来形容这个内庭，impluvium是指古罗马住宅内院中用来接雨水的蓄水池。在这个项目里，建筑师把光比作水，而整个内庭实际上就是一个“蓄光池”。水本无形，呈现的形状其实是由承载水的容器所决定，光亦是如此。当光从屋顶“流入”这里后也就有了自己的形状。建筑师曾说道：“当雪花石块被光照到的那一刻，它的边缘被点亮，它的物质性被抛弃。非常迷人的是，当它的边缘亮了起来并丧失物质性，当边缘区域比石头的其他部分更透明时，它就成了光。”不同于巴尔德维格建筑在纵向上的逐步推进，格拉纳达的银行总部有点儿像套娃。外立面厚重与封闭，随着一层层地深入，材质使用和空间感受都在逐渐轻盈起来，到了最中心处就只剩下光和天空。

没有人会否认这些如日冕般的光线变化确实令整个空间、整个建筑都变得如此与众不同，但在这种空间感召力的背后还是能看到巴埃萨传承自德·拉索塔的理念。在巴埃萨的大多数项目里，会出现两个区分明显的部分：一是相对厚重的体量，这些厚重的体量往往采用石材或者混凝土，开窗被严格控制，是对“切石术”的转译，寓意着大地的延续。另一个则属于“建构术”的部分，它往往位于“切石术”的上层和内部，多采用框架结构，结构清晰。同“切石术”相比，“建构术”部分相对轻巧。这个二元模型在坎波·巴埃萨的布拉斯住宅（Casa de Blas）、阿尔梅里

图 3-13　安达鲁西亚历史博物馆内庭院

亚的医学办公楼（Official Salud en Almeria）等作品中反复出现。

回到格拉纳达银行项目，底层体量代表着“切石术”部分，坚实、厚重，如同一块大型混凝土块砸在大地上。银行主体则意味着“建构术”的部分，尤其是在中庭处理上，内立面轻薄的材料、清晰的结构以及光的使用都在让整个空间轻质化。值得一提的是，建筑外立面虽采用厚重的材料，更接近“切石术”的底层，但大量开窗又得益于“建构术”的结构系统，使得立面扮演起居二者之间的过渡角色。

在格拉纳达银行完工 8 年后，坎波・巴埃萨完成了由格拉纳达银行赞助的安达鲁西亚历史博物馆（Museo de Memorial de Andalucia）。新博物馆紧邻银行总部，由一个板式高塔和一个内嵌椭圆形庭院的方形展览空间所组成。其中庭院的长轴转译自阿尔罕布拉宫建筑群中的卡洛斯五世的宫殿（Palacio de Carlos V）。庭院内部的大坡道由金属和有机玻璃构筑而成，双螺旋的造型极富动感，又再次令人联想到了建筑师的经典模型（图 3-13）。塔楼的高度同格拉纳达银行总部的高度保持一致，立面也维持着巴埃萨一贯的极简风格，犹如格拉纳达银行二期。这种个人风格明显的作品在西班牙罕有机会能放在一起，看着这两栋房子，竟突然让人想起法国导演雅克・塔蒂（Jacques Tati）在其作品《玩乐时间》（*Play Time*）中所塑造的城市形象。对城市来说，这是好是坏，真的很难判断。

巴塞罗那，浪漫主义的传统

不同于马德里的理性，巴塞罗那的建筑风格一直延续其浪漫与自由表达的传统。西班牙当代建筑中浪漫风格的代表——恩里克·米拉莱斯（Enric Miralles）也是在这一时期开始崭露头角。

恩里克·米拉莱斯，1955 年生于巴塞罗那，1978 年毕业于巴塞罗那建筑学院。在校期间，他开始在皮侬和比亚普兰纳事务所接触实践工作，参与了前文提到的巴塞罗那火车站前广场设计，并在此期间结识了自己的第一任夫人——卡梅·皮诺斯（Carme Pinos）。1983 年，年长一岁的皮诺斯同米拉莱斯结婚，随后组建了以二人名字命名的建筑事务所。

在完成一个小广场设计后，二人接到了事务所的第一个建筑项目——位于巴塞罗那远郊巴达洛纳（Badalona）的拉乌纳工厂改造（Reconversion de la fabrica La Llauna）。巴达洛纳起建于罗马，在 19 世纪借加泰罗尼亚工业化的契机得以快速发展，这一时期亦恰逢加泰罗尼亚现代主义运动兴盛之时，活跃于巴达洛纳的建筑师胡安·阿米戈（Joan Amigó i Barriga）留下了许多有着明显这一时期风格的工厂。随着工业在巴塞罗那 GDP 的比重逐渐降低，整个地区开始日渐萧条，大量工厂也不得不关门。1980 年代后，这里被划进巴塞罗那当代大都市发展计划范围内，城市开始对区域内基础设施进行更新。曾经那些设计精美又极具历史价值的工厂先后被改建，植入新的功能，其中的优秀案例，如 1991 年获得 FAD 改造奖的坎卡萨古贝塔图书馆（Biblioteca Can Casacuberta）和由米拉莱斯与皮诺斯共同完成的拉乌纳工厂改造。

拉乌纳工厂原为一家从事金属加工和制造的公司所有。公司成立于 20 世纪初，工厂也在 1906—1909 年建成，是建筑师胡安·阿米戈在巴达洛纳区最重要的作品之一。工厂面对主街道的特殊砖面处理是整座历史建筑的标志，并一直保留至今。该公司在 1980 年代初倒闭，遂将工

图 3-14　拉乌纳工厂改造建筑入口立面

图 3-15　拉乌纳工厂改造室内边庭

图 3-16　拉乌纳工厂改造室内走廊

厂委托巴达洛纳当地政府处理。地区政府针对当时巴达洛纳的状况，决定将这里改造成一所学校。

考虑到建筑本身的历史价值，建筑师保留了主立面的原有形式，将学校的主入口设在次要街道上，并对其进行小幅度调整（图 3-14）。建筑内部在维持原建筑结构下，将原工厂大尺度空间细分为教室、办公室等小尺度空间。尺度上的调整，自然有利于教学功能的进入，但相伴而来的则是因增加隔断而造成的局部采光不足等问题。

为了改善室内采光，建筑师在入口处用透光性好的玻璃代替了原立面的砖石材料，在顶部双坡屋顶中间处增设了天窗，从而大幅度提升了入口大厅及其上方区域的光照环境，并用这个空间来组织室内的上下流线（图 3-15）。教学区采用走廊居中、左右两侧排布教室的传统平面。教室墙体多采用玻璃砖作为隔断材料，通过间接采光来维持走廊的基本照度需求，辅以亮度较低的人工照明，最终建立了一个从边厅到中间走廊，再到教室明、暗、明的变化，强化了不同空间属性上的差异（图 3-16）。

居于中间的走廊，远比一般学校的常规宽度要宽，可以为学生提供一定的课间活动场地，但仅将走廊宽度加大并不能从根本上解决这一改造项目在缺少学生活动空间方面的先天劣势。对此，建筑师选择把教学功能集中置于二层和三层，把低层架空作为室内活动场地，而上层作为教室的经典学校布局大胆地移植到一个已建成的历史建筑里。为了降低移植所产生的不适应，建筑师着重设计了下述几个部分：

针对提升底层的公共性方面，建筑师结合入口大厅设计了一个超宽尺度的滑门，滑动开启方式和全面开启后的门洞尺度，模糊了室内外空间的界线。建筑师甚至将街道上的路灯和自行车停靠护栏等司空见惯的市政设施也搬进了底层，将这里打造成为街道空间延伸的假象。

除底层跟街道的连接方式外，上下层的连接也被精心考量。从二层到一层的前半段采用标准的楼梯踏步，后半段楼梯踏步则被替换成坡道。坡道同底层地面并非完全抹平，坡道落在地面上，如同船登岸时所使用的踏板。坡道相对于楼梯更利于儿童奔跑，为了方便学生在底层空间的活动，建筑师将每一根柱子外面都包上了防护措施。我们可以想象每天放学铃响起后，学生从教室出来，走下半层楼梯后就开始在坡道奔跑，冲入这个无法准确定义室内或室外的暧昧空间，甚至可以直接撞到被厚厚的防护材料包裹的柱子上。正如建筑师自己所说："整个底层空间实际上是一个非街道尺度的室外门廊。"[1] 二位建筑师的改造如同为这栋历史建筑延续了新的时间轴。但有趣的是，随着功能需求的调整，在 21 世纪的第二个 10 年里，学校再一次进行了改造，在原来三层的顶上利用结构空间再增设了一层。新的加建在历史建筑、米拉莱斯的改造以及自己的表述语言之间进行了再一次的平衡，而建筑亦在这一次的调整中进入了下一个阶段，当然这是后话了。

回到拉乌纳工厂改造，在这个事务所的建筑处女作中，二人优秀的设计能力已得到充分体现。尤其是米拉莱斯拼贴式的空间处理，打破了一系列约定俗成的表现方式，却更接近巴塞罗那建筑中深藏的浪漫与自由本质。这一特质贯穿于米拉莱斯的整个职业生涯。而建于 1980 年代末的项目——巴塞罗那远郊的公共墓园，可以说是他职业生涯里的最好作品之一。

---

① *El croquis 30+49/50+72(II)+100/101*，*Enric Miralles 1983-2000*. Madrid：*El Croquis*，2000.

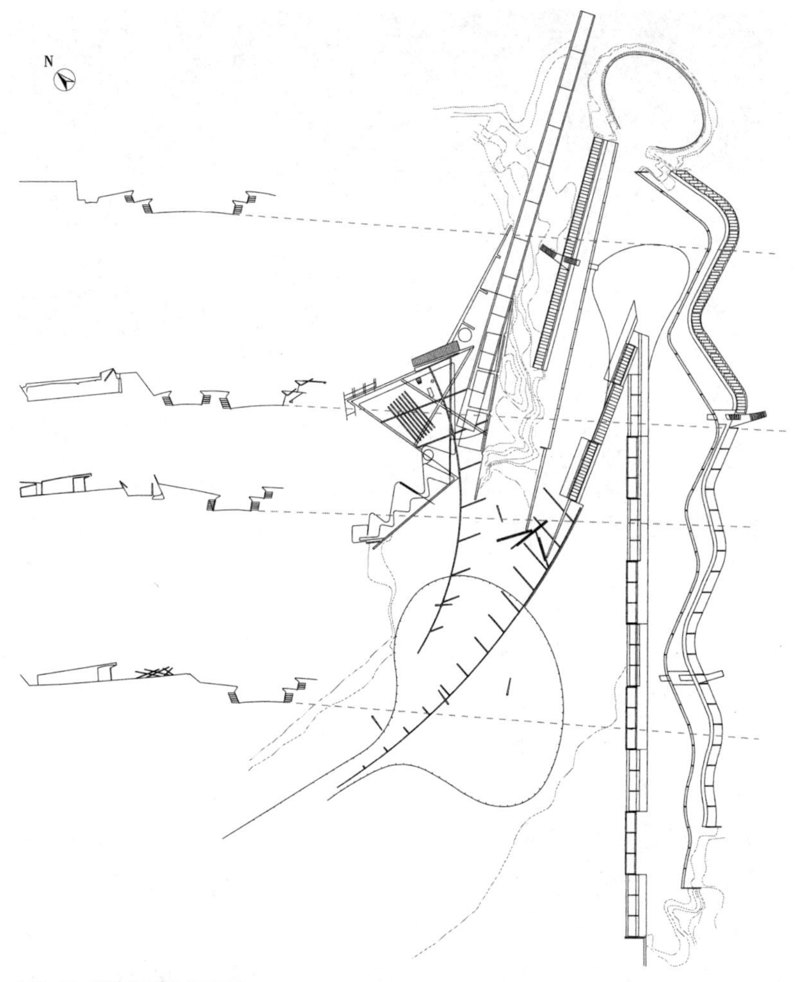

图 3-17　伊瓜拉达墓地总平面图

该墓园位于距离巴塞罗那中心城区 67km 的小城伊瓜拉达（Igualada）城郊，场地周边是工业区，这里原来是一块未经开发的荒地，略有起坡。新建的墓地由三个主要功能块组成。入口处是一组由石块和半球型山包组成的大地景观，石头被摆放成一个不断向内旋转的螺旋曲线，同罗伯特·史密森（Robert Smithson）的经典作品颇为相似，剩下两部分则是墓园的主体：一个根据地理走势而建的墓群和一个集合死前尸体处理等功能的小礼拜堂（图 3-17）。

图 3-18　伊瓜拉达墓地入口功能房间立面

结合墓地功能和场地的地理特性，公共性最强的小礼拜堂位于场地高程的中部，同入口面平接，有助于殡仪车等机动车的停靠和人流疏散。由于多种原因，小礼拜堂一直未完全竣工，地面维持在浇筑完成的样子，一根钢柱甚至连外层混凝土都没有包裹。服务功能房间的入口位于礼拜堂一侧，主体嵌入山内，仅在屋顶上开了一条细长的窗。内部连续的曲墙与同时期巴塞罗那奥运射箭馆项目完全一致（图 3-18）。墓群主体则位于礼拜堂下面两层，其中靠上层的墓穴为单边布置，而底层的墓穴则采用双边布置，中间设有步道。步道一端联通入口广场，另一端则被设计成一个椭圆形广场。广场周围没有任何壁龛，而是直接将山体暴露。整个墓群如同是一条人造峡谷，用下嵌的方式令墓地同周边工厂环境彻底分离，显得肃穆与平静。沿山而建的墓穴排布和整体的走势让墓群宛如一条“生命长河”。彼得·布坎南（Peter Buchanan）曾将步道和两侧的墓群比喻为蜿蜒而下的河流与两侧冲击出来的岸线（图 3-19）。

在传统的欧洲城市中，墓园一直是城市的重要组成部分。在古罗马时期，人们就已经将墓穴集中安置于人们离城的主要道路两旁。路易斯·芒福德（Lewis Mumford）认为，墓穴聚集更早于人类群居生活，“死者之城”有可能是城市的雏形。

图 3-19 伊瓜拉达墓地中心步道

在伊瓜拉达墓园中，我们不妨借“死者之城”的隐喻来解读建筑师对墓群区域的处理逻辑。首先，不同于传统墓园壁龛之间紧凑的间距，底层的步道尺度更接近于城市的步行道。在材料上，阵列式的壁龛和墓穴均由混凝土浇筑而成，即便是直接暴露在山体的末端广场周边亦被石笼包裹，不难让人联想到城市中的住宅与城墙。尽端的刻意放大更有着城市中心广场的即视感。整个区域虽处于自然之间，但却如城市般坚实，广场和步道铺地由旧火车铁轨枕木和未经抹面处理的水泥混合构成，枕木凌乱地散布着，仿若在冥河里不知归途的灵魂。

如果说下层是纯粹的死者世界，那么礼拜堂所在的中层则是死者在人世间的最后停留之地，是生与死的边界。小礼拜堂的设计颠覆了我们对礼拜堂的常规认识。它采用了一个三边围合的半开放大厅方式，可以压低的层高，十字架形式的主梁支撑起礼拜堂的屋顶。细心观察不难发现，托起十字架梁的四根柱子并非以十字架的中心为圆心等距设置，而是以中心为终点，让这四根圆柱按照斐波那契曲线（Fibonacci spiral）为原则布置（图 3-20）。礼拜堂的光均来自开敞的外侧和内部洞口的天光。在礼拜堂的一侧围墙背后藏有一段直跑楼梯，预示着上层空间的存在。楼梯前半部分尺度较宽，而后半部分则变得愈发狭长，令人在上行过程中感受到一种挤压感，较小的尺寸令出口如同一个“洞口”。当你从这里钻出来到达屋顶，会发现除去那些散落着的光井口外，似乎并无他物，甚至缺乏栏杆等基本维护设施（近些年在屋顶增建了一个新的礼拜堂）。屋面远离墓地一侧与周围山体连接在一起；而另一侧，人们则可在此俯视整个墓园，透过光井还能窥探到礼拜堂中的一举一动。茂

图 3-20　伊瓜拉达墓地中部礼拜堂与上层入口

密的荒草与似乎无意识的小径让这片屋顶如同一个从未有人涉足的处女地。纵览生死，照亮“人世”，却又无边无际，这似乎是在隐喻着代表人类来源的“伊甸园”。

与学校项目相似，上、中、下层不同空间气质之间的过渡被仔细地处理：除前文提到的连接礼拜堂与屋顶之间的楼梯尺度上变化外，在处理从礼拜堂到达底层墓群的楼梯部分，建筑师刻意将最下层的四步踏面下部悬空，当人踏在最后四阶时，会听到“咚咚”的声音。由于楼梯间狭小，清晰的脚步回声在寂静墓园中显得异常刺耳。楼梯的最后一步是一个悬挑出来的混凝土踏步，踏步面极长，与其说是踏步，不如说是一个短坡道。这个混凝土坡道并没有完全搭在底层地面上，而是同其保持了一段间隙。当你走完咚咚几步来到坡道端头，会感受到由于悬挑造成的微微颤动。它们在提醒你，下一步将是另一个世界（图 3–21）。

伊瓜拉达墓园项目开始于 1985 年。令人遗憾的是，在项目建造过程中，恩里克·米拉莱斯和卡门·皮诺斯因 1991 年的情变而分道扬镳，事务所也就此解散，这时项目距离当初规划的区域仅完成了一半，而场地设计也停止在某一个未完结的状态中，恰如永远没有尽头的生死循环。

图 3-21 伊瓜拉达墓地踏步细节

离婚后的卡门·皮诺斯成立了个人事务所（Estudio de Carme Pinos）继续她的职业实践；而恩里克·米拉莱斯在经历了一段时间的个人实践和美国教学后，同意大利建筑师贝奈黛塔·塔格丽娅布（Benedetta Tagliabue）走到了一起，再次成立了一个夫妻档的事务所，事务所依旧采用二人名字命名的方式，简称 EMBT（全称为“Enric Miralles & Benedetta Tagliabue”）。

不同于前妻卡门·皮诺斯，出身意大利上流社会的贝奈黛塔更加长袖善舞。她成功帮助米拉莱斯将其极具个人风格的形式推销至全球，使得 EMBT 在 20 世纪末迎来了巅峰。然而快乐总是短暂的，事业爱情双丰收的日子仅持续到 2000 年，才华横溢的米拉莱斯因脑癌离世，年仅 45 岁。遗孀贝奈黛塔在他去世后独自撑起了 EMBT，努力将米拉莱斯去世前没有完工的项目推进下去。得益于她的努力，我们方能看到苏格兰的国家议会大楼、维哥的大学教学楼、乌得勒支的执政厅等一系列高质量作品陆续建成。而米拉莱斯则被葬在自己设计的伊瓜拉达墓园一角。他的墓室远离主墓群，似乎有些不合群，墓前的铁门上镶嵌着一个书本状的乳白色大理石雕塑，上面刻有他的签名。墓室的门前种有一株老树，而他的墓穴就在树木阴影之下，仿若释迦牟尼与他的菩提树。跳脱于墓园布局之外，却又身处墓园氛围之中。他就这样永远地睡了下去，与之为伴的是墓前留言本上来自全球各地的文字与哀思。

恩里克·米拉莱斯的骤然离世对整个巴塞罗那，乃至整个西班牙建筑界都是一个巨大的损失。同巴尔德维格和巴埃萨相比，米拉莱斯在形式和材料方面的个人化表达充满了天马行空般的想象，其作品的风格满足国际人士对巴塞罗那色彩绚烂与自由奔放的臆想，日渐成为巴塞罗那在高迪之后的新代表人物。

摒弃他人作为旁观者的评头论足，前文中所提及无论是马德里的光与重力，还是巴塞罗那的自由拼贴，均以个人表达为基点来控制建筑的自律式做法，相较于上一代人，时代性与地域性特征确实正逐渐让位于建筑师的个人天赋，但这并不意味着前后两代人中真正存在的孰优孰劣与高低上下之分。不同于1986年纽约展览，大多数参展建筑师仅被收录一个作品的群像式的白描，巴尔德维格、米拉莱斯、巴埃萨等人正是通过对个人特质的不断强化与重复，使人们对其个人的认知远大于对西班牙建筑师这个集体的了解。他们也相继成为集体的"代言人"。

这一状况的出现本就无法避免，其一，因为了解个人远比了解集体更容易，大众在认识未知事物时，一定会先被特点鲜明的个体或部分所吸引。"碎片化"的认知方式本就是当代社会的特征之一；其二，任何事物被外界认识往往都是从局部开始的，这些被视为西班牙建筑代言人的建筑师也正充当着激发人们对西班牙建筑兴趣的引子。

在诸多的"代言人"中，也许没有任何人比里卡多·波菲（Ricardo Bofill）在非专业领域具有更大的影响力。他在1970年代的作品在近些年借助游戏《纪念碑谷》的大热成为网络时代里最成功的"破圈"建筑师。

里卡多·波菲，1939年生于巴塞罗那的一个建筑艺术家庭，父亲是当地的建造开发商，母亲的艺术功底优秀并长期从事社会活动。因其良好家境，里卡多·波菲在少年时期就开始在西班牙各地游历。同大多数巴塞罗那从业建筑师一样，里卡多·波菲早年亦就读于巴塞罗那建筑学院。1958年，因参与民主运动被开除学籍。年仅19岁的波菲不得不离开巴塞罗那，转至瑞士的日内瓦艺术大学继续完成建筑学学业。1963年，里卡多·波菲回到巴塞罗那，在家庭的帮助下成立了个人建筑工作室（Taller de Arquitectura）[①]，从此开始了他在建筑和城市设计领域的国际化职业实践。事实上，早在17岁那年，波菲就在家族开发的项目里完成了第一个设计作品。这意味着在经历正式的系统训练之前，里卡多·波菲就已经对建筑设计和建造等方面有了直接的认识。这样同传统教育与实践先后关系完全相反的认知过程，大大缩短了他在理论和实践融汇的时间成本，也就解释了波菲在职业生涯早期就能够迅速达到巅峰的原因。

1970年，年仅31岁的里卡多·波菲完成了他职业生涯中最重要的作品，也是西班牙当代建筑中最具实验性的作品之一——建于巴塞罗那郊外的瓦尔登7号（Walden 7）住宅区。"瓦尔登"一词首先出现在美国超验主义作家亨利·戴维·梭罗（Henry David Thoreau）的作品《瓦尔登湖》（*Walden*）。梭罗从1845年春天开始，在老家康科德城的瓦尔登湖边建起了一座木屋开始避世生活，而这本书中记录了作者长达两年多时间在此自耕自食的一系列感悟，是一部美国个人版的世外桃源。1948年，美国著名行为心理学家B.F.斯金纳（B.F. Skinner）出版的作品借用了"瓦尔登"这个名字，将一本科幻小说命名为《桃源二村》（*Walden Two*）。在此书中，作者以第一视角记录了作为心理学家本人，同一位哲学家以及四位年轻人共同拜访好友所创建的共产主义社区的所见所闻。这个被命名为"桃源二村"的社区，以人类行为学为基础，通过严谨的科学管理模式，营造出一片看似完美、平等又与世隔绝的乌托邦。在经历一系列事件后，哲学家选择离去，而心理学家几经心理斗争选择留下。整个故事基于斯金纳对当时美国政治制度的不满和源自19世纪的乌托邦思潮，同时表达出作者对行为学等科学研究改良社会的信心。

瓦尔登7号最早是一个以"太空城市"（Ciudad del Espacio）为名的

---

① 波菲工作室名字的中文直译的话就是"建筑工作室"。

图 3-22　瓦尔登 7 号外立面

竞赛方案，场地拟定在马德里。里卡多 · 波菲的设计团队不仅有建筑专业人士构成，同时还邀请了社会学家和心理学家共同参与。由于多种原因，项目迁至巴塞罗那郊区落地，名字也更名为“瓦尔登 7 号”。1975 年项目建成时，距离小说《桃源二村》出版已有 27 年。

整个项目从功能上讲是一座包含了 446 间公寓的集合住宅，分布在 18 座异形高塔之中。高塔最高为 16 层，屋顶设有天台花园和游泳池。高塔之间彼此相连，宛若一片人造的混凝土森林，形体中间围合了 7 个中庭，中庭均无覆盖。从下往上看，如同一个个夸张的幽深天井。取自斯金纳在《桃园二村》的理念，整个项目试图建立一个内部结构完善的半自我管理系统，房间之间由“街道”相连，街道皆以卓别林、马克斯或卡夫卡等著名人物为名。每一层都设有充足的平台和花园等公共空间，底层对外区域设有商店。外立面为红色，而内立面则以蓝色涂料为主，辅以蓝色瓷砖贴面勾边，同室外质感产生强烈的反差。整个建筑如同垂直展开的蓝色幻想小镇，与书中描绘城郊的与世隔绝桃源小镇如出一辙。项目原计划是建造三组同样的综合体，但最终仅有一组建成（图 3-22）。

除了在功能布局上受到小说影响外，在具体设计中，项目也延续了

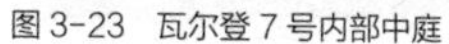

图 3-23　瓦尔登 7 号内部中庭

图 3-24　瓦尔登 7 号内部立面局部图

书中所倡导的行为学理论。整个建筑虽体量庞大，却是基于一个 30m^2 的单元组合而成。如同细胞单元的基本模数的建立基于人类行为研究分析得出。在这个基本模数上，建筑师开始推敲户型，延伸出从一个单元的一室户房型到占用四个单元、跨两层的大户型等多种搭配，以适应不同家庭状况和人群的需求。不同户型组合构成了一个集合体块，再将这些体块以纵向叠加与水平错位的方式组合起来，搭建起九个体态不一的高塔（图 3-23）。高塔在纵向上如同三明治一样叠起来，最后通过中轴对称的方式完成整个建筑形式的塑造。生成算法上的复杂性令每栋塔楼都仿佛一个自由向上生长的有机体，九座高塔在垂直方向的聚散变化形成了一系列不同高度上的水平视觉通廊，不熟悉结构的人往往会觉得整座建筑无异于一座垂直向上的迷宫。时至今日，仍有 1000 余位居民在此居住（图 3-24）。

如果我们从局部来看瓦尔登 7 号，单元化的操作方式令人想到柯布西耶当年的尝试；通过错层式纵向叠加形成公共空间的穿插，又有着 1960 年代法国情境主义（Situationism）的影子；以集合体块为单元呈现出城市尺度的形式变化，似乎又同 10 人小组（Team 10）在此领域的探索有某些关联。然而这些看似职业的只言片语的评论并不能触及瓦尔登 7 号之于当时整个社会的真正价值。项目以行为学的单元体量和纵向的村落系统，几乎重现了斯金纳《桃园二村》中的场景，塑造出一种乌托邦式的居住空间。结合建筑师曾因民主运动而被驱逐的经历和当时社

图 3-25　瓦尔登 7 号底层入口

会的整体氛围，瓦尔登 7 号试图通过建筑来表达对西班牙独裁统治的批判。项目背后的社会改良意识在当时吸引了众多左翼知识分子来此居住（图 3-25）。一位曾居于此地的诗人，曾这样写道：

“如同身陷洞穴或在魔法城堡，
总之一切都变化无方。
一切都变化无方，
只因在梦中。
所有的始料不及，
都发生得轻而易举。”

在瓦尔登 7 号项目之后，里卡多·波菲又完成了对位于住宅区一侧的 19 世纪水泥工厂遗留八个水泥筒的改造，并作为自己的工作室。改造后的新办公室除基本办公空间外，还包括图书馆、档案室，等等。里卡

图 3-26 波菲事务所

多·波菲也住在这里。该项目巧妙地将工业遗产同加泰罗尼亚传统建筑元素，以及建筑基本构件结合起来（图 3–26）。这一作品标志着波菲后现代主义风格探索的开始，也是欧洲最早的后现代主义建筑作品之一。

仅从该作品来看，工厂本身历史气息为后现代风格的装饰提供了一个真实的氛围，使得这些建筑符号没有沦为碎片式的影像，甚至借此将符号的历史所指外放出来。但结合波菲后来的实践，我们并不能确定这一项目的成功结合是建筑师的刻意，还是无意识下的巧合。自该项目以后，波菲似乎掉进了后现代主义的泥潭中不可自拔。在上文提到的 1979 年巴塞罗那屠宰场公园的竞赛中，波菲的方案就是在广场中间放置一个小尺度古希腊神庙。虽然该方案未被实现，但在十多年后建于荣耀广场附近加泰罗尼亚国家剧院项目中，波菲几乎完全照搬了 1979 年的方案，仅根据功能需求在比例与尺度上进行调整。同时期，波菲在法国等地的作品也多为夸张的后现代风格，曾在瓦尔登 7 号项目中所表现出对社会批判与隐喻的“先锋”态度已悄然不见。

确实，自1980年代以来，整个西班牙发生了很大的变化。回溯历史，推动加泰罗尼亚现代主义运动的民族情绪逐渐弱化；建筑联盟的政治抱负似乎也已实现；曾在德·拉索塔与奥伊萨作品中出现的经济和技术上限制亦在减少，社会在走向多元化的同时也变得难以聚焦。这是否意味着建筑师可以肆意发挥与展现自我？我们是否还需要顾及些什么，思考些什么？

建筑设计，有时就像场对话。在这场对话里，善于倾听他人观点与清晰阐述个人观点同样重要，且缺一不可。即便张狂如米拉莱斯，其作品也会考虑到新建筑同历史建筑、周边环境等方面的交流；而波菲的瓦尔登7号，更是把对话的另一方扩展到了社会领域，甚至展现出在建筑领域里罕见的现实批判态度。历数从1970年代复兴开始到1992年的大事件之年，涌现出一批如上文介绍的几位一样具有才华横溢、同时又懂得平衡的建筑师，恰似众星闪耀的夜空。然而，在当下这个强调个人风格的年代里，有这样一位建筑师，他对建筑从不缺乏独立和深入的思考，同时对文脉、场地、材料等方面有着异常敏锐的捕捉能力。他不仅仅是位优秀的建筑师，还是一位出色的建筑理论家和教育家。他以更普世的建筑观同时受到马德里和巴塞罗那两派的尊重和肯定，成为西班牙当代建筑最重要的领军人物，他就是拉斐尔·莫奈奥。

第四章 拉斐尔·莫奈奥

何塞·拉斐尔·莫奈奥（Jose Rafael Moneo Valles），1937年生于西班牙纳瓦拉省（Navarra）的图德拉（Tudela），1961年在马德里建筑学院毕业，获得建筑学学士学位。读书期间，莫奈奥曾在奥伊萨事务所实习了近三年。

本科毕业后，莫奈奥出乎众人意料地选择前往哥本哈根，在丹麦建筑师伍重（Jorn Utzon）事务所工作了两年时间。此时，伍重事务所正全力推进悉尼歌剧院项目，莫奈奥在那里充分学习到了建筑形式、建造方式与结构技术之间的紧密关系，并完成了悉尼歌剧院上层的壳体结构的设计深化。1963年，莫奈奥获西班牙驻罗马研究院（Academia de Espana）奖学金，该奖学金资助其在意大利进行为期两年的理论和历史研究工作。两年意大利时光令莫奈奥对历史和传统建筑美学产生了浓厚兴趣，同时也为其随后的教学与写作打下了坚实的学术基础。1965年，莫奈奥重新回到马德里，同年创办了自己在马德里的个人事务所，开始在西班牙的建筑实践。相对于当时大多数西班牙建筑师，莫奈奥毕业后的国际工作和研究经验，让他对建筑的理解和认知更具国际视野。

回到马德里后不久，莫奈奥便开始了自己的教育生涯。1966—1970年及1980—1985年，莫奈奥曾两度任教于马德里高级建筑技术学院，两段中间隔着的10年，则在巴塞罗那建筑学院任院长一职。1985年，莫奈奥前往美国，出任哈佛大学建筑系主任至1990年。值得一提的是，莫奈奥在哈佛大学主持的课程以谈论现当代建筑师为主，而巴塞罗那任教时却多在讨论古典建筑。在美国任教期间，莫奈奥相继完成了如洛杉矶圣玛利亚大教堂等位于美国的项目。

国际化的教学和实践，极大地提升了莫奈奥在全球的影响力。自1992年以来，他先后获得诸如国际建筑师协会（UIA）金奖、普利兹克建筑奖（Pritzker Architecture Prize）、法国建筑协会建筑金奖（La Grande Médaille d'Or）、密斯·凡·德·罗欧盟建筑奖（European Union Prize for Contemporary Architecture–Mies van der Rohe Award）、英国皇家建筑学会（RIBA）皇家金奖等多个建筑专业的重要奖项。时至今日，莫奈奥依旧是西班牙建筑界在世界舞台上最重要的旗帜和领军人物之一。

职业建筑师的"理论"方式

莫奈奥早在1970年代末就已经同美国学术界建立了联系。1978年，莫奈奥在由弗兰姆普敦、彼得·埃森曼（Peter Eisenman）等人主办的杂志*Oppositions*上发表了名为《关于类型学》（*On Typology*）的文章。文章的写作背景基于20世纪六七十年代类型学在国际学术界所引起的讨论热潮，英语学术界如阿拉贡、安东尼·维德勒（Anthony Vidler）等人正试图通过对建筑传统"类型"使用方式的研究，来弥补现代建筑语言系统下历史要素的缺失。无独有偶，在欧洲，阿尔多·罗西（Aldo Rossi）也在1966年出版了《城市建筑学》（*The Architecture of the City*）一书，该书以结构主义为基础，探寻建筑类型在历时性和共时性中的意义，并以此建立起一种全新的建筑形式操作原则。虽然此书更多的是在表达追求建筑操作科学性与客观性的模糊理想，但对刚结束意大利历史理论研究不久的莫奈奥来说，"类型学"

以及背后对于历史的再解读，无疑是同其自身兴趣相吻合的。

但莫奈奥在《关于类型学》一文中并没有延续罗西结构主义思想的脉络。在莫奈奥的文章中，“类型”不再是一个有着明确定义和范围的概念，而是有相似性的一组事物中的共同点或共性。这种相似性，不仅体现在形式和表达上的相似，概念上的相似也同样可被视作是一种类型的表现形式。也就是说，即便项目彼此之间在视觉上并无明显的相似，但依旧可能拥有同一“概念类型”。莫奈奥对类型的解释，超脱出传统学者对概念的狭隘阐释，解放了类型同物理表现之间的直接联系，从而避免了建筑师在设计过程中受到图像上的牵绊和形式上的粗暴跟随，转而更强调建筑师的自主性——建筑师可以在建筑的思考和理解上保持延续性和关联性，即“类型”，但在具体操作上应维持一定的可变性和灵活性。从这个角度上讲，莫奈奥的类型学实际上已经解构了罗西类型学中以类比为基础的操作方式，其貌似松散的定义，放宽了类型学在 1960 年代形而上的理论定义，更符合当下的认知和建筑实践。正如莫奈奥自己所说，“既然类型并不是固定不变的，那么对于类型学的理解自然也会发生各种变化。”

莫奈奥多元、灵活且具有清晰实践基点的思考方式，根据他在哈佛大学上课教案改编而成的《八位当代建筑师作品的理论焦虑与设计策略》一书中体现得淋漓尽致。莫奈奥在书中对库哈斯（Rem Koolhaas）、西扎（Alvaro Siza）等八位知名建筑师的理论和建筑进行了深入浅出的个人解读。这些解读并不是基于一种或几种固定理论来组织，也没有拘泥于理论与实践之间是“鸡先生蛋或蛋先生鸡”的辩证关系，而是用一个旁观者的角度，将建筑师的项目以时间为主轴串联起来，根据不同建筑师调整理论与项目的比例，有意或无意间抹掉了建筑师实践和思考之间的距离。相对于长期身处象牙塔的建筑历史和理论学家，莫奈奥实践建筑师的身份使他的文字质朴、务实，行文间不会过多卖弄那些看似高深的建筑概念，更愿意以具体问题与解决策略入手，从而更具可读性。这一写作风格一直延续至他出版的《关于自己 21 个项目的论述》(*Remarks on 21 Works*)一书中。

也许是应了那句“字如其人”，莫奈奥的设计与他的文字几乎一脉相承：任何项目都不应拘泥于经典宏大的理论概念，建筑师应根据不同项目的要求和场地，采取合理的应对策略。受早期在奥伊萨处实习经历的影响，莫奈奥在其职业生涯中并未出现明显的手法倾向和惯性，恰如他对类型学再定义的那样——在理念延续的前提下，每个项目都应有着足够的自主性和特殊性。

在历史上构筑现实

受意大利研究经历的影响，莫奈奥的作品一直有着很强的古典气质，但莫奈奥认为过分强调保护历史的重要跟无视历史同样危险，前者容易让建筑实践陷入保守与定式的循环。在莫奈奥的两个作品：建于 1980—1986 年的罗马艺术博物馆和建于 1991—1998 年的市政厅项目，就为如何在历史语境下平衡当代设计做出了很好的示范。

罗马艺术博物馆项目位于西班牙西部历史名城梅里达，这里是同葡萄牙接壤的自治州埃斯特雷马杜拉区(Extremadura)首府，全名叫作“至高贵、古老和忠诚的城市梅里达”。该城建于公元前 1 世纪，是罗马时期伊比利亚半岛三大省府之一，也是当时半岛上重要的政治、经济、军事和文化中心城市。重要地位直至阿拉伯人占领伊比利亚半岛后才被削减。由于梅里达地理位置优越、交通便利，整个城市在历史上长期饱受战火侵袭，所有权几易其手，城中的历史建筑多数难以幸免。工业革命后，梅里达是西班牙、葡萄牙两国铁路联系的枢纽。

得益于罗马时期的重要性，整个城市在当时兴建的完善程度不亚于任何一座罗马历史名城。输水管道、罗马剧场、角斗场等遗迹经过千年风霜洗礼后仍留在城市的角角落落。19 世纪以来，曾经辉煌的历史借由现代考古学的发展而重现于世。最初的考古成果展示于城内的圣克拉拉教堂(Church of Santa Clara)内。1945 年后,伴随着考古挖掘力度的加大，展品数量激增，原有场地已经不能满足需求，一个专门用来展示罗马遗迹的新博物馆计划相继孕育而生。当时的博物馆馆长希望这个新博物馆不仅是一个常规的州立或国立博物馆，也应该是整个西班牙语世界里最重要的罗马文化博物馆。

新博物馆的选址紧邻老城内的罗马遗迹群，是一块面宽大、进深小的梯形场地，场地原本亦是一处考古现场。莫奈奥的博物馆方案含地下一层和地上三层，地下用于展示原场地中的考古现场，而地上部分则是博物馆的主体。整个建筑沿街道横向展开，其中研究和办公区域被设置在靠近广场的端头部位，有利于独立交通的组织和采光。

面对这样一个罗马元素浓厚的环境，莫奈奥并没有采用一个简单粗暴的后现代策略，而是试图建立一个更为复杂的系统，来将除历史外的其他元素融合起来。

在城市层面，建筑师选用了一个由横墙平行排列组合的结构体系。结构的选型原则一方面基于最早由古罗马人率先使用的平行承重墙体；另一方面，墙体走向同周边城市肌理相吻合，但整个阵列的末端并不能完全垂直于博物馆所处的主街何塞 · 拉莫斯 · 麦里达街 (Calle Jose Ramon Melida)。建筑师巧妙地利用了这种不垂直关系，在建筑的外立面上设计了一段连续的折墙，折墙解决了阵列与主街的矛盾，并同时带来了逐层后退的立面细节；折墙上罗马扶壁风格的装饰让人想起了古罗马建筑在砌砖技艺上的杰出成就，同时又是建筑内部横向平行承重墙结构和空间的直接映射 (图 4–1)。

确实，平行墙体系统有利于建立同周边街道的肌理关系。但体量过大的结构序列对于地下层的考古现场却显得过于抢眼。我们在通常状况

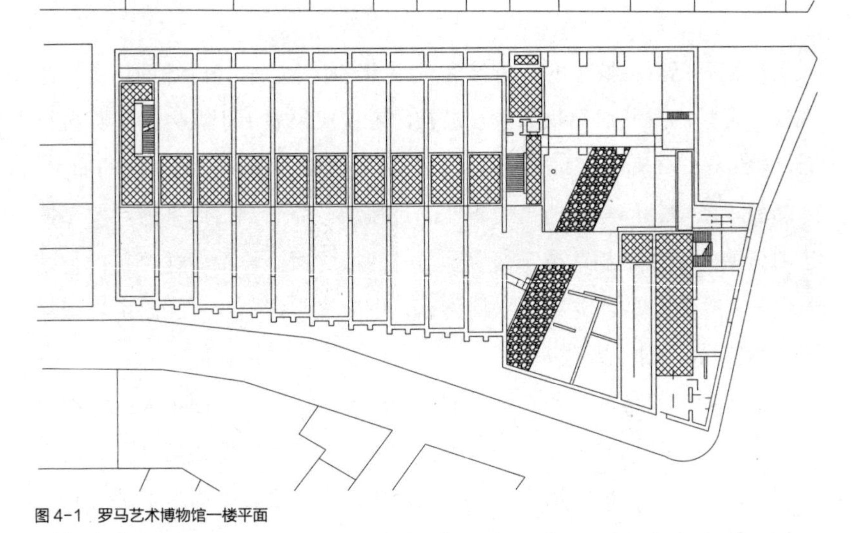

图 4-1　罗马艺术博物馆一楼平面

多会选择通过大跨度结构、高强度金属材料等方式保持历史建筑同新建筑的距离。上文提及的巴尔德维格设计的自治区行政办公楼就是采用了新旧彼此独立的策略。但在这里，莫奈奥却反常地选择将新建筑上层结构几近完全落在原考古现场，一些结构柱甚至紧贴遗迹。除了位置上新旧之间显得暧昧不清外，新建筑在材料方面也采用了罗马遗迹中常见的红砖作为饰面材料，仅通过砖缝的处理等细节来显示新旧差异。建筑师通过一种视觉的相似性，重塑了一个似真似假的古罗马世界（图 4–2）。

相较底层，新博物馆的主体展览空间则有着完全明确的功能需求。一个局部通高的三层通高空间被 10 道间距 6m 的连续平行墙体进行纵向分割，每面墙中间开有大小不等的洞口，绝大多数洞口横向拉通，洞口形式为经典罗马拱券，多层洞口叠加所形成的甬道削弱了水平墙体的空间分割感觉。最大的洞口高三层，即为整个展览区域的大厅，巨大的尺度让人联想到古罗马的浴场（图 4–3）。人们从博物馆入口进入前厅后，需要先通过一段“U”形坡道向下走，然后穿过一条长廊才能来到这里。“U”形坡道没有任何自然采光，让人眼睛开始适应一个暗环境。长廊架于底

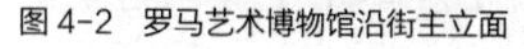

图 4-2　罗马艺术博物馆沿街主立面

图 4-3　罗马艺术博物馆室内局部

层之上，通体封闭，被漆成暗色，仅在膝盖以下的高度装有玻璃，在逐步增强光亮的同时，也将游客的视域加以限制，令注意力集中在长廊尽头的大厅而不被两侧环境所分散。当人们跨入大厅时，空间高度上的变化完成了两个不同性质的空间转换，整个大厅在相邻两个横墙之间都设有大面积天窗，令整个空间犹如室外一般明亮。然而，不同于巴埃萨在银行总部项目中设计的前厅和大厅极致变化，这里长廊的高度并没有被刻意压得很低，光环境也没有维持在“U”形坡道前端那般幽暗，长廊的高度控制为入口处提供了一种窥探的可能，而适当的亮度放松则有助于行人在进入大厅时令眼睛不会感到太多不适，这种收放自如的拿捏，体现出建筑师过人的控制能力。

大厅内连续的拱券塑造出层层穿梭的空间体验，拉伸了整个空间的视觉感知深度。在经典教堂中亦常用柱列和壁龛的重复出现来营造类似的空间效果，直至十字的中心，穹顶在高度和光线进入方式的变化突显了该处的核心地位，前一段均置排列的空间在此化为“高潮”。其实这个背后藏着一个常见的空间处理问题：如何在一个前期不断重复的序列最后设计完结的“点”？好的结束需要同前面的重复单元保持连续性，同时又不缺乏自身的特质。我们可以简单理解为前面重复单元是同一个数字“1”，而后面结尾可能是个数字“7”，整个序列接近于111111…7的构成。这里，“7”同“1”虽在形式上相似，却不相同，“7”可以被视为整个序列的一部分，同时也因其产生的变化而清楚地定义了序列的结束或开始（图4-4）。把这个逻辑带回到博物馆大厅，我们可以把两片相邻的横墙及其之间的空间看作“1”，在序列最后，莫奈奥同样需要思考“7”如何被实现。

整个大厅内共有10个横墙间隔而成的空间，前9个空间单元基本接近，仅在靠近主街的一段因街道走向而形成的折墙使得单元在这一侧逐渐缩短。值得一提的是，这一侧的立面都设有高窗，但从高处进入的光线并未直接落在大厅内。建筑师在高窗靠室内的一侧又增设了一片与窗户平行的短墙，侧向进入的光线被反射后以光晕的形式落在窗下的展品上。

但在第10个单元，也就是最后的1个单元内，这一方式发生了变化。建筑师拿掉了挡在高窗后的墙体，让光从高窗直接进入，直接落在作为空间终结的最后一面墙上，在那些破损残存的历史碎片上留下一条长长的光带。随着每天太阳运行的高度角不同，光带长度也随之发生变化。当游人沿着大厅主路径依次穿过前面9个单元，来到最后这面墙前面时，你会发现左手高处的亮光跟之前感觉不太一样，你可能会抬头看看，可能会随着那道光线从那扇唯一没有被挡住的窗户看出去，看到的或许是一抹蓝天，亦或是神游到不知何处的时空。莫奈奥充分利用梅里达强烈的自然光线，仅通过一个细节调整，打破了均置的序列，最后的单元正是希腊神庙中藏于层层柱阵后的朱庇特内殿。墙上的光带时长时短，如同一枚可以变换的指针，安装在叫作时间的钟表盘上。

大展厅的一侧设有三层平台作为小型展品的展区。相对小的空间尺度有利于近距离观看展品。大展厅和小展厅的并置提供了更多游人纵向

图 4-4　罗马艺术博物馆主厅

图 4-5　罗马艺术博物馆走廊局部

交流的可能，以及观看大型展品的不同角度。小展厅的亮度和高度都被削弱了，从而维持了大展厅的中心地位。

整个室内延续了地下层的面材，依旧用砖作为主要面饰材料。这种材料其实极少用于当代博物馆的室内空间，因为其单片尺度和肌理的问题，会影响博物馆的中立性。我们通常意义上讲什么是好博物馆，除在观看距离，灯光等方面要求外，博物馆应为所有展品都提供一个合适的展陈环境，让游客在欣赏展品时，不会被一些不重要的细节分散注意力。

然而莫奈奥选用的方式却有所不同。由于展品性质和博物馆主题在项目伊始就已经明确，建筑师直接采用了同展品，即罗马时期的考古发现同一时期的建筑形式和材料，重塑了一个与之更为契合的空间氛围。整个博物馆并非一个客观的容器，而是为展品量身打造的舞台，一个“怀古”情绪的渲染者。为了降低整个面饰材料的存在感，建筑师除局部砖砌有变化外，其他的装饰和细节都被摒弃了（图 4-5）。

在这个主基调下，地砖铺设的方向同轴线保持 45° 夹角，延续了古罗马时期常见的铺地原则，“古色古香”的氛围与大厅内巨型立柱雕塑相得益彰。各种形式的历史遗迹以看似自由的方式散布于不同标高层上，如同皮拉内西的画作，旧日的一切早已因世事变迁而被打成碎片，而博物馆恰恰就是那个万花筒，将这些碎片又重新装在了一起，伴随着参观者的脚步边旋转边重组。

当聊到这个博物馆时，莫奈奥曾说过这么一段话：

“我们习惯上会认为建筑是历史进程中的个人表达，但如今我却认为一旦建筑的结构已经完成，一旦建筑确定了自己的真实性和他所扮演的角色，那些建筑和它们努力所建立的关系也就消失了。建筑也就成为历史的一部分，并不需要建筑师或者是周边环境的过分保护。最终，环境可以被看作是一条线索，帮助评论家与史学家获得所有真实的信息，可以同他人解释建筑是如何被建造的。建筑本身不依靠什么而耸立，它是独立的，没有那么多的争论，也没那么多问题。它早已获得了最为重要的身份，并会将这种独立性永远地延续下去，它就是自己的主宰。我喜欢看到建筑是如何设定自己的身份，过着自己的生活。因为，当我们谈及建筑的时候，我不相信建筑仅仅是我们所谓的一个大型构筑物，我更愿意去认为当它们已经找到自己的独立性后，就会如同我们呼吸的空气一样真实。”

对莫奈奥来说，历史确实重要，但新的建筑并不需要，亦不应该依托于历史上任何一个时期。莫奈奥有些“浑不吝”地把历史与当代混放在一起，一视同仁的做法，似乎为梅里达的历史增设了一个续篇。续篇基于历史，却又独立于过去之外，是一个本身就完整的章节。在梅里达罗马文化博物馆是这样，在穆尔西亚（Murcia）的市政府项目中亦是如此。

穆尔西亚是西班牙东南沿海穆尔西亚自治州的首府，也是西班牙第七大城市。伊比利亚半岛上最重要河流之一的塞古拉河（Rio Segura）从这里穿过，将城市分成了新旧的南北城区。相较西班牙其他城市的历史，穆尔西亚城的历史并不算长。公元 9 世纪，这里由当时统治伊比利亚的摩尔人建立，穆尔西亚的标志是老城中心始建于 13 世纪的主教堂。整个

图 4-6 新市政厅对面主教堂与主教府邸立面

教堂一直造造停停，直到 1754 年主体才完工，融合了哥特、文艺复兴、巴洛克等多种风格。

莫奈奥设计的新市政厅坐落在主教堂对面，两者之间是原名为主教广场（Plaza del Cardenal Belluga）[①]，现更名为市政府广场（Plaza del Ayutamiento）的梯形广场。广场一侧还保留着一座以 18 世纪主教命名的卡塔赫纳（Cartagena）教区主教府邸（Palacio del Cardenal Belluga，图 4-6）。主教府邸对面的住宅建于 20 世纪初。新市政厅场地上原有一座建 18 世纪的巴洛克建筑，后因毁坏严重而被拆除。综上所述，教堂主立面为梯形广场底边，两侧府邸和住宅分别占据两个斜边，而市政厅则是梯形顶边。市政厅建筑的场地为长方形，长边沿狭小的两侧老城街道展开，面对广场的主立面是该长方形东侧短边。

考虑到城市与广场，莫奈奥设计的新市政府大楼并没有完全守住原巴洛克建筑的轮廓线，建筑南侧体量部分回退，放宽了道路间距；北侧则增加了一个突出的体量收紧了道路同广场的接口，该突出体量被用作建筑主入口。收紧后的道路同主教堂钟塔建立起清晰的视觉对应（图 4-7）。整个建筑体量在靠近广场的一侧进行了轻微的旋转，如同转头的变化重新定义了东立面对于广场的关系。

---

① 最初这里被命名为主教广场是为了纪念 18 世纪当地重要的主教路易斯·安东尼·贝路伽（Luis Antonio Belluga）。在他任职穆尔西亚期间，曾致力于发展穆尔西亚城市和基础设施的建设。

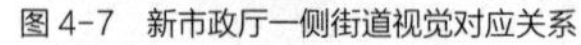

图 4-7 新市政厅一侧街道视觉对应关系

图 4-8 新市政厅建筑主立面

在这个面的设计上，莫奈奥没有采用巴洛克建筑经典的曲面元素，取而代之的是一个完全正交的立面构成。垂直立面有助于广场围合感的塑造，并且同对面教堂建立起非常清晰的对应关系（图 4-8）。为了呼应原巴洛克建筑，东立面前设有一个下沉前院，前院外轮廓线同历史建筑相重合。

市政厅共六层：五层地上，一层地下。地下层部分作为咖啡厅，入口设在下沉前院处。地上平面的功能排布基本维持传统政府办公楼的布局，主要由面积不一的办公室和一个大型多功能厅组成，在开放程度上根据不同楼层的需求有所调整，多功能厅位于一层和地下层，有利于标高处理和人流疏散。

事实上，莫奈奥的方案并不是当初项目竞赛时的获胜方案，当时的获胜方案是用一面完整的玻璃幕墙来切入历史环境，方案虽受到评审肯定，却因为过于现代而引发当地民众的极大争议而不得不放弃。后来，莫奈奥接手该项目，采用石材作为广场立面的主材料，但在风格上项目依旧采用了现代建筑类型。

为了同时满足多方面的需求，建筑师设计了一个双层立面。内侧立面用来处理办公室采光和建筑围合，外侧立面则用来处理对历史环境的对话。相对于对面大教堂的巴洛克立面风格，新市政厅立面简洁清晰，短柱的组合令人想到古罗马剧场。莫奈奥曾用“音乐的节奏”来形容这个立面的设计思路，但这是怎样的“一段音乐”，莫奈奥却并未进行解释。也正是由于当年他的言之不详，很多中文杂志文章试图通过“句法”“解构”等前卫的语言系统来解读该立面与对面主教堂立面之间的关系。

然而，这些解读恰恰同莫奈奥自身的意图南辕北辙。在《关于自己21个项目的论述》一书中，莫奈奥再一次提到了这个作品，并为这个项目加上了一个副标题——“对于已存在建筑的尊重，不能因不必须的文脉和风格而限制建筑自身”。

在这篇文章开始，莫奈奥并没有直接落笔于项目本身，而是用了一小段文字去论述后现代主义和解构主义对历史的态度，认为解构主义同极简主义相融合，可以让建筑师重新找到现代主义的理性精神，引出“在历史街区中做项目，不应因对过去尊重而受到限制”的中心观点。在随后的文字中，莫奈奥一再强调项目本身的独立性，他指出市政府的意义并不仅在于同大教堂和历史建筑一起围合构成广场，而是在已存在的环境中找到属于自己的定位，一如当年聊到的罗马文化博物馆。

针对曾提到的“音乐”问题，该文章亦有了一个相对清晰的答案：市政厅这个富有争议的外立面同大教堂没有任何直接联系，立面上柱子的变化是随机的，莫奈奥甚至把当年推敲立面时做的众多模型放在一起，以解释立面生成是根据建筑师的主观判断；建筑师也一再澄清项目并没有直接受到罗马建筑的影响，立面的组合也不是所谓的“三段式”；立面上的横向线条更是没有任何功能意义。“在同教堂和府邸共存的环境下所展现的立面，既不受到风格的影响，也不因环境而妥协，从地位上，三者一致。”在这个立面设计中，破坏横向线条的阳台是唯一受到周边参照物影响的地方，阳台高度同主教府邸的阳台同高，建筑师希望通过这一方式来表达当代民主社会中的市民应当同历史上的教廷有着相同的社会地位。

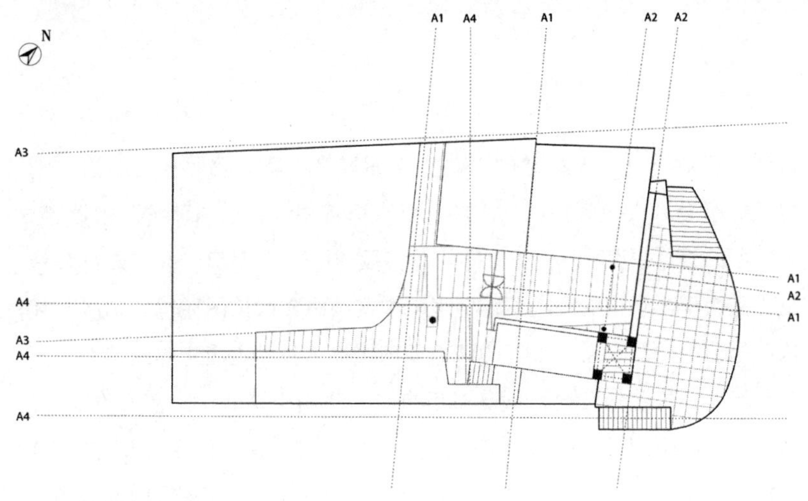

图 4-9　新市政厅底层平面

通过莫奈奥的文字，我们基本上可以判定，市政厅双层立面中的外立面是以建筑师的自主性为基础而生成的。然而，文中并没有太多涉及如何在具体操作下强化这种独立性。在设计中完全实现一个立面的独立，并不是简单如森佩尔的建筑四要素（The Four Elements of Architecture）或柯布西耶的多米诺（Dom-ino）系统那样强调一下立面独立就可以的，需要在形式、轴线，甚至人的行为等方面进行精细的设计与控制。

在这里仅以地下层平面为例（图 4-9）来简单分析建筑师试图建立该“独立性”概念所做的努力。在轴线方面，地下层平面中存在四个主轴线方向：横轴线 A3、A4 是基于市政厅背后建筑的延续；A2 为外立面所在轴线；A1 轴线则是 A2 方向发生略微的偏转的轴线。该层入口设在外立面上，但入口形式并不是传统意义的门，而是一个洞口。行人通过洞口后会进入一个四角设有柱子的方正前厅，转向后方能进入咖啡厅。这个方正的空间位置暧昧，存在于室内和建筑外皮之间。地板铺地方向的特殊处理显示出此地作为过渡空间的特性。进入室内后，两个圆柱的加入使得 A2 方向上出现了方圆混搭而成的柱列，与 A1 方向垂直的咖啡厅内部墙体通过材料变化再一次强化室内空间同外立面的分离，同时暗示人行进方向的再次偏转。不难发现，进入咖啡厅后，整个地下层平面逻辑皆基于 A1 来建立：咖啡厅两根圆柱轴线的中点和咖啡厅远端玻璃门所定位的轴线垂直于 A1，整个室内的主要铺地方向也都遵循 A1 方向，以此保持 A2 方向的独立。

除平面外，上文提到的立面变化不论是南侧的层层凹进，还是北侧的凸出，均是在这层外立面背后发生；如果从北侧街道走近广场，我们可以透过北侧主入口左上方的洞口看到外层立面的立柱。在高程设计上，外侧立面远高于内侧市政府建筑的实际高度。“作假”的立面有利于在视觉上强化作为政府建筑的纪念性。

莫奈奥在该项目中所强调的内外分离确实是巴洛克建筑的重要特点之一，通过这种方式的再利用来隐晦地表达新建筑同原巴洛克建筑关系也勉强可以接受。但我更倾向于认为莫奈奥只是想说：即便在历史街区植入新建筑，历史仍不能制约建筑师的自由创作。

当建筑师面对历史场地采用同周边环境契合的方式，无疑是对城市与环境的负责和尊重，毕竟后现代思潮曾席卷全球，历史的价值已成为业内的基本共识。在这样类型的项目里，不拘泥于历史有时比尊重更加困难。在莫奈奥的项目中，历史与现实像是人的左手和右手，并没有因某一只是主要活动手而轻视另一只手，两只手对于人的意义不仅能让人可以同时做两件事情，更重要的是在处理同一件事情时两只手能更好地实现平衡。

尊重人工，保护自然

莫奈奥不卑不亢地游走于历史与现代之间的理性态度，同样体现在面对自然环境的处理上，在库撒尔观演中心（Palacio Kursaal）和胡安·米罗基金会（Fundación Pilar i Joan Miró）两个项目中，充分体现出莫奈奥在自然与人工之间的抗争与取舍：既非视而不见，又谨慎地避免陷入有机主义的框架中。

图 4-10　观演中心全景图

库撒尔观演中心建于西班牙重要的旅游城市圣·塞巴斯蒂安（San Sebastian），包含一个大型多功能观演厅、一个大型放映厅，以及一系列办公和展览空间的文化综合体。

圣·塞巴斯蒂安位于西班牙的北部海岸线上，是巴斯克地区最重要的城市之一。上文在戴尼斯广场项目中曾提到过这里。圣·塞巴斯蒂安一名源于公元 3 世纪被罗马皇帝杀害的天主教圣徒塞巴斯蒂安。这里历史悠久，腓尼基时期就能找到居住记载，罗马时期城市就已建立，但城市的发展却一直不太顺利。早年间，曾因为是战略要地而杀伐不断。15 世纪末的一场大火焚毁了老城的大半，从此石材成了城内主要建筑材料。1728 年，圣·塞巴斯蒂安成立了“皇家加拉加斯吉普斯夸公司”（Real Compañía Guipuzcoana de Caracas），用于推进西班牙、法国同美洲的贸易，国际贸易将城市带入了高速发展时期。1808 年，拿破仑在半岛战争中攻占过圣·塞巴斯蒂安，之后仅过 5 年，这里又重新被英国和葡萄牙占领。胜利后的英葡联军失去控制，城市又一次遭受灭顶之灾。如今圣·塞巴斯蒂安城区的大部分建筑实际上是在 1813 年的原址上重建的。整个城市因美丽的自然环境尤其是海滩而闻名于世，商业和旅游业是这里主要的经济产业。从 1950 年代开办的圣·塞巴斯蒂安电影节是如今西班牙国内最重要的电影节，而库撒尔观演中心正是近些年来电影节的举办地。

观演中心的名字“Kursaal”一词是德语“赌场”的意思，其名因为

项目所在地原为一家大型赌场。赌场建于1921年，是当时圣·塞巴斯蒂安的标志。1950年代，西班牙开始禁止博彩业，赌场运营举步维艰，也是从那时起，赌场开始向剧院和电影院等娱乐产业转型，但并不成功。1973年赌场被拆除，随后取而代之的新项目没有真正落地，这里也又被闲置了下来，场地性质也从私人用地转为公共用地。1989年，市政府邀请包括马里奥·博塔（Mario Botta）、诺曼·福斯特（Norman Foster）和矶崎新（Arata Isozaki）三位国际建筑师和莫奈奥、胡安·纳瓦罗·巴尔德维格，以及路易斯·贝尼阿·冈切基三位本土建筑师在内的六位建筑师参与新观演中心设计竞赛。最终，莫奈奥以他"两块搁浅的石头"（Dos Rocas Varadas）方案中标。谁料项目因经费问题，一直到1999才得以建成，前后历时10年之久。

从"两块搁浅的石头"一名，我们不难猜到建筑师的设计就是以自然作为出发点。影响新观演中心的自然因素主要有两个：其一是大海；其二是乌鲁梅阿河（Rio Urumea），场地正是位于乌鲁梅阿河入海口一侧。莫奈奥在设计说明中曾这样写道："当坎塔布里亚海（Mar Cantábrico）涌入贝壳湾后，便归于平静。在这样一个被层层冲击而成的海岸线上，海湾、岛屿、沙滩、山体和河口，各式各样的海洋地理形式应有尽有，像地理案例认知课一样丰富。"总而言之，在这个设计里，过去城市标志的再生，大海和乌鲁梅阿河的相交之处，以及观演中心的当代功能性要求，均是此项目不可回避的问题（图4-10）。

图 4-11　观演中心与周边环境

新观演中心在体量上主要分成两个部分：上层是观演厅，不同于建筑师设计的巴塞罗那观演中心通过大型体量将两个主功能大厅包裹起来，出于过大体量会影响到城市海岸线的考虑，库撒尔观演中心的两大功能厅被独立分开。展览空间、会议室、办公室、餐厅和演员休息区域等其他服务性功能区则被放置在承托这两个单体的底层裙楼中。裙楼体量沿城市道路苏里奥拉大街（Zurriola Avenue）展开，更加整体和连续的立面处理保证了整个街道空间的完整，规整的形式有利于解决观演中心多入口的设置和停车等功能需求。同时，底层裙楼又可以看作是一个被抬起的观景台，当参观者从一侧绕到平台上，大西洋就在你面前展开（图 4-11）。

穿过底层裙楼才能来到那如同两块石头的上层观演大厅。两个大厅大小并不相同，分别为 72m × 51m × 30m 和 42m × 36m × 24m，但在室内的基本布局和处理方式大致相同，均是在一个规整长方体的体内嵌入座位和舞台。舞台和座位同长方体之间彼此独立，中间部分用于处理人流交通。较大厅最多可以容纳 1800 人，平面并不完全遵循传统歌剧院形式布置，而是针对演艺中心对电影、音乐会等多功能需求进行局部调整。小厅在功能上则相对单纯，主要用作小型音乐会，最多可容纳 600 人。

图 4-12 观演中心室内交通空间局部

两个长方体为钢结构，在平面轴线上同低层群楼没有直接对位关系。在处理所属长方体和内部演艺厅关系上，小厅位于所属长方体的中部，平面上这个长方体呈中轴对称的布局；而较大的厅则位于自己所属长方体的一侧，平面呈偏心布局，建筑师在另一侧区域内设计了一个极具空间表现力的组合楼梯。楼梯同入口大厅直接相连，不同的平台通往观演中心主厅的不同高度看台，楼梯最上层设有一平台，平台上的方窗将乌尔古尔山（Urgull）和大海的壮丽景象引入室内（图 4-12）。

项目被叫作“两块搁浅的石头”其实不难理解，由于其所处位置，建筑师希望新的观演中心如同放在乌鲁梅阿河入海口处的两块石头。有意思的是，建筑外立面并没有直接采用石材幕墙体系，这一方面考虑到海边空气湿度和腐蚀性较大，天然石材不太适合在这样的环境里做表面材料；另一方面，即便将两个主厅独立开来，本质上并不能改变二者体量依旧较大的事实，石材的厚重感会强化甚至夸大原建筑的体量感。

基于这些考虑，建筑师设计了一套特殊的双层玻璃幕墙体系。考虑到室内功能和人的活动方式，内层玻璃肌理光滑，外侧玻璃则带有弧度。玻璃作为一种成熟的工业产品，可以更好地抵御腐蚀，既有的幕墙体系可以保证建筑的整体性，通透的视觉效果可以一定程度地削弱建筑体积感，加之玻璃同底部裙楼以黑色石材在质感上的差异，更有利于表现出两个主体量同裙楼之间彼此独立的关系（图 4-13）。

然而，传统玻璃却同最初的“石头”概念出发点相距甚远，为了令玻璃达到实现“看起来像石头”的效果，莫奈奥设计的双层外侧玻璃使

图 4-13　观演中心立面幕墙局部

用了 19mm 厚的弧度玻璃，并经多层压制而成。这种玻璃透明度很低，仅能透光线，从远处看略显浑浊。这一特性为建筑在白天和黑夜提供了两种完全不同的视觉效果。白天浑浊的玻璃曲面大幅度降低了日光的反射，从而形成在玻璃中少见的稠密厚重的质感，吻合最初的概念。而在夜间，室内公共区域的光线能从内部透出来，两个厚重的体量瞬间就变成两个发光体，如同两个面朝大海的灯塔。上层的半透明令内部景象若隐若现，而黑色石材包裹的下层在夜里几近消失，令两个盒子好似悬浮在空中。莫奈奥通过对表面材料的设计，赋予了观演中心兼具轻、重矛盾属性的超现实效果。卡尔维诺在《千年文学备忘录》中曾这样描述过帕修斯将美杜莎的头砍下来埋于海里的场景，“细软的海草稍一触及美杜莎就变成了珊瑚和水仙。”轻海草与重珊瑚在这段文字中所传达出的微妙变化，恰如新观演中心日与夜的变化（图 4-14）。

虽然整个设计的最初构想来源于自然环境的启发，但莫奈奥并没有采用“象形”的方式，玻璃的精心设计在体现与自然融合的出发点，同时又保证了建筑自身的抽象性和独立性，它在日夜之间的优雅转化成功地将脱胎于场地的概念转化为适用于观演中心的建筑表现，在维持了自然与人工平衡的同时，告诉我们建筑与环境的协调并不等于刻意模仿，概念与实现之间更不是可以那么直接地联系起来。

图 4-14 观演中心夜景

观演中心自建成之日起，就成为圣·塞巴斯蒂安新的城市地标。相较于它来说，莫奈奥设计的胡安·米罗基金会虽然小得多，但处理场地问题时也并不简单。

其实米罗基金会在西班牙共有两处办公场所，这两地也都用来展览米罗的作品，一处位于巴塞罗那，由上文提及的前现代建筑联盟领军人物塞特设计；而下文所要写到的米罗基金会则位于地中海上的马略卡岛（Mallorca）。

马略卡岛位于巴塞罗那以南，瓦伦西亚以东，是巴利阿里群岛（Islas Baleares）中最大的岛屿。马略卡的名字就是来自拉丁语“最大的岛”的意思。虽然整个巴利阿里群岛孤悬于海中，但是因为地中海较为温和，群岛距伊比利亚半岛也并不太远，群岛的发展一直与大陆同步，摩尔人时期这里就开始由西班牙王朝统治。由于四面环海，加之四季适宜的温度、北部秀美的山脉。自 19 世纪以来，旅游和度假产业就成为整个地区最主要的经济来源，波兰作曲家肖邦、法国作家乔治·桑等名人皆在此短暂居住过。伴随着 20 世纪 50 年代跨国旅游爆炸式的增长，马略卡接待的观光人数直线上升，仅 2013 年接待游客的人数就高达 950 万。大批量的游客催生了一系列相关服务产业，岛上遍布全球口味的餐厅，德国、英国、北欧等发达国家居民多在此地购建夏季别墅，全岛 75 万人口中，有 3 万 ~8 万人为短时间定居的非当地居民，著名丹麦建筑师约翰·伍重（John Utzon）也在此留下了自己的别墅作品（Can Bis）。其中帕尔马（Las Palmas de Mallorca）是马略卡的省会和整个群岛的首府，马略卡本地居民有一半人生活在帕尔马。帕尔马机场也是西班牙客运量仅次于马德里和巴塞罗那的第三大机场。

米罗基金会位于马略卡首都帕尔马的郊区（Son Abrines），胡安·米罗人生的后半段主要在此生活与创作。虽然如今的帕尔马已开发得非常完善，但在 1949 年，胡安·米罗选择来帕尔马生活更像是艺术家的自我流放。

1983 年，胡安·米罗去世。三年后，基金会决定在他曾经的工作室和住宅附近修建一座新的米罗博物馆，用于展示艺术家生涯后期的作品。除基本展览需求外，还包括一座小型图书档案馆、一个小报告厅和部分办公与辅助用房。

从 1949 年胡安·米罗选此地定居到 1986 年莫奈奥接手博物馆的设计，整个场地已发生了翻天覆地的变化。这里曾是帕尔马的郊区，建筑密度很低，松树林覆盖整个山坡。由于地处帕尔马岛高点，场地可以一览城市全景和周边秀丽自然风光。可惜，伴随着外来人口的激增，这里难逃全面商业化的命运。当年的世外桃源被平庸的住宅填满。近 40 年来，周边场地的变迁似乎在讲述着一段人类侵袭自然的故事。莫奈奥选择用“城堡”的概念，正是试图以一种封闭的方式表达建筑师对外界环境被逐渐破坏的无可奈何。

因此，我们看到整个新建筑的沿街面基本被围墙封死，仅留下一个并不明显的入口。入口紧贴城市道路，没有任何缓冲，大有拒人于外的味道。从低矮的入口进入后是一个梯形广场，右手边零星散落着几个胡安·米罗的雕塑作品，而博物馆主体就在左侧，整体封闭的立面似乎是围墙的延续。随着流线逐渐深入，广场右侧开始放宽，斜线方向指向 1950 年代由塞特

图 4–15　米罗博物馆入口广场

设计的艺术家工作室（图 4–15）[①]。在左侧尽端，封闭的墙面转为一个宽大的洞口，游客转身进入这个洞口后方可看见博物馆的主入口。封闭的围挡与转向的路径规划都努力地将游客从喧嚣的城市环境中抽离出来。洞口的对面是一片覆水屋面，屋面比洞口地坪高几十公分，从洞口望出去，视线尽头正是地中海。建筑师巧妙地利用了高度，使得整个屋顶的水面在视觉上同海面连在一起。建筑师刻意弱化了屋面边界，从而更好地实现了这种连续性（图 4–16）。这种方式同阿尔瓦罗·西扎早期在波尔图郊外设计的游泳池异曲同工。几个天窗突出于水面，好像大海中的小岛，是否是对马略卡群岛的隐喻不得而知，相同的覆水屋顶与天窗组合方式后被建筑事务所 BAAS 在建于里昂（Leon）的殡仪馆项目中有所借鉴。

由于场地位于山体的半山腰，入口广场和一侧的长方形体量实际上位于整个场地的最高处。在这个体量中安置了包括多功能厅、图书档案馆和展览入口等服务性功能。主要展览区域则位于入口的下层，同上层不同，主展厅平面为充满尖角的异形，略有些有机主义风格的影子，又似一块未经加工的石头。展厅内中部陈列着米罗职业生涯中后期的小型绘画与雕塑作品，大型绘画作品则挂在承重墙上，墙体未经太多精雕细琢，原始的混凝土质感和产自当地的石材铺地是整个室内的两种主材料

① 此工作室并不是前文所说建于巴塞罗那的那个米罗基金会。

图 4-16　米罗博物馆入口

图 4-17　米罗博物馆室内

（图 4-17）。除异形展厅外，其他空间被规整成一个“L”形布局，“L”开口正对着大海的方向，中间围合出一个内向庭院。在庭院中，建筑师沿下层的建筑外轮廓线设计了一条连续水面。水将建筑包围起来，再次呼应了城堡的概念（图 4-18）。

由于博物馆对自然光的限制，整个建筑的外立面并没有大面积开窗，为数不多的窗户也被厚重的百叶遮挡起来。在这些百叶背后，建筑师使用雪花石代替玻璃作为填充窗洞的材料。与格拉纳达银行中庭的效果相

图 4-18　米罗博物馆沿庭院立面

似，从百叶中间漏进来的阳光，照在雪花石上，整片石材从室内看如同灯箱，柔和了马略卡强烈的阳光，也为空间染上了一抹黄色。在展厅面对内庭院的一侧，雪花石下面为透明玻璃，玻璃窗压得很低，外侧也无百叶，成人只有弯下身才能看出去。这种非常规的窗户设计颇为精巧：首先，低矮的玻璃窗限制了光线直射进入房间的深度，从而不会影响展厅内艺术品的陈设；其次，玻璃紧邻建筑外围的水面，阳光照在水面上，通过水面反射进入室内，不仅为室内带来了更多的间接采光，还能在室内形成一系列的波光。风吹过水面，水波荡漾，室内光影也随之摇晃，倒是如同古文中所说的“风移影动，珊珊可爱”；最后，这些面向庭院的玻璃窗，虽因高度的原因无法直接看出去，但依旧可以让人感受到室外庭院的生机勃勃，令整个室内空间向室外延伸（图 4-19）。

除局部的玻璃外，建筑通体采用土黄色的石材作为外饰面材料，在如今被商业住宅环绕的场地上采用全面闭合的策略，让这个充满了绿树水景的内庭院不亚于是沙漠中的绿洲，这也许是胡安 · 米罗在此生活时田园般自然的再现。

在圣 · 塞巴斯蒂安的库撒尔观演中心项目里，针对城市与自然边界的场地特性，莫奈奥通过对自然的人工转译，建立一种似是而非的不确

图 4-19　米罗博物馆窗户与落影

定性令自然与人工融合；而在米罗基金会项目里所采用的方式却完全相反，利用封闭与强硬的形式语言来守护着内部的环境，试图将周边的一切拒绝在外。人工与自然或对立或趋同，莫奈奥似乎并未太介意。

相较于米拉莱斯，莫奈奥在形式表现上缺乏足够的冲击力；相较于巴埃萨，莫奈奥则显得有些世俗；相较于巴尔德维格，莫奈奥的作品里看不到任何贯穿其职业生涯的深刻思考。他的项目不外乎是由场地、环境、材料、建造等最平常不过的元素所组成。他的作品就像个跷跷板，把历史与现实、人工与自然、建筑与环境等看似相反的特征放在跷跷板两边，然后通过自己的设计来平衡，不让一方过高，也不让一方太被忽视。

如果我们一定要在他的作品中找到那么点持续出现的特征，大概也只有对时间和场所的思考了。然而，这在当代建筑师看来早已无甚新意。在我们的时代里，一切都随着技术革新而急速变化着。信息的无限丰富让个性成为被世人认知的首要前提，而虚拟世界和数字化更是不可逃避的现实。在这样的前提下，建筑师往往会选择一种特立独行，甚至有些夸张的个人建筑语言作为身份标签，以试图站在“新时代”的风口浪尖。然而，莫奈奥则选择站在了这种方式的反面，他以看似有些老派的坚持来对抗这充满不确定的时空。他对场地和时间的理解并不同于许多人口头与文字上的“花拳绣腿”。正如建筑师自己所说：“对他人来说，建筑的真实应该体现在持续具体的表现上，这充分说明了隐藏在结构背后的原则，而这才是我所在意的。场地上有很多可能性，永远等待着人的解读，也只有如此才能发掘出它所隐藏的真正特性。在如今建筑学中，建筑往往可以被建在任何地方，但这样是不对的，建筑是根据场地而建立起来的，建筑自己也应属于场地，而不是随意地建在任何一个地方。”

也正是因为莫奈奥如此真实且平凡的建筑观，致使他的实践不会受到太多的局限，从住宅到公共建筑，从小型美术馆到大型商业综合体，莫奈奥总会根据不同的项目需求与场地特质，给出自己的针对性答案。在1996年普利兹克基金会授予莫奈奥的致辞中这样写道：“他在挖掘概念与想法方面有着令人难以置信的能力。这些概念与想法都来自具体的场地、功能、形式、气候和其他的周边环境因素。故而他的任何一个作品都只能是唯一的。同时，他的方式又有着独特的辨识度。”

作为整个西班牙最具影响力的建筑师，莫奈奥却通过他的设计解构着个人化的表达倾向。他不止一次地强调要保持项目的独立性，保持建筑师设计的自主性。而这种自主性一定不会是一种放之四海而皆准的自我语言表达。如果那样的话，建筑师即便没有被环境束缚住，却仍被自己的风格限制住了手脚。莫奈奥所谓的自主，是指针对任何的具体情况，不要放弃思考和反问，哪怕是在一些看似无足轻重的细节上。

对笔者而言，莫奈奥就像个老厨师，他并不会刻意地采用特殊手法来烹饪创意料理，也并未对某一种菜系怀有偏见。他的老道似乎仅体现在知道什么是最当季的食材，根据不同食材采用与之匹配的加工方式，平衡原材料与调味料的比例，控制好时间和火候等并不起眼的基本功力上。最后的菜品既不会精致到不忍下筷，又不会显得毫不上心；味道既经得起饮食家的挑剔，又不会有着太高的认知门槛，更不会破坏餐桌上应有的言谈甚欢。出自他手的那桌菜，是会让这段餐桌时光变得更加美好，如此而已。

第五章 1992年

时势造英雄，还是英雄造时势？是个难以判定的命题。将二者放在天平两端，倒不如视二者为相互促进的因素，并最终共同推动历史车轮的向前。如果说莫奈奥代表着经历过1980年代的西班牙建筑师个人英雄主义般的独舞，那么，1992年的大事件则象征着一场华丽盛宴的到来。

这一年，在西班牙南部城市塞维利亚举办了世博会，北部城市巴塞罗那举办了奥运会，而居中的马德里则是当年欧洲文化之都。1992年大事件井喷式的爆发，无疑宣示着西班牙彻底走出弗朗哥独裁统治的阴影，以更自信与健康的姿态展现在世人面前。

从专业层面看，密集的大事件在短时间内为建筑师和城市规划建设者们提供了数量庞大的实践机会。借助专业人士的参与，这些城市在完成指定活动场地场馆建设的同时，陆续展开了对城市公共设施等方面的现代化改造与升级。项目的功能千差万别，尺度上也大小不一，在一定程度上体现了西班牙建筑界在20世纪90年代初的集体状态。

塞维利亚与世博会

塞维利亚举办的世博会是这场“盛宴”的序曲。塞维利亚是西班牙南部最重要的城市，同时也是安达卢西亚区的首府和西班牙的第四大城市。城市始建于古罗马时期，后被西哥特人统治。公元8世纪摩尔人入侵伊比利亚半岛，这里首当其冲被摩尔人占领。长达500多年的统治给城市文化留下了深深的摩尔烙印。在塞维利亚城区，伊斯兰文明中特有的建筑元素与装饰风格随处可见。罗马文化、摩尔文化和天主教的杂糅构成了安达卢西亚当地独有的文化特点。吉普赛人的自由与神秘和弗拉明戈的热情与奔放，直至今日仍是塞维利亚，甚至整个西班牙文化最抢眼的标签之一。

作为西班牙唯一的内河港口城市，塞维利亚无论在摩尔时期，还是后来的西班牙大航海时代都扮演了重要的角色，尤其是后者。在当时，由美洲大陆运输来的黄金与货物通过瓜达尔基维尔河（Rio Guadalquivir）运进塞维利亚，并在此中转发往西班牙和欧洲大陆的各个国家与地区。作为中转站的塞维利亚也因此积累了大量财富，迎来了这座城市历史上最辉煌的一段时光。但随着瓜达尔基维尔河淤积，河道吞吐量受到严重影响，以单一产业作为城市发展主要推动力的弊端立刻显现出来，塞维利亚开始急速衰退。虽然在工业革命初期曾进行过局部工业化的尝试，但西班牙经济中心北上的趋势已不可逆转，以塞维利亚为中心的南部地区则因教育、产业结构等问题逐渐成为西班牙经济的短板。

西班牙内战爆发伊始，无奈当地强大的地主和宗教势力，塞维利亚是最早站在弗朗哥这边的城市，因此免于战火，城市历史风貌得以完整保留。如今，塞维利亚老城区面积位列欧洲城市中的第二位；塞维利亚大教堂、皇宫、皇家阿尔卡萨城堡均被联合国教科文组织定为世界文化遗产；加之安达卢西亚地区独特的异域风情，一直以旅游、农渔业为主要产业的塞维利亚，在20世纪后半段借助旅游业的发展开始复兴。1975年后，每年招待游客人数一直维持着快速的增长势头，旅游业的兴盛为塞维利亚带来了可观的经济效益、大量的就业机会和国际知名度。

申办1992年世博会的动机开始于1976年。国王胡安·卡洛斯一世当时希望举办一次纪念西班牙船队发现美洲大陆500年的大型活动。对刚刚结束弗朗哥统治的西班牙来说，新政府希望通过追溯历史的辉煌，来弥补现实中早已不存在的优越感，从而激起民众对新时代的信心。这一概念最终在1982年被巴黎世界博览会委员会（Bereau International des Expositions）采纳，由此确定塞维利亚为1992年世博会的主办城市，主题是："新世界的诞生"（The Birth of a New World）。

"新世界的诞生"可以有多层解释，最直观的含义是对哥伦布发现新大陆的描述，也直接反映出该届世博会举办的初衷。同时，这也是对本届世博会场地的描述——世博会主场馆区位于塞维利亚老城外的卡图哈岛（Cartuja），这里被瓜达尔基维尔河和阿方索十三世运河所围绕，是历史上哥伦布远航的备战之地，岛跟城市的地理关系类似于柏林的博物馆岛或者是巴黎的西岱岛（Cite Island），但与二者不同的是卡图哈岛在当时是块位于郊区的飞地。故而，"新世界的诞生"也可以理解为这块即将开发的新区的诞生。如果我们将这个"新世界"继续延伸，整个世博园区从开始就定位成部分可以被后续利用的企业园区，加之城内公共设施的改善，整个塞维利亚也借此机会实现向复合产业的现代城市转型；不仅是塞维利亚，"新世界的诞生"的主题又何尝不是西班牙说给全世界听的呢？

1986年，塞维利亚政府组织了一场针对世博场地总体规划的大型国际竞赛，最终当地事务所组合打败了博伊加斯、莫奈奥、西扎等国内外著名建筑师及团队。该方案将整个场地划分成风格迥异的三大片区，一个直径近百米的球体作为整个园区的标志。然而，市政府很快发现方案在风格上过于松散，过于追求视觉冲击力而忽视整体的可实施性等问题，于是委托建筑师朱利奥·卡诺·拉索（Julio Cano Laso）进行优化，从而形成最终方案。在这一版方案里，场地被改为两大主要区域，中心区域以水系为基本框架，沿河道和人工湖来布置主要场馆；外围区域则采用

图 5-1　巴塞罗那人机混合桥

正交网格来划分，以保证最大化地利用。放大的景观道路贯穿整个场地，打破了绝对的区域隔阂，折中后的规划感觉是将巴塞罗那方格网与威尼斯水城肌理叠加在了一起。

单体项目方面，公共服务类项目的设计主要由西班牙当地建筑师完成，而各个国家馆则按照惯例交予每个国家自行设计。在诸多本土建筑师完成的项目中，最具知名度的当属圣地亚哥·卡拉特拉瓦（Santiago Calatrava）设计的作品：架于运河上的阿拉米略桥（Puente del Alamillo）。作为连接老城区与卡图哈岛四座桥中的一座，卡拉特拉瓦独特的设计令其不仅满足机动车通行上的需求，同时打破了桥体的传统形式。优美的体态让阿拉米略桥自建成之日起就成为整届世博会的标志。

圣地亚哥·卡拉特拉瓦，1951 年出生于瓦伦西亚，1975 年毕业于瓦伦西亚建筑学院（如今归属于瓦伦西亚理工大学），获建筑学本科学位。随后前往瑞士苏黎世联邦理工大学（ETH）攻读结构方向。1981 年凭借《论空间框架的可折叠性》（*On the Foldability of Space Frames*）的跨学科研究获博士学位。除了建筑师外，卡拉特拉瓦也是位出色的雕塑家。特殊的教育背景和雕塑的审美塑造都最终指向了该建筑师随后职业生涯最重要的特色：结构美学。

博士毕业后，卡拉特拉瓦曾在瑞士工作过一段时间，早期项目也多集中在瑞士和德国等德语区国家。斯达德霍芬（Stadelhofen）火车站是该时期的代表作品。随后卡拉特拉瓦在巴塞罗那完成了他自瑞士归来后的首个西班牙作品：一座跨下穿铁道的人机混行桥（图 5-1）。场地的限

图 5-2　阿拉米略桥立面

制导致整座桥的结构支撑部分仅能设置在两侧岸边。建筑师设计了两个跨越轨道的大型拱形结构，拱形上端合拢、下端分离，在符合力学形式的基础上兼顾了人车分流的功能需求。桥面主体通过拱形上的拉索固定，受力方式上继承了经典的吊桥模式。

阿拉米略桥同巴塞罗那作品一脉相承，桥体依旧为单跨悬索桥，但跨度远大于之前的作品，接近 200m，用于拉住桥面的 13 对钢索固定在桥体一侧的斜塔上，斜塔同桥面呈 58° 角，高度大于 140m，内设用于攀爬和检修的封闭楼梯间，为塞维利亚城区当时的最高点（图 5–2）。主桥面宽 32m，包括两侧的机动车道和位于中间 3.75m 的非机动车道，后者位于 13 对钢索之间，略高出机动车面。主桥面断面的中心部位为一个高 4.4m、最大宽度 6.4m、最小宽度 3.95m 的六边形钢筒。行驶机动车的路面是由钢筒向两翼悬挑而成，单边悬挑距离近 14m。机动车道上层为预应力混凝土，下侧设有支撑构件，构件之间间隔 4m。该桥身结构同位于岸边的两个大型混凝土墩相接，每个混凝土墩预埋了 54 根深桩，深度达 47m，以对抗来自桥面的横向力和扭力（图 5–3）。

桥身通体白色，大跨度的单跨形式让整个桥体如同漂浮于运河之上，从远处看，一横一斜两笔，极具力量感。虽然由于过大跨度和极简形式所造成的遮阳问题难以避免，但瑕不掩瑜，阿拉米略桥对于塞维利亚来说不

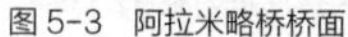
图 5-3　阿拉米略桥桥面

图 5-4　阿拉米略桥和城市天际线

仅是一件力与美并存的建筑作品，更是为这座城市修建的纪念碑（图 5-4）。140m 的高塔犹如图腾柱一般伫立在运河岸边，象征着高速发展的现状和些许对未来的盲目信心，恰如 20 世纪初，纽约和当下中国的那些高层一般。

得益于阿拉米略桥的成功地标化，卡拉特拉瓦迅速走红于官方机构与市政决策层。其略带未来主义的表现力同政客们所期望先进和高技的未来景象相吻合，一改业界普遍的历史气息和克制的表现传统。加之建筑师自身优秀的“商务”才能，故从塞维利亚世博会后，卡拉特拉瓦在西班牙境内获得了大量桥梁项目，几乎到“一城一桥”的程度。实际上卡拉特拉瓦的设计一直不乏争议。仅以阿拉米略桥为例，一些专业结构师披露其实桥体本身已经是一个自承重结构，高达 140m 的塔体和 13 对拉索在结构上没有太大的力学意义，更多是出于强化建筑形式表现力和满足当地政府对地标需求的目的。从卡拉特拉瓦的整个职业生涯来看，建筑师过分追求形式而忽视功能细节和经济性的意见声音同样不绝于耳。由于西班牙法律对公共项目资金监管系统尚未健全，卡拉特拉瓦在西班牙本土的多个公共项目均出现了大幅度超预算的问题，瓦伦西亚科学城在表皮等后期维护问题更导致多轮游行与抗议。在公共建筑领域，建筑师该如何权衡经济性和个人风格将会在后面章节里集中讨论。

除世博园区内大兴土木外，老城改造也在按部就班地进行中。首先是交通设施的更新，老城区外围铺设了新环城道以应对机动车流量的激增，并顺势带动了外围新区的发展，为随后老城区的设施迁移打下了基础。恰逢1990年代初西班牙开始建立高速铁路系统，市政府即决定在老城外修建一个新火车站代替城内的两个火车站，老火车站会相继改造，置换进新的功能。新火车站项目由政府委托当地建筑师组合克鲁斯和奥尔蒂斯设计完成。

有别于上文提及的豆形中庭住宅，新火车站地处城市外围的空地，在周边尚无成片建成区之时，建筑大型的体量同周边环境并无太大的冲突，该空置场地基本被火车站平铺填满，并沿水平方向横向展开，主立面多段式的体量组合和夸张的雨棚，似乎受到了后现代建筑语言的影响。建筑师选择场地中高程较高的位置设置了项目的主入口，借助地势强化了该处凌驾于周边的气势，好似一座简朴的宫殿。这个方案最初是包括火车站、住宅、办公和商业等功能在内的大型商业综合体，其他相关功能位于火车站外圈，共同围合成一个大型广场。广场有利于解决地面停车、绿化和基本交通环岛等问题，也进一步强化了建筑作品的纪念性和历史质感。入口处的高塔令人联想到市民广场的基本原型与安达卢西亚地区的传统庭院。轨道系统全部下沉，便于将交通噪声对周边的影响降到最低。整个项目中所涉及的建筑，不论体量大小均采用传统砖切片作为饰面材料，力图同城市整体氛围融合。遗憾的是，整个建筑群最终仅完成了火车站部分（图5–5）。

在单体方面，售票区、等候区和商店等功能均聚集于大厅处，大厅采用了桁架结构，保证了整个空间的无柱大尺度，有利于功能的自由排布和人流穿行。外形上被刻意拔高的体量所带来的净空，缓解了空间内因人流密度而造成的压迫感，接近顶部的纵向长条窗序列为整个大厅带来了充足的自然采光（图5–6）。站台区位于大厅下层，所有轨道和站台形式均满足高速火车的基本行驶需求，6条轨道上盖一个连续的钢拱廊，当人们从大厅坐扶梯下行到达站台，拱形通道的古典造型渲染了这一过程的仪式感（图5–7）。

虽然体量功能上差异颇大，但克鲁斯和奥尔蒂斯依旧维持了其作品

图 5-5　塞维利亚火车站鸟瞰

图 5-6　塞维利亚火车站大厅

图 5-7　塞维利亚火车站站台

在材料和形式上兼具现代与古典传统的特征。略显朴素的建筑风格，让这对建筑师在同时期的诸多“明星”中并不起眼。也恰是这种内敛，令克鲁斯和奥尔蒂斯在瑞士、荷兰等欧洲其他国家受到欢迎。2013 年，由二人设计，历时 10 年之久的荷兰阿姆斯特丹国家博物馆修复和改造工程终于完工，新馆在平面调整以及对原历史建筑新旧平衡等方面均有着出色的处理。

与此同时，作为西班牙当时最具影响力的建筑师，莫奈奥在这一时期也先后完成了两件作品：西班牙保险公司办公楼（Spanish Prevision Insurance Company）和塞维利亚新机场。也许是受到塞维利亚大面积老城区历史氛围的影响，同上文的火车站一样，在历史元素的再利用方面，这两个项目同样出色。

新保险公司办公楼位于塞维利亚老城区的一角，紧临阿方索十三世运河。这里曾经是塞维利亚铸币厂（Casa de la moneda），被拆除后修建起了城墙，场地对面是著名的黄金之塔（Torre del Oro）[①]。19 世纪，城市希望强化运河同中心区域的联系，曾规划将中心区的宪法大街（Av de la Constitucion）延伸直至黄金之塔，最终并未实施。但这些历史碎片因素部分影响到了建筑师的思路。

莫奈奥将新办公楼设计成一个与运河平行的长方形，连续的立面以及谨慎的窗墙关系如同一道新的“城墙”，在呼应历史的同时，也令街区更加饱满。在体量的中部挖了一个可以到达街区内庭院的廊道。廊道位置同 19 世纪的规划道路相重合，与对面的黄金之塔建立起一个清晰的景框关系（图 5-8）。

为了强化建筑城墙般的体量感，建筑师在外立面处理上有着分层的

---

① 该塔为一座 12 边形的军事瞭望塔，最早修建于 13 世纪，用于监控和保护河道。在大航海时期，因为这里可以最早的看到从远处开来装满财富的航船，故名为黄金之塔。

图 5-8　新保险公司办公楼沿街立面

特点。首先，立面基本构成同古典建筑中的水平多段式近似，所有横向线条通过特殊的砖砌做法与元素叠加方式被强化，而纵向分割线条在同时退后，从而更突出水平方向的线条。其次，在建筑的转角处，建筑师增加了一个塔状凸起，这种凸起常见于历史城墙，凸起位置同黄金之塔遥相呼应。再次，立面阳台自下而上，逐层后退，而与之相对应的是逐层增大的混凝土遮阳板出挑距离。实际上，建筑上下三层的立面在风格上并不完全统一，底层下部柱子体量较大，柱间窗户外设铸铁窗格，而底层上部则更显厚重，将底层开敞办公和上层隔间单元加以区分，居中小方窗洞剖面上的细节变化更有利于阳光的进入。上两层虽在形式上较接近，但柱子体量在逐层变小，颜色也在逐层变深，中间的白色线条暗刻了公司名字（图 5-9）。

相对于立面，项目在平面处理上则简单很多，建筑轮廓同周边已有建筑守齐，规整的平面也有利于满足办公的功能需求。立面的折中元素与平面的延续令新建筑很好地融入了该历史街区，让人觉得它已经建成许久。

图 5-9　新保险公司办公楼沿街立面细部

整个办公楼项目延续了莫奈奥上文提及善于处理场地关系的长板，在前后完成的塞维利亚机场项目中，建筑师设计停车场中间穿插的长条绿地景观带转译自安达卢西亚的庭院传统，绿地内选择种植棕榈树和橘子树的搭配也来自塞维利亚城市街道，航站楼室内的连续拱形均质空间也同著名的科尔多瓦清真寺有着一定的同构关系（图 5-10）。

确实，以后现代手法中常见的历史元素抽象和拼贴来维护塞维利亚的整体氛围并没有什么问题，但这种折中化的表现同时也意味着保守、平庸，甚至些许的陈腐。虽然由莫奈奥、克鲁斯和奥尔蒂斯等人完成的设计项目相继落成，不可否认这些作品在整个西班牙当代建筑史中并不能算得上最优秀或最具时间代表性的那一类，更是无从谈起对整个建筑界有所推动了。上文提及的奥伊萨亦在同时期于世博会园内完成了一座圆筒状建筑，名为特里亚纳塔（Torre Triana），如今这里被用作安达卢西亚地区法院总部（图 5-11）。整个建筑体量庞大敦实，隔着运河亦是一览无遗，风格延续了奥伊萨晚期放大历史元素的后现代主义手法，形

图 5-10　塞维利亚机场航站楼室内　图 5-11　特里亚纳塔

体好似罗马天使堡，立面圆形又令人想到路易斯·康的作品，但项目在细节和场地关系等方面的缺失，令该作品很难谈得上优秀。

奥伊萨的作品可以被看作本届世博会建筑风格的缩影，绝大多数作品都在历史风格与现代建筑语言之间徘徊着。勇于跳出传统语言的创新意识，只能在卡拉特拉瓦的作品中窥见一二。延续自 1970 年代的地域性对于塞维利亚，确实成就了一部分作品，同时也对新建筑应具有怎样的特性下了定义。打破这一束缚的大胆尝试，直至 21 世纪才逐渐反应在当地一些年轻建筑师作品中。以小见大，整个国家亦是如此。西班牙当代建筑师在 1990 年代初期似乎整体陷入了一场与自我风格作斗争的困境，其日渐成熟与开放的建筑语言同传统地域文化之间的冲突变得愈发明显。

1992 年 10 月 12 日，历时 176 天的世博会终落下帷幕。本届世博会以高达 4000 万的参观人数成为史上最成功的世博会之一。整个园区的建筑有近 60% 被保留下来，也因此成为世博会历史上对展览馆和场地进行全面再利用的第一次尝试。世博会一结束，名为“塞维利亚科技园区”（Sevilla Tecnopolis）的项目就迅速进入。科技园将整个世博园区重新梳理为三部分，包括北部大学区、中部企业园和南部行政区域。从当时来看，塞维利亚政府的一系列举措都没有问题，它很好地把握住本次大事件，使得这座西班牙第四大城市在基础设施和国际知名度上得到了全面提升。得益于更新的交通网络和世博会期间的宣传力度，塞维利亚旅游产业得以全面完善，全城旅馆床位数从世博会之前的 8000 张，急增到世博会后的 22000 张，就业岗位也相应增加了 10%~15%。更多的就业机会吸引了大批来自周边地区的移民，城市人口随之比世博会之前的 40 万人翻了一番。

然而，有一个重要问题却在有意无意间被忽视了。世博会结束后，因旅游增长的就业岗位与外来移民更多是分布于整个城区，而对 60 万 m^2 的世博区域影响却极其有限。这一片区域在刚刚闭幕的最初几年里，确实借助当地政府的政策扶持维持着良好的发展势头，但因 21 世纪初期经济危机爆发而导致的政府预算大规模削减，之前依靠相关政策扶持续命的大批小型科技公司纷纷倒闭。园区大面积高额的维护成本更是无人支付。园区迅速冷清下来，孤零零的建筑，散落在“世博尺度”的道路两侧，曾经英雄主义式的颂歌在塞维利亚的高温下散发出丝丝颓废的气息，反倒是运河畔那些小尺度的滨水空间改造项目，时至今日依旧被很好地使用着。

巴塞罗那与奥运会

相对于塞维利亚的谨慎与保守，巴塞罗那则因在大事件与城市更新方面的经验，在面对奥运会时显得轻车熟路。1986 年，1992 年奥运会主办城市一经确认，巴塞罗那相关部门就如同拧紧发条，紧锣密鼓地行动起来。来自马德里政府和欧洲共同体的资金支持进一步提升了始于 1980 年代初期的城市更新节奏。

作为这场涉及整个城市更新大戏的主角，奥运场地无疑是重中之重。针对奥运会对场地与训练条件、住宿接待能力等多方面的专业要求，以博伊加斯为首的奥运会筹办部门将所有项目打散，匀置在城市的西北、东北、西南、东南四角。根据每个区域的匹配可能性确定具体功能：西北区域，包括诺坎普（Camp Nou）和对角线大街北端由奥利奥·克劳斯（Oriol Clos）和玛丽亚·鲁伯特·德·本托斯（Maria Rubert de Ventos）主持规划和设计，定位为田径足球训练和商业办公；位于东北山地区域由爱德华·布鲁（Eduard Bru）整体控制，这里是奥运会的网球场和射击场区域；两个南部区域内，蒙特惠奇山是本届奥运会的主场馆区，主会场和篮球、跳水等场馆均在此区域内，而海边的奥林匹克村则主要用于住宿和接待功能，该处由上文提及，博伊加斯自己的设计团队 MBM 事务所来通盘考量。

为了确保四大主要奥运区域之间的便捷联系，新环路也于同时间破土动工。环路位置继承了里昂·若瑟利在 1905 年交通规划的部分想法，同时融合了 1980 年代的具体状况，真正实现了内圈的老城区与方格网城区域与外圈的格拉西亚区、圣马丁等区域的串联。与此同时，电话、网络、天然气等基建设施也跟随环线修建工程一同向城市外围扩散，从而大幅度地改善了周边区域的居住和生活品质。考虑到整个环路较大工程量和后期车流量对整个市中心的影响，由规划师曼努埃尔·德·索拉·莫拉莱斯（Manuel de sola Morales）等人在细节上又进行很多深化的考量，在木材码头（Moll de la Fusta）等多段采用了下沉的方式，保证了老城区至海边地面层的联系便捷以及城市海岸线的完整。同时，上盖后的绿化也为环线通过区域带来了一连串的城市公共空间。

在整个奥运工程共计 $130hm^2$ 的区域内，位于巴塞罗那旧工业区“新镇”（Poble Nou）临海部分的奥林匹克村占地最大，基本是沿 1km 长的海岸线横向布局，接近 $50hm^2$，主要包括住宅、几个酒店和三个大型市民公园，用于奥运会期间运动员与记者等与会人员的短期居住。

MBM 在新奥运村规划方案里参照了 1934 年由柯布西耶和现代建筑

图 5-12　奥运村双塔地标

联盟共同为巴塞罗那设计的“玛西亚规划”（Plan Macia）。在 1934 年的规划方案里，柯布西耶将为巴黎提出的现代城市构想搬到了巴塞罗那，设计了由四个塞尔达街区拼成的巨型街区与位于海边的三栋高层。延续了柯布西耶的方式，MBM 同样通过合并塞尔达街区来整理区域，并最终规整在四个大型街区内，再细分为 21 个部分交由不同的建筑师深入，如同 1984 年柏林的住宅展。不同建筑师的介入大大提升了奥林匹克村在建筑风格上的多样性，卡洛斯・费拉特尔（Carlos Ferrater）提供了一个三街区串联的方案，而托雷斯和马丁内斯・拉贝纳（Torres & Martinez La Pena）的作品则是外方内曲的处理策略。

在奥林匹克村西的近海区域，MBM 稍微调整了柯布西耶的设想，规划了一组双子塔，高层的最高处同蒙特惠奇山持平，均为 184m。但同传统的双子塔不同，这两栋建筑虽然占地和高度完全一致，但功能与风格却迥然不同。商业办公功能的一栋由本土建筑师伊尼戈・奥尔蒂斯（Inigo Ortiz）和恩里凯・里昂（enrique leon）完成。建筑师将高层办公楼常用的幕墙进行了优化，将每层玻璃设计成向下倾斜，从而起到减少射入室内阳光和光污染的作用；另一栋则由国际事务所 SOM 设计，是奥运村区域内最高级的酒店（图 5-12）。建筑拉杆结构外露，节点精美，极富工业美学。酒店裙楼围合成的下沉庭院中间立着一座由美国建筑师弗兰克・盖里（Frank Gehry）设计的“鱼”形雕塑。雕塑被钢结构架于半空，表皮覆盖金属网，在阳光下如大海般波光粼粼。两座高塔之间的拉马里纳路（Carrer de La Marina），从海边可以直达圣家族教堂。圣家族教堂

图 5-13　1992 年奥运会主体育场

与高层在高度上的呼应，象征着巴塞罗那辉煌的过去和美好的未来。环城高速的主体在地下穿过，其上覆盖公园，保证了从奥运村到海边的连续性。针对场地北部现存的工业历史建筑，规划团队也顺势提出了一系列更新章程，并在奥运会结束后逐步开始推行。10 年后，以 22@ 为名的城市智能化更新样板从新镇的另一端向海边推进，整个新镇逐渐成为加泰罗尼亚新一代建筑师争奇斗艳的战场。

作为奥运会最核心的运动场馆区域，蒙特惠奇山区域的举措却有些出人意料。巴塞罗那政府并未花重金修建新主场馆，而是委托建筑师费德里科·科雷亚（Federico Correa）将 1929 年国家运动会主会场进行了修复和改建，来作为 1992 年奥运会的主场馆（图 5-13）。在新建筑方面，理查德·波菲设计一个有着新 1900 派风格的训练中心和一个与之风格完全相反的现代游泳馆，体现出波菲风格上的不确定性。卡拉特拉瓦设计的信号塔同远在提比达波山上由诺曼福斯特设计的信号塔分立城市南北两山的高处，后者更强调技术性，而前者则更接近一个城市雕塑（图 5-14）。其他项目还包括由日本建筑师矶崎新设计的多功能体育馆，嵌入山体的露天跳水场和一些零散的办公区域。但相对于其他几个区域的大施兴建，主场馆区的动作显得颇为克制，规划和建筑人员将大部分精力投入到梳理蒙特惠奇山及周边整体交通与公共设施方面，如上文提及的巴塞罗那著名的建筑师卡洛斯·费拉特尔设计的植物园（图 5-15），

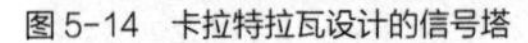
图 5-14　卡拉特拉瓦设计的信号塔

图 5-15　巴塞罗那植物园研究中心

矶崎新和他的西班牙团队也同时完成了在山下密斯·凡·德·罗设计的巴塞罗那德国馆附近一栋建于 20 世纪初期巴塞罗那现代主义风格建筑的改造。在修复原建筑的前提下，内部功能被置换为博物馆。游人通过博物馆前新建的下沉广场进入地下一层，整个加建部分采用了极简的建筑语言，外立面整面乳白色大理石的使用同历史建筑的红砖相得益彰，是矶崎新作品中的另类（图 5–16）。

上述项目的陆续建成，再次优化了蒙特惠奇山的布局和内容层级。奥运会结束后，主场馆成为西甲西班牙足球队的主场，其他体育相关的设施也一直保持着很好的利用率。在历经 1929 年世博会和 1992 年奥运会两次盛会的建设与修整后，整个蒙特惠奇山从山脚的西班牙广场，到山腰以加泰罗尼亚国家博物馆为主的小型博物馆群，再至奥运会主场馆区和植物园，加之位于山顶的历史城堡，形成了一条面向不同人群提供多维度内容的文化旅游线路。

相对于城市南部的两块区域，城市东北部的戴布隆村（Vall d’hebron）

图 5-16　卡伊夏博物馆入口立面

图 5-17　戴布隆村交通系统局部（历史照片）

地区的问题更加复杂。由于地理问题，该地同巴塞罗那主城区联系并不紧密，长期处于无规划、半自发状态（图 5-17）。建筑师首先要考虑如何寻找到一个逻辑去梳理现存肌理；其次，整个场地位于山坡之上，从高处到低处有 70m 的落差；最后，在这样的山地环境下，建筑师还需满足各种运动场地和设施的专业需求。

建筑师采用一个多层叠加的系统以应对复杂的环境：首先是一个南北方向的正交网格层，南北方向的确定基于专业运动场馆的功能需求，场馆多以网球、射箭等对场地面积要求较少的功能为主。正交则保证了下一步安置运动场地的便捷，场地沿等高线拾梯而下，最终形成了梯田式景观格局；其次，以环线为坐标基准设置第二层网格，处理整个场地上其他对方向没有严格要求的建筑，以环线为基准确保了新环线作为该区域主要轴线后整体城市肌理的连续；最后，第三层是基于巴塞罗那历史河道系统转译而形成的主道路系统。以曲线为主的道路系统，一方面，可以调整由于坡度过陡而造成的下坡速度过快，从而降低事故的发生率；另一方面，也更好地同场地地形与地势相融合，如同高迪运用在桂尔公园的方式一样，以此唤醒人们对巴塞罗那原始地理特征的联想。非理性的曲线层打破了以网格为主的整体布局，为整个设计带来了清晰的区域特征，也促成了两类不同性质的图层的对抗。

系统的建立基于三层水平网格在垂直方向上的叠加，同时又辅以一个可以控制标高的纵向高度轴参照。不同网格的碰撞处被设置成公共绿地和广场。通过设计，场地原本的山地特征不仅没有成为设计障碍，反而因此使得行人在如河道般的道路上感受到水的运行特征。在这个三层系统里，代表着人类理性的网格和暗示着自然的曲线被叠加在一起，成为塑造场地的力量，而场地也同时以一种反作用力的方式回应着设计（图 5-18）。

除了布鲁的城市设计外，卡洛斯·费拉特尔设计的住宅、恩里克·米拉莱斯和卡门·皮诺斯的射箭场也都是优秀的作品。塞特为 1937 年巴黎世博会设计的西班牙国家馆也在该区域一角被重建。奥运会结束后，整个区域的更新依旧持续，但由于政府的人事变动，后期开发受到了很大影响。

四个区域中最后一个区域位于巴塞罗那西北处。相对于其他三个区域，这里同奥运会关联度最少。基础设施方面，环城高速下沉后的覆盖部分被设计成为一个连续的线性城市公园，多数新建筑均基于该地区的商业定位，皮依和比亚普兰纳设计了巴塞罗那的希尔顿酒店，莫奈奥也完成了一个大型商业综合体——丽亚商业中心（L’Illa Diagonal）。

图 5-18　戴布隆村场地高差（历史照片）

该项目所在地原由一所儿童医院、一间修道院和一所教会学校共有，是一块斜边长度超过 300m 的梯形，总占地 47000m^2，医院搬迁后被闲置。1986 年举行的国际竞赛由莫奈奥和曼努埃尔・德・索拉・莫拉莱斯合作方案中标，项目最终完工于 1993 年。

场地虽然相对规整，但并不完全正南北。西北的梯形斜边紧贴对角线大街，东北和西南两侧道路则是巴塞罗那网格道路的延续，同对角线大街隔街相望的是建于 1960 年代的新区。同传统方格网相比，新区建筑之间更独立，街区也更开放。这说明商业综合体正处于两种截然不同的肌理相交处。

基于场地特殊的城市特质，莫奈奥并没有以商业形象作为切入点，反而选择以城市结构作为第一原则来处理建筑同周边片区的流线组织。建筑师称先从“战略”（strategy）层面去思考问题。基于极长的对角线大街延展面，建筑师设计了一个贯穿连续的长方形体量，以强调四边中对角线大街的重要，同时也最大地利用了场地的商业价值。其他三边分别被用于一家酒店、一组校园建筑和位于角落的会议中心，并共同围合出一个位于街区中间的公园，再现了巴塞罗那传统街区的组织模式。居中的公园可以降低缓解商业和酒店之间的干扰，保证四周不同功能区的区分，同时便于解决疏散问题。

回到沿对角线大街的主体量，地下一层和地上一、二层用于餐饮和

图 5-19　丽亚商业中心对角线大街立面

店面，三层及以上用于商业办公。考虑到整个建筑特殊的体量和长度，建筑师在一、二层平面的处理上结合了城市设计的手法，底层联系内庭院和外对角线大街的两条穿廊是基于市政道路的延续，西侧的斜线同样如此。不仅是步行道，去往地下的机动车道也受到对面城市街道的影响。建筑师试图通过这样的方式，梳理南北两侧不同的城市肌理，从而正面回答场地所带来的最核心问题。虽然最终的建筑体量巨大，但市民仍可以无障碍地穿梭于室内外。在二层和地下的平面处理上，建筑师借鉴了城市的街道尺度，通过店面穿插、局部的通高和高程调整，以及交通空间的尺度变化，营造出一种“室内”街道的感觉。

为了避免形式呆板和体积庞大造成的压迫感，莫奈奥进行了体量切割处理，立面在中间最低，两端逐渐增高，增高幅度并不对称，逐层向中间收缩的方式同摩天大楼逐层向上的收缩方式颇接近，加之总长达 300m 的连续立面，丽亚商业中心又被称为“放倒的摩天大楼”（图 5-19）。

比起同时期塞维利亚的作品，丽亚商业中心的立面要现代简洁很多，规整的方形洞口均匀排布，外墙主要以米黄色大理石挂板为主，沿街底层选用黑色花岗岩贴面，悬挂方式的不同是由当地政策法规决定，深色面饰也易于强化底层橱窗的亮度。

总的说来，莫奈奥在丽亚商业中心项目中，以一种基于城市结构和肌理阅读的操作方式来处理当代城市中常见的“大”型体量建筑，建筑是城市这张网上的节点，室内功能和空间等“战术”层面上的手法应让位于城市角度的“战略”操作。

综上，四大片区虽在具体处理方式和策略上各有不同，但在最初区域选取时均具有以下几点共性：每个片区周边均有着大数量的长居人口；区域选择既不应在市中心，也不能距离城市过远；区域彼此之间的距离合理。这些前提有效地避免了诸多后续使用上的问题。奥运会结束后，奥运村随之转为住宅，一系列运动场馆被各种俱乐部接收，其他公共设施也陆续被所在地区居民重新利用起来，同城市中心合理的距离更是温和地刺激了整个城市的良性外扩。

与此同时，巴塞罗那老城也借机进行更深层的更新。美国建筑师理查德·迈耶（Ricard Meier）设计了巴塞罗那当代艺术馆（Museu d’Art Contemporani de Barcelona），艺术馆维持了建筑师一贯的白色风格，略不融于老城的整体环境。不论是立面处理，局部异面体量，还是组织流线的坡道，都有着很明显的柯布西耶痕迹。作品的体量把控和局部细节处理之间的比例恰到好处，算得上迈耶生涯中后期最优秀的作品之一（图 5-20）。

在当代艺术馆的一侧，皮依和比亚普兰纳也完成了一座艺术展览馆：巴塞罗那当代文化中心（Centre de Cultura Contemporània de Barcelona）。面对老城环境，这两位建筑师采取了同迈耶截然不同的方式。

从功能上，两座博物馆是非常接近的，均主要用于当代艺术品展示。但不同于巴塞罗那当代艺术馆，当代文化中心是在建于 19 世纪的公立救济院基础上改造而成。原救济院于 1956 年搬走后，该处即被闲置，直到 1989 年更新与改造计划全面施行后被选作博物馆场地。

建筑师基本保留了原建筑的“U”形部分，并对使用和空置造成的

图 5-20 巴塞罗那当代艺术馆

损坏进行逐一修复，以重现 19 世纪建筑的风貌。整个当代文化中心包括一个 1200m^2 展览空间，与接待室、办公室、商店、餐厅、工作室、报告厅等功能性空间。所有功能均被置于原建筑“U”形三个边和新建的地下层中。在“U”形的缺口处，建筑师增建了一个新体量，来放置一个用于连接地下层与上层展览空间的大型交通系统。新体量的加入，令建筑在平面上构成了一个含内庭院的传统形式。在立面上，新体量的内庭院立面向内弯折，采用了反射度极强的玻璃作为幕墙材料。因为内折的角度，人在庭院内可以通过幕墙看到一个由反射形成的老城区镜像。镜像并不是我们习惯的平视景象，而是由天际线和屋脊线组成的俯视画面。城市镜像的出现，使得一个商业建筑常见的玻璃幕墙立刻生动起来。这一手法曾在建筑师巴塞罗那海边的商场项目再次使用。一个精确的小动作，完成了建筑与场地，以及与城市之间关系的建立。而这可能恰恰是巴塞罗那当代建筑中最可贵的集体品质（图 5-21）。

两个项目的出现说明巴塞罗那的老城更新已进入不同于 1980 年代初小打小闹的新阶段，资金上的充裕使得更多的文化产业开始进入，大量的历史建筑开始被改造用于小型博物馆或艺术家工作室，最初以恢复老城活力为目标的更新计划，逐渐转成“将老城从居住中心变成文化中心”的新

图 5-21 巴塞罗那当代艺术中心立面局部

口号。老城定位的调整也就意味着整个城市自身产业定位的变化。

从奥运会筹备到1992年奥运会闭幕，有大大小小600多个项目先后在巴塞罗那开工。这些散布于城市角落的项目，一举冲破了1980年代发展的瓶颈，彻底甩开了独裁时期留下的诸多不良影响，迎来了继19世纪中期至20世纪初期之后第二次城市复兴，完成了向国际化大都市的漂亮转型。与柏林在同时期给予柏林墙推倒后的大型文化热点为切入的城市更新策略不同，巴塞罗那的更新同市民生活距离似乎更近一点，少了点儿大气华贵，多了些烟火气。正是这些看起来并不起眼的项目积累，让巴塞罗那成为20世纪90年代城市更新的典范。

横向比较巴塞罗那和塞维利亚对大事件利用上的差别，我们可以看到，在塞维利亚一场轰轰烈烈文化盛会的背后，有着太多的一厢情愿和不切实际，而巴塞罗那大事件则看作一次顺势而为。做事不如做势，大概就是这个意思。然而，塞翁失马，焉知非福。对巴塞罗那来说，奥运会后续项目过多、过长的建造周期，最终造成了城市巨额的财政赤字，也透支了市民对城市发展的热情，而在随后出现的世界经济危机更无疑是雪上加霜，一届政府就此更替。新政府为了寻找城市增长的新刺激点，试图强行推动新一轮的大事件和城市改造计划，但也很快为自己的“盲目”付出了代价。

马德里与文化之都

相比这一年巴塞罗那的全面更新和塞维利亚的新区开发，马德里虽然也在欧洲文化之都的旗号下举行了诸多活动，但总的来说，动作要小得多。

这是因为欧洲文化之都的初衷仅在于推广欧洲各个国家的文化，而不像前两个盛会那样有着长达数周的集中活动和国际各势力的参与，加之马德里作为首都的政治原因，在推动大规模的城市更新上会受到更多的阻力。

1985 年，马德里出台了自己的城市更新政策，其主要关注点落在了如何平衡城市南北区域日益拉大的差距：马德里城市北部是社会中产及以上群体的聚集地；而南部则以工业区、底层和社会边缘人士为主。对此，马德里在南部开始兴建一系列的基础设施：在曼萨纳雷斯河（Rio Manzanares）沿岸修建城市公园，加建了位于城南的高速，完善了工人住宅，同时增设了胡安卡洛斯三世的校区。

1992 年更名为索菲娅王后国家艺术中心（Museo Nacional Centro de Arte Reina Sofía）的博物馆开幕，成为马德里 1992 年文化之都中最为重要的事件。该博物馆以展出西班牙当代艺术家的作品为主，其中包括巴勃罗·毕加索著名的《格尔尼卡》。为配合高速铁路系统的引入，莫奈奥在同一时期完成了对马德里火车站的扩建。新博物馆开幕加之普拉多国家博物馆（Museo Nacional del Prado）馆藏的日益丰厚，令这个西班牙国家博物馆群落被重新激活。

即便如此，这些点状的重量级项目对这座西班牙最大的城市来说依旧是杯水车薪，并不能改变“文化之都”缺乏足够动力的现实，马德里的城市更新也一直缺乏系统化解决的契机。这一时期除前文提及的项目外，亦不乏其他重要项目的完成，马德里北边的卡斯蒂亚广场上，美国建筑师菲利普·约翰逊（Philip Johnson）和约翰·伯奇（John Burgee）设计了被称作欧洲之门（Puerta de Europa）的双塔。两者同为高 114m、26 层的商业办公楼，屋顶可以起降直升机。值得一提的是，这两座位于卡斯蒂亚大街两侧的塔楼均向这条金融干道呈 15° 倾斜，是世界上第一栋倾斜的摩天大楼。建筑主结构外露，倾斜的动态造型和外立面纵向垂直的立柱，产生了一种视觉上的不稳定感。可惜，由于作为投资方的科威特投资局涉嫌诈骗案，该项目一直不太顺利，项目1990年动工，1996年方才潦草收场。资金链的断裂严重影响到了建造质量；另外一栋同时期开工的重点是由莫奈奥主持的普拉多博物馆扩建，该扩建工程直到21世纪初期才完成。从某种程度上讲，马德里在20世纪90年代初的动作是落后于巴塞罗那和塞维利亚的。

1992年，对塞维利亚、巴塞罗那和马德里这三座西班牙最为重要的城市来说是值得被牢记的，尤其是前两座城市。虽然在后续利用和开发上两个城市都面临着自己的问题。但毫无疑问，1992年的两场盛会为这两座城市无论在城市基础建设层面上，还是城市知名度推广层面都带来了积极影响。巴塞罗那更是随着城市的全面更新一举成为20世纪90年代世界上最具活力的城市之一。同时需要指出，我们在看到巴塞罗那对于大事件机会的把握能力和在推进过程中的执行力，离不开其多年城市领域的传统与研究。如果说19世纪中期塞尔达规划为巴塞罗那现代城区建设建立了一个平台，那么从现代建筑联盟在20世纪30年代的方案，到R小组在20世纪60年代的研究，都陆陆续续为这个平台贡献了具有价值的内容产出，并最终促成了1992年的这次爆发。同时，我们更要看到教育对于这项传统维持的作用。与城市相关课程的开设并不局限在建筑学院，在政治和经济类的学院也都设有类似课程。这为城市系统的方方面面提供了充足的人才储备。最后，博伊加斯等人在连接专业人士、政府官员和市民三者之间的桥梁作用同样不可忽视。虽然1992年奥运会加速了整个城市的更新进程，但我们也可以理解这次提速是1980年代初期城市规划部门所制定“以小带大”策略的全面升级版。

大事件是所有城市发展中重要且难得的机遇。这在1888年和1929年的巴塞罗那适用过，在近20世纪末期的1992年，它依旧扮演着城市更新催化剂的作用。可我们更需要保持清醒，在化学反应中，催化剂只不过是在一定程度上加速和放大变化反应，并不会真正改变化学反应两侧的基本元素，大事件亦是如此。大事件所带来城市更新的结果，本质上不是由大事件生成，而是由城市的发展阶段、资金与人才储备状况、市民的需求，甚至是政府规划和决策人员的长远眼光、负责具体项目的建筑师们落地能力等众多因素共同实现的。一次良性的城市更新，应该像正常人的新陈代谢。这也就是塞维利亚同巴塞罗那相比，结果略不尽如人意的原因之一。

得益于密集的大事件轰炸，赴西班牙的人数开始急速增长。西班牙的其他城市也尝到了旅游业的甜头。建筑师卡拉特拉瓦回到自己的家乡——西班牙第三大城市瓦伦西亚（Valencia），开始了自己雄心壮志的“造城计划”。而在西班牙北部的工业城市毕尔巴鄂（Bilbao），另一个超现实作品也在建造过程中，并将产生远超预期的影响力。可惜的是，在这些随后的诸多城市更新计划中，大多数当地政府往往忽视了大事件作为催化剂的本质，而错误地将其视为城市发展和更新的必要手段。在经历过20世纪末期经济危机的小幅震荡后，包括多次尝到甜头的巴塞罗那，在21世纪初期频频祭起“大事件”这杆大旗。然而，其结果却多是令人失望的。

20世纪80年代的缓冲，确实大大消除了人们对新政体的不信任感，曾经对未来的彷徨正被一种普遍存在的乐观情绪所取代。这种情绪不仅存在于民间，也存在于政府官员和私人财团之中，最终体现在大量资金流入城市更新和城市名片的塑造中，人们坚信这样的投入一定会有回报。如果说1992年证明了通过大事件而盘活整个城市更新仅是西班牙为数不多大城市的特权，那么发生在瓦伦西亚和毕尔巴鄂的事情，则表现出通过一两座明星建筑来带动城市更新的新趋势，在下一个章节的全面论述展开之前，我们不禁扪心自问：一座明星建筑，真可以起到如同“奥运会”般的作用吗？

第六章 古根海姆

1997 年，全球经济还在因亚洲经济危机造成的连锁反应而焦头烂额。除了建筑和文化相关人士外，没什么人会注意到由弗兰克·盖里设计的古根海姆博物馆（Museo Guggenheim）在西班牙北部城市毕尔巴鄂（Bilbao）正式开馆运用。也没有人会想到，这座以奇异形式闻名的建筑所引发的讨论远超出建筑领域，产生的影响也不止于西班牙。我们可以认为古根海姆博物馆重新定义了“明星建筑”的意义和价值。这个项目虽然筹备于大事件年之前，却在 1992 年后的若干年，成为西班牙建筑与城市发展领域最重要的话题之一，其后续效应逐渐变作西班牙城市发展不可忽视的动力，“明星建筑”是否可以被视作一种另类的“大事件”，成为很多政府官员和专业人士开始去思考的问题。

这种降级的选择有着它的必然性。仔细分析，不难发现大事件对举办城市基本状况的要求决定了不是所有城市都有资格申办这种需要一定规模、人力和庞大财力来推动的大事件，就更别提以此来促进城市更新，加之如奥林匹克运动会或世界博览会等在全球范围内有足够影响力的大事件毕竟寥寥，故而通过大事件的做法并不具普及性。

西班牙的具体情况可能还更特殊些，极少见的 1992 年同年内大事件在一个国家集中爆发，造成的后果之一是该国家一下子就用完了那些有影响力的大事件，也就意味着在短时间内，这些大事件不会再次眷顾西班牙。除此之外，西班牙城市发展状况极不均衡的特点也是问题。除去马德里，巴塞罗那作为整个国家的两个核心点外，即便是第三大城市瓦伦西亚、举行过世博会的塞维利亚都有着明显短板，其他城市更是难谈大事件的承载体。面对这样的情况，以毕尔巴鄂为代表的一系列小城市，开始探求适合自己的方式，其结果却是喜忧参半。

毕尔巴鄂，一晌贪欢

毕尔巴鄂，西班牙北部巴斯克地区的最大城市，位于内维隆河（Rio del Nervion）入海口，邻比斯开湾（Biscay）。因其良好的港口条件，这里从14世纪建立之初就是整个巴斯克地区，乃至西班牙北部海岸线上最重要的港口之一。毕尔巴鄂也以此为基础逐渐发展成为西班牙北部地区（又称为“绿色西班牙地区”）的商业中心。城市在16世纪菲利普二世时期达到顶峰。但彩云易散，西班牙在欧洲30年战争的失败和海上霸主地位的丧失所产生的一系列连锁反应，令毕尔巴鄂开始没落。19世纪工业革命后，借助自身的矿业资源优势，毕尔巴鄂开始复兴，并很快成为西班牙境内仅次于巴塞罗那的第二大工业城市，银行业等金融产业随之发展起来。作为当时重要运输工具的铁路和码头等现代化基础设施也开始全面修建。由于巴斯克地区的民族问题，弗朗哥统治时期的巴斯克受到马德里的重点关注，城市长期被严控在一个高密度范围内，不得随意扩张。“哪里有压迫，哪里就有反抗”，在随后的半个世纪里，反抗活动从未停止过，其性质也从游行到恐怖袭击[①]，愈演愈烈。进入民主时期

① 在弗朗哥独裁统治下，以巴斯克民族独立为政治诉求的“埃塔（字面意思是‘巴斯克国和自由’）”成立于1959年。从1968年开始，该组织在西班牙和法国境内实施多起绑架、暗杀、爆炸等恐怖活动。2018年5月，该组织宣布解散。

以来，虽然整个地区因自治而有着远大于前的自由度，但恐怖组织的负面影响、全球化工业转型，以及西班牙南部贫困地区移民的大量涌入等因素，均拖慢了整个城市的发展节奏，1983年暴发的大洪水更无疑是雪上加霜。毕尔巴鄂不得不再次思考面临自己城市的转型问题。

在塞维利亚和巴塞罗那相继确定成为1992年两项盛会的举办地之后，毕尔巴鄂政府受到启发另辟蹊径，确定以文化旅游来刺激城市更新。1991年，当地政府成功邀请到了世界著名的艺术基金会——所罗门古根海姆基金会（Solomon R. Guggenheim Foundation）入驻毕尔巴鄂，希望基金会能在毕尔巴鄂建立一座古根海姆博物馆。为此，当地政府提供了1亿美金的资金支持。毕尔巴鄂的邀请，恰好与所罗门古根海姆基金会自1990年代初开始推行的全球战略相吻合。二者一拍即合,一场“豪赌”就此开盘。

1991年博物馆项目正式启动。项目方案并非来自国际公开竞赛，而是由所罗门古根海姆基金会直接委托给当时在国际上声名鹊起的美国建筑师——弗兰克·盖里。

弗兰克·盖里，加拿大裔犹太人。1929年出生，18岁移居美国，但直至1970年代才开始进入设计行业。盖里职业生涯早期，正值后现代建筑风格在美国陷入争论与被排斥的时期。因而在盖里的作品中，历史性和纪念性几乎是两个绝缘的特性。虽然他一再被评论人士归为“解构主义”建筑师，但实际上，盖里同埃森曼等人对语言学思想异常迷恋有着本质上的区别，其作品颠覆常规式的表现形式多是基于个人的感官判断。这确实会造成盖里作品受到缺乏严谨性的争议。但对普通大众来说，欣赏建筑其实跟欣赏雕塑没有太大区别。这种弱化功能性、注重视觉化的形式与意象的特点，可能与盖里从事设计之前丰富的工作生活阅历有关，并让他更能设身处地去理解美国市民对建筑、对美国文化的认知。在盖里的作品中，存在着一种在同时期不论是埃森曼，还是文丘里作品都不

图 6-1　维特拉家具展示中心

具备的民间性与真实性。“他的建筑从来不会陷入虚构的陷阱，也从不沉迷于幻想的营造。建筑即是单一，同时也是独特的最终呈现。”这种表达上的现代与自由、直接与个人化，正是美国 1980 年代盛行的个人主义文化在建筑上的体现。

纵观盖里建于欧洲的作品，不难发现其同建于美国本土作品的不同之处。本土作品中碎片化的拼贴手法及具象的形式，在欧洲作品中都有所收敛。在 1980 年代末期建于瑞德边境小镇维特拉（Vitra）家具厂的小型展览馆项目中，盖里几乎放弃了标志性的材料拼贴，转入对空间整体性和体量流动感的塑造，这个作品同古根海姆博物馆有很大的相关性（图 6-1）。盖里在不同文化背景里的调整能力，使得他的作品更具可实施性。兼具美国精神与国际适应能力，令盖里在 1989 年获得了普利兹克建筑奖。两年之后，他能得到古根海姆博物馆项目的委托，也是合乎常理的。

虽然上文可以部分解释盖里被选为古根海姆项目建筑师的原因，其最终结果也证明了该选择是正确的，但并不意味着整件事情是万无一失的。反之，有些风险显而易见。首先，盖里被选定的原因之一是毕尔巴鄂政府急需一种吸引眼球的建筑形态来打破当时一潭死水般的状况，但作品在激起人们“猎奇”欲望的同时却又不过多厌恶的平衡是难把握的；其次，异形所带来的高造价，其结果是否真的可以带动城市更新，没有人敢打包票；风险同时也包括盖里独特的个人风格是不是在欧洲具有那么大的接受度，与毕尔巴鄂的整体文脉是否相协调，等等。毕竟相对于他早期建于维特拉的小型展览馆和建于巴塞罗那海边非功能性的雕塑，古根海姆不论在体量还是功能上，都是不可同日而语的。

回到项目本身，博物馆场地位于毕尔巴鄂老城区外围，场地面积达 32500m^2。这里曾是毕尔巴鄂城内重要的工业区之一。穿城而过的内维隆河从场地北流过，东侧邻近入城的主要高速机动车道。博物馆建筑面积 24000m^2，其中 11000m^2 为展厅，其余用于办公空间、多功能厅、资料室等常规博物馆辅助功能。毕尔巴鄂的古根海姆博物馆不论从建筑面积还是展览面积，都是基金会三个博物馆中最大的一个。展示作品主要包括美国和欧洲战后的绘画、雕塑与装置。整个 11000m^2 的面积被划分为 19 个展厅，包括 10 个相对方正的规则展厅和 9 个受到建筑形体影响的异形展厅。最大展厅达 130m 长，30m 宽。2005 年后，这里被用作美国著名雕塑家理查德·塞拉（Richard Serra）作品《关于时间》（*The Matter of Time*）的永久展厅。

同大多数盖里作品类似，形式是整个建筑最吸引人的地方。建筑由一系列异形体块组合而成，构成逻辑复杂，体块之间的关系并不明确。略显混乱的造型曾被美国著名动画片《辛普森一家》以废纸来调侃。整个钢结构被近 28000 万 m^2 的钛金属板包裹起来。金属的大面积使用符合场地的工业历史特征，曲面金属板在阳光照射下异常夺目。体量的流动性和金属材质天生的重量感放在一起并未显得突兀，反而带给建筑强烈的机械感和未来气息，令人想到电影《终结者 2》（*Terminator 2：Judgment Day*）中的液态金属。当然，解释成是对经典说法“建筑是凝固的音乐”的又一呈现亦未尝不可（图 6-2）。

虽然盖里的体量控制有着太多的个人主观色彩，难以通过纯理性分析彻底还原，但同场地的关系倒是清楚的。建筑北侧的波浪形呼应了一旁的内维隆河。低矮的裙楼体量从东侧机动车高架路下穿过，盖里在路

图 6-2 古根海姆博物馆沿河立面

的另一侧安置了一个节点雕塑，一同夹紧高架路，如同具象的“门”。建筑主入口开在与紧邻城区的南侧，位于城市主干道的延长线末端。入口前的大尺度广场有利于人群的组织和疏散，也为建筑提供了充足的展示距离，同时亦起到由城市交通空间向艺术展览区域过渡的作用（图 6–3）。

由于场地南城市面与北侧滨河面有 7m 的高差，工作人员从南面直接进入位于二层的办公区域，而参观者则通过一个下沉式的入口进入建筑内部，除去调整两侧高差的目的外，下沉入口还可以有效地将游客从喧嚣的城市氛围中抽离出来。入口两侧是非对称的直线体块，被强化的引导性缓解了入口下沉造成的低识别度。在两个体块里，东侧出于隔绝旁边高速机动车道的考虑而明显较长，体块朝向直指老城中心广场（Plaza de Don Federico Moyúa）。相对于北面沿河的通体流线，南侧在体块处理上采用小单体穿插错位的组合方式，面饰材料也由金属转为石材，以便同周边老城氛围相协调。南北两面完全不同的处理，虽然说是依旧延续了建筑师一贯的碎片化表现，但细究其背后的一系列线索，也不得不让人相信盖里在哈佛大学受到的城市设计课程没有白费（图 6–4）。

不同于室外的流光溢彩和体态繁复，内部结构简单明了。整个流线通过一个跃层的中庭来对接位于各层的展览空间，并以此通盘组织交通流线。整个室内以白色涂料、钢龙骨玻璃幕墙和石材贴面为主，不规则的体块变化部分延续到中庭，在局部形成了转插、挤压和扭转，如同库特·史威特（Kurt Schwitters）当年的室内尝试（图 6–5）。除中庭外，主

图 6-3　古根海姆博物馆鸟瞰图

图 6-4　古根海姆博物馆下沉入口广场

展览空间较为规整，大部分室内被通体刷白，辅以人工照明，保证了下一步展陈需求，外部的动态形式仅能在局部的屋顶变化上窥探一二。室内外的差异基于二者功能需求的明显差别：室内空间首先需要满足一个专业性博物馆的基本要求，而外部的策略则是为了满足毕尔巴鄂对其作为城市新地标的基本定位。内外之间的“矛盾”，造成了一定程度的体验割裂，但从室外复杂至中庭碰撞，到室内展厅的收拢，几层转变轻松自如，充分显示出建筑师良好的节奏控制能力。

图 6-5　古根海姆博物馆中庭大厅

虽然由于外形上的张扬，导致整个平面似乎过度复杂，但如果我们将古根海姆平面同卡尔·弗里德里希·申克尔（Karl Friedrich Schinkel）于 1823—1830 年设计的柏林旧博物馆（Altes Museum）进行比较，并不难发现古根海姆博物馆的平面结构其实并未摆脱以入口大厅为核心空间的经典博物馆布局模式。

申克尔的项目，建筑主立面是一个标准的古典立面关系，通过中心处的两侧实墙收紧确定入口。进入建筑后，一个跃层中庭作为整个流线的中心节点，入口两侧的楼梯强化了平面中轴对称关系，所有展览空间规则布于中庭四周。再看古根海姆的平面，在逻辑上同前者可以说是一以贯之：两个长条形规整体量将入口收紧，进入建筑后，同样通过中庭疏导整个流线，两个楼梯虽然看似异形，但在位置上同样是以对称的方式各居大厅一侧，连接各个展厅走廊也是环中庭呈“回”字形布置。与申克尔的平面有所不同的是，古根海姆的展厅同走廊衔接并非正交，而是以中庭为圆心向外发散，同时加入旋转，如同一个个风扇的扇面（图 6-6）。

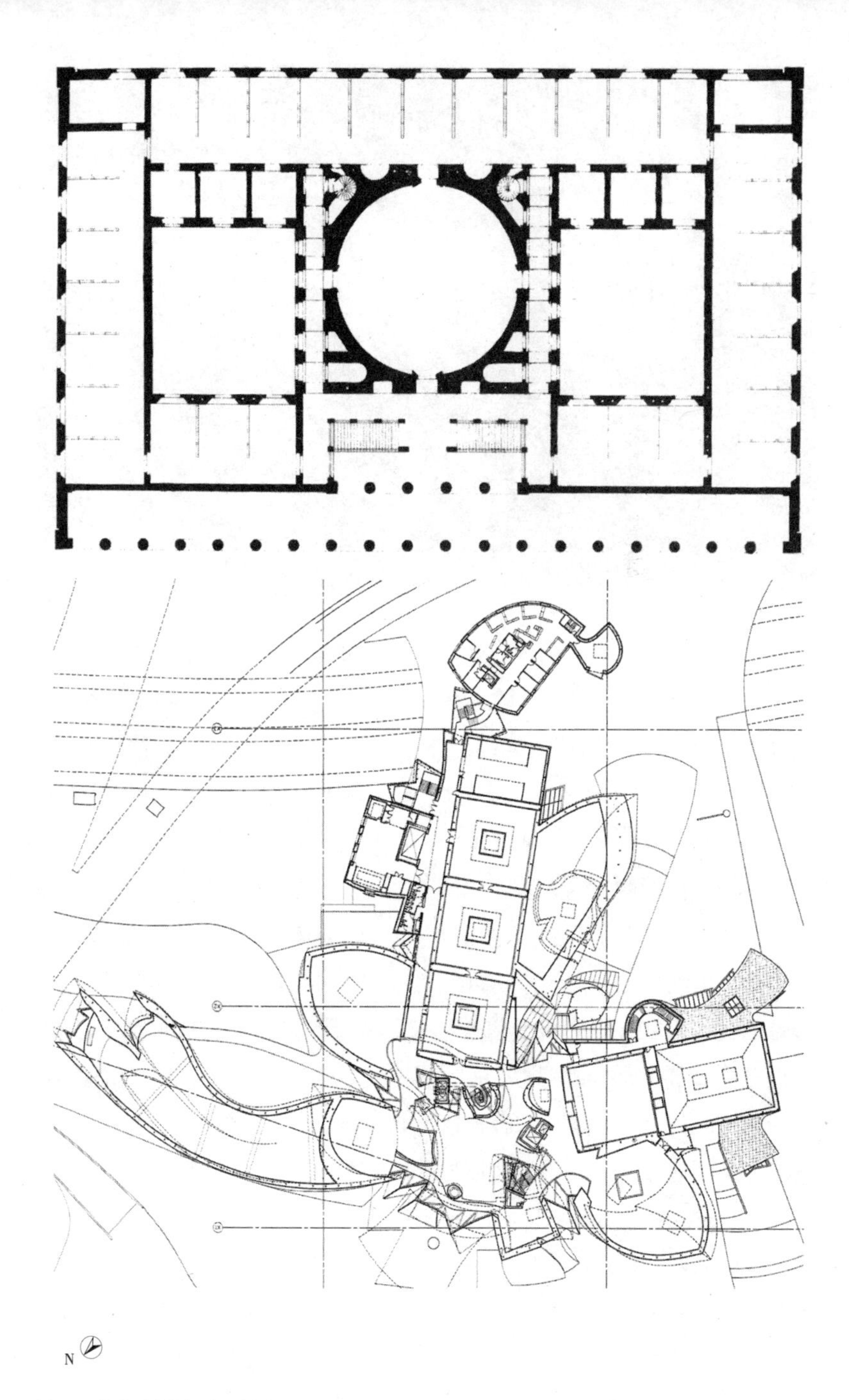

图 6-6　柏林旧博物馆和古根海姆美术馆平面比较

图 6-7　白桥

直至当下，古根海姆博物馆依旧是盖里职业生涯中最优秀的作品。该项目一扫其早年作品的争议不断。自建成之日起，来自业内外的溢美之词就不绝于耳，更有甚者称古根海姆博物馆的建成是当代建筑史上最值得纪念的历史时刻之一，或是 20 世纪最重要的作品之一，等等。莫奈奥评价称“没有任何人类建筑的杰作能像这座建筑如同火焰一般在燃烧。”电影导演马特·蒂瑙尔（Matt Tyrnauer）也提到，“这是一个集理论评价，学院风格和大众审美于一身的罕见瞬间。”

对毕尔巴鄂来说，新博物馆成功地完成了城市给予它的任务。前所未见的建筑形式，加之所罗门古根海姆基金会高品质的现代艺术展藏，使得去毕尔巴鄂看古根海姆成为一时风尚。建成后仅三年，就有超过 400 万的游客到此参观。暴涨的游客数为当地提供了大量的就业岗位，更为政府带来了超过 5 亿欧元的间接财政增幅。建成后仅三年，城市单是通过酒店、餐饮、购物和交通方面的税收，就已收回古根海姆的建造成本。

古根海姆所带来的举世关注，刺激了城市新一轮的开发，更让毕尔巴鄂对当代建筑和设计有了前所未有的信心和依赖。以古根海姆为中心，不用走出多远，就聚集着卡拉特拉瓦设计的白桥（巴斯克语“Zubizuri”，图 6-7）、矶崎新设计的名为矶崎门的双子塔（Isozaki Atea）商业高层、

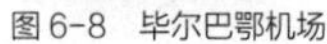
图 6-8　毕尔巴鄂机场

图 6-9　爱德华 · 阿罗约设计的效区足球场

阿尔瓦罗 · 西扎设计的巴斯克大学办公楼（Pais Vasco University）、莫奈奥设计的德乌斯托大学图书馆（Deusto University library）等大批名家作品。当年的河岸工业区如今已成为巴斯克地区的创新设计产业中心。在城内，还有诺曼 · 福斯特设计的地铁站出口、卡拉特拉瓦设计了毕尔巴鄂的机场（图 6-8）等就不一一列举了。在郊区,年轻的建筑师爱德华·阿罗约（Eduardo Arroyo，事务所又名：No.Mad arquitecto）在工业码头区为小镇设计了一个名为沙漠广场（Plaza de Desierto）的社区绿地和一个小球会的足球场（Lasesarre Football Stadium）。在前者项目中，绿地中所有的绿化区域、硬质铺地、基本休闲配套，甚至包括场地地形都由一个个元素方格所组成，建筑师基于场地周边人群的行为和使用方式梳理出一套算法，将所有的元素方块进行组合。而在后者的体育场项目中，建筑师同样将森林抽象成一套由不同纹理的型材挂板，通过特殊的算法来设计这个体育场的外立面，以一种更符合“雄性宣泄产物的衍生品”定位的方式建立同自然的关系。总之，建筑师通过对元素的抽象和算法式的规整来建立一种新的人工化自然表达，并为如何在去工业化的同时又保留地区工业气质这一问题带来了某种可能性（图 6-9）。

综上，我们已经看到这些优秀甚至带着些许试验性的建筑作品群，正重塑毕尔巴鄂整个城市的形象。2010 年，毕尔巴鄂被授予世界城市奖，以表彰它在当代城市更新领域中所作出的探索和尝试。

20 世纪末期，美国经济借助着早一步的数字化和信息化，进入了新一轮的高速发展通道。始于二战后的持续繁荣不仅体现在经济实力上，曾经被视短板的文化也开始成熟。古根海姆在毕尔巴鄂的成功不啻于美国文化对欧洲这片西方文化诞生地的一次成功输出。美国本土不可能实现的冒险做法却在西班牙变为现实，塑造出美国文化在海外的盛况。

相较于美国，西班牙更是最大的受益方，超常规的表现形式为其带来了可观的经济效益，提高了国内对新建筑语言的接受度和建筑师的信任度。毕尔巴鄂借助古根海姆博物馆这一个单体项目，也确实在短时间内完成了城市由工业向文化的更新再定位。“毕尔巴鄂效应”让西班牙各地方政府，尤其是那些急于进行城市更新的中小型城市政府，在 1990 年代巴塞罗那模式之外，看到了一条貌似更行之有效的策略。

城市问题之所以复杂，正是因为每个城市自身的特殊性，在我们欣喜于这一策略在适用性上远高于大事件之时，不妨再细品一下那些造成“毕尔巴鄂效应”的诸多因素是否同样可以复制。首先，古根海姆选定盖里方案的决定无疑是正确的。极具视觉冲击力的建筑表现和保证功能性的经典组织方式，是古根海姆成功的第一步。但这一因素太过明显，以致让人极易忽视其他方面的因素。而事实上，所罗门古根海姆基金会在当代艺术领域中的声誉才是令这个博物馆从选址时就备受关注的保证，优秀的展品质量更是作为一个博物馆成功的真正基础；其次，毕尔巴鄂所处的巴斯克地区自然风光秀美、经济条件优越、治安状况稳定、城市基础设施完善、交通便利，以及小范围内高密度的精品城市群，都是令毕尔巴鄂旅游人数保持直线上升势头的原因；再次，风险和收益存在着正比关系。作为“第一个吃螃蟹”的城市，毕尔巴鄂早期承担着巨大风险的同时也自然享有高回报。但伴随着这一方式在世界范围内的复制，

图 6-10　瑞格尔侯爵酒庄

虽然每个个案的风险看似被降低，人们对纯视觉刺激为噱头的麻木和审美情趣转移的变数又无形中增加了。

任何一个城市试图复制“毕尔巴鄂模式”时，如果无视这些潜在因素而仅被古根海姆光鲜亮丽的外表迷住了眼睛，那将极有可能落入“东施效颦”的窘境。然而理性与专业的声音在利益面前总是微不足道的。毕尔巴鄂在古根海姆建成后的十多年里，一遍又一遍地刺激了那些眼红的城市决策者们，他们不断在幻想着自己城市同样也会这般成功，一幅海市蜃楼般的景象让他们信心满满，以致于忽视成功背后的复杂，和与成功永远相伴的失败的可能性。

1997 年 10 月 18 日，当国王胡安·卡洛斯一世宣布古根海姆博物馆开幕之时，他大概不会想到，这同时揭开了本国对华丽建筑，或者说对明星建筑追逐的时代序幕。从积极方面想，这一趋势必然会进一步拉高西班牙建筑的整体水准，也为建筑师带来更自由的表达空间，当代建筑逐渐成为诸多年轻城市的首选名片，作为始作俑者的盖里也顺势接到了下一个项目（图 6-10）。从消极方面看，对明星建筑的盲目自信和对风险的预计不足，为整个产业的泥潭深陷埋下了伏笔，最终，21 世纪爆发的经济危机导致整个建筑业的全面崩盘。回头再看，毕尔巴鄂的尝试更像是一把钥匙，打开的也许是宝箱，也许是潘多拉的魔盒。

圣地亚哥与阿维莱斯，天上人间

在毕尔巴鄂的古根海姆建成后的两年，位于西班牙西北角加利西亚自治区首府的圣城——圣地亚哥，也推出了自己的“古根海姆计划”。同样主打文化、同样选择“怪”的建筑作载体。

由于上文曾大概介绍过加利西亚大区基本状况，故不复赘言。但对大多数人来说，加利西亚最被世人所知的是它的首府——圣地亚哥·德·孔波斯特拉。这里作为基督教的三大圣地之一，早在公元8世纪就有信徒来此朝圣，进行相关的宗教纪念活动。[①] 早期前往此地朝圣的只是零星来自西班牙和法国的信徒，随着宗教在欧洲影响力渐强，参与的信徒也越来越多。前往圣地亚哥朝圣逐渐成为欧洲传统的文化活动之一。如今，每年仍有大于10万人从世界各地参与此活动。这条由法国境内穿过比利牛斯山，沿着西班牙北部一直通往圣地亚哥·德·孔波斯特拉的朝圣之路，又被称为“圣地亚哥之路”（Camino de Santiago），是联合国教科文组织承认的世界文化遗产。2010年的电影《朝圣之路》（*The Way*）正是以此为基础创作。影片中全面展现了朝圣之路上丰富的自然和人文资源，比利牛斯山脉的秀美、奥维耶多（Oviedo）的亚斯图里亚斯王朝遗迹的沧桑，还有在路上的每位信徒对自己生命与信仰的那份坚定。

对比毕尔巴鄂，圣地亚哥·德·孔波斯特拉在文化领域的地位无疑更高，能动用的文化资源也会更全面。这也就可以理解为什么当地政府在看到毕尔巴鄂成功后，同样选择以文化产业作为城市更新突破口的原

---

① 关于圣城的文字记载最早出现于阿方索二世时期，是为了纪念圣雅各。耶稣死后，圣雅各在巴勒斯坦宣讲福音，一直到臭名昭著的希律大帝侄子希律·亚基帕一世下令将他斩首。他可能在公元44年被处决，因此是第一个殉难的使徒。据说，他也曾去西班牙布道，他的尸骨被运往加利西亚埋葬。这也就是圣地亚哥的名字的由来。

图 6-11　埃森曼文化之城方案模型

因。1999 年，圣地亚哥 · 德 · 孔波斯特拉当局拟定在老城外的加亚斯山（Mount Gaias）上修建一座多功能文化中心，并在同年举行一次声势浩大的国际招标。最后入围名单中大师云集，包括本土建筑师理查德·波菲、胡安·纳瓦罗、曼努埃尔·加莱戈，以及国际建筑师安妮特·纪贡和迈克·古耶尔（Annette Gigon & Mike Guyer）、斯蒂芬·霍尔（Steve Holl）、瑞姆·库哈斯（Rem Koolhass）、丹尼 · 里伯斯金（Daniel Libeskind）、让 · 努维尔（Jean Nouvel）、多米尼克 · 佩罗（Dominique Perrault），等等。最终，美国建筑师彼得 · 埃森曼（Peter Eisenman）以同自然山体完美结合的建筑体量模型，赢得了市民和官方的认可（图 6-11）。

虽然埃森曼最终胜出，但其他建筑师提交的方案同样有着很高的水准：安妮特 · 纪贡和迈克 · 古耶尔延续了他们经典的几何体量错位的手法，而瑞姆 · 库哈斯则再一次使用了同时期钟爱的圆环形式（图 6-12），最令人印象深刻的是让 · 努维尔的方案，整个方案为一个全通透的纤细薄片，如同一把晶莹剔透的冰刀劈在山上，让人想起了建筑师早期的卡地亚基金会（Cartier Fondation）。这些入围方案虽形式各异，但均选择

图 6-12　库哈斯文化之城方案模型

将建筑主体埋于地下的策略，以降低体量过大导致对自然环境的影响，唯一例外的只有埃森曼。

埃森曼设计的新文化综合体，占地面积达 1418hm^2，总建筑面积约 100000m^2。包括本土历史博物馆区、科技中心、剧院区、本土图书馆区、档案区和中央服务区六大功能板块。整个建筑无论从功能、面积还是体量上来说，都如同一座小型城市，加之文化产业的定位，故被冠以“文化之城”（Ciudad de Culture）之名。

埃森曼选择将建筑主体量暴露于山体之外，但却并没有忽视整个项目庞大的体量与山体的融合关系，但选择了与沉于地下相反的另一种方式，通过建筑对山体的拟态造型作为与环境相融合的切入点。这种拟态的方式在如今看来并不难理解，但作为有着深厚哲学功底的埃森曼则是试图通过建立一个复杂的结构模型，从形而上的角度上实现对加亚斯山地理地貌和圣地亚哥·德·孔波斯特拉历史文脉的完美兼顾。

首先，整个建筑综合体被五条主要道路划分出六大主要功能板块。“五条”道路的确定并不仅因功能板块而确定，而是因世界各地通往圣地亚哥·德·孔波斯特拉的朝圣之路共有五条。这五条道路并非彼此平

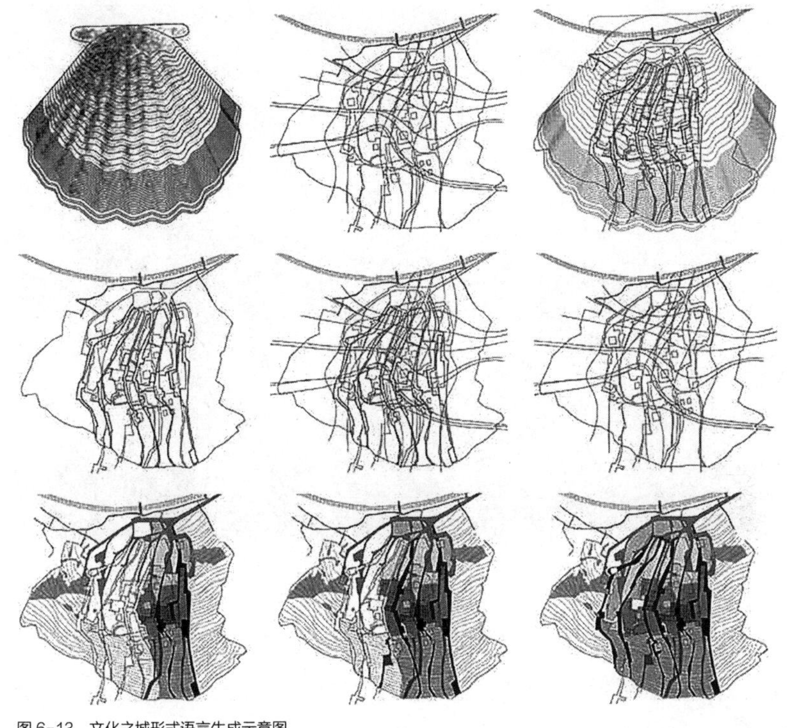

图 6-13　文化之城形式语言生成示意图

行，而是呈中心发散状，道路端头是整个区域的中心广场。道路与广场在平面上的组织关系取自贝壳，而贝壳正是圣地亚哥之路的标志。其次，埃森曼将圣地亚哥·德·孔波斯特拉老城在中世纪时期的街道平面提取出来，并通过笛卡尔系统进行一定程度上的缩放和规整，使得原老城市尺度同文化之城的尺度相吻合。最后，将这两个系统进行叠加，投射到场地的地形上，最终形成以山地走势为原型的有机体量（图 6-13）。投影的方式源于制图学中常见的墨卡托投影法[①]。

摒弃上文这个生僻概念，简单地说，建筑师先是通过设计一个复杂系统用于生成建筑的有机形式，该系统的每个主要构成单元都跟城市或

① 墨卡托投影法，最早用于绘制海图等航路图，即是将地球作为一个球体，经线和纬线空间上的垂直转化到在平面上也垂直的长方形地图的方法。这种方式的优点是保证在图中任意一点及其周围在距离上同整个比例尺相吻合，缺点是图形形状会产生一定程度形变，尤其在两个极点，形变将达到无穷大。

图 6-14　文化之城立面局部

场地的某个信息相勾连。在建造过程中，将原场地山体的山顶削平，用模仿山体形状的建筑取而代之。埃森曼希望在建筑最终建成之时，当地居民从老城看向加亚斯山，感觉山体天际线并未发生大的变化，依旧是原来熟悉的感觉。而当参观者游历建筑之中，基于老城抽象得来的尺度能唤起人们对历史城区的联想（图 6-14）。

虽然整个形式生成系统所导向的有机形式同建筑师早期的住宅有着一定的差距，但本质上依旧是埃森曼所习惯的语法、句法的双层秩序与逻辑。略作解释，如果我们把对单体建筑中的造型、功能、平面布置等传统建筑学处理方式看作是一套基础的语法逻辑，类比于我们平时说一个句子中主谓宾定状补之间的关系和位置，那么整套复杂形式的生成系统则属于句法逻辑，即句子同句子之间或因果或并列或总分的关系。这种双层系统的方式埃森曼在早期住宅方案上就已使用得炉火纯青。

为了更真实地展现历史城市的质感，立面上采用了大小不一的石材贴在混凝土表面。根据屋顶或广场在形式和功能上的不同，采用不同的铺装方式，最终令中世纪城市地图像烙印一般刻在场地上。不同于古根海姆室内外的断裂，这种百衲布式的肌理同样延续到室内：地面铺地、

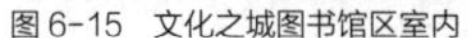

图 6-15　文化之城图书馆区室内

图 6-16　海杜克设计的双子塔

屋顶吊顶，甚至墙壁上一系列没有实质功能的凹槽都是建筑师最初概念的一部分，在视觉上呈现出一种异乎寻常的复杂（图 6-15）。

项目另外一个细节是项目通往地下层的入口。埃森曼在此处借用了同为纽约五人（New York Five）的约翰·海杜克（John Hejduk）为加里西亚植物园设计的观光双子塔方案。双子塔在形式上同构，在材料上一虚一实：虚为纯玻璃盒子；实为花岗石面。但该方案并未真正建成。形式上，海杜克的双子塔同埃森曼的建筑之间没有太多联系；双子塔纯粹的几何造型甚至同埃森曼复杂的形式逻辑背道而驰。建筑师的这次借用更不会单纯出于对友人的纪念，笔者猜测是因为这种方式跟主体建筑有着一定形而上层面的关联：曾为植物园设计的观光塔，亦可以被用作地下室入口，功能上发生了很大变化，场地完全不同，但形式本身却依旧可以维持原状。这更进一步印证了埃森曼所持有的“建筑并非由外而内生成，而是一个独立运营的组织体系”这一观点（图 6-16）。

在形式上建筑虽然看起来有些怪异与非正交，但整体结构仍选择了传统的框架混凝土结构。如此大面积的建筑，混凝土结构确实对圣地亚哥当时落后的建造技术来说更可控，可对于如此非常规的形式，混凝土无疑会使得整个建筑内部的结构体系异常冗余。换句话说，建筑师在形而上层面建立了一个复杂的形式生成系统，但回到真实的建造，却不得不受限于常规的解决思路。同时，系统中复原历史街道尺度的想法同样令人困惑。不能否认建筑师在包括屋顶、地板等多层面与细节上贯彻这个概念，但因其本身系统的复杂与远超常人感知的尺度，最终呈现的效果更像是一个图形游戏。几种完全不同系统之间的重叠与冲突，令建筑略显混乱、晦涩，充满距离感。

在这个项目里，过多去关注和苛责项目在功能与使用上的问题其实并没太大意义，因为埃森曼并不在意这些。建筑师更多是将这个项目看作一个思维游戏，项目所采用的方式，基本上是埃森曼早期形式逻辑的内核与在法兰克福莱布斯托克公园（Rebstock Park）方案中借助地形和城市现状来塑造形式的集合。

然而这种集合方式的目的，究竟是通过形式重塑环境，还是以环境和文脉为因由生成形式？系统的貌似严密与合理，有没有可能是建筑师为了自己的形式游戏而刻意找的理由？答案是什么？我们无从得知。但也许正如建筑史学家大卫·莱瑟巴罗（David Leatherbarrow）指出的那样，地形只是埃森曼形式操作的一种媒介，当地形成为编码后，地形也就失去了它最初的意义。在这个文化之城项目中，建筑的复杂系统多是一种形而上的符号操作，无论该模式是否成功摆脱了传统二维符号限制，但宏大的思维系统并不能代替物理空间里的个人感受。

整个项目体量庞大，复杂系统在落地过程中必然会面临各种问题，加上埃森曼长期不在现场，诸多细节实际上是由当地建筑师在埃森曼的概念图纸基础上完善而成的，其中不乏猜测和改动。平心而论，不论是在材料处理，还是对概念传递的把握，文化之城都颇值得称道。但形式上的复杂对于西班牙的建筑技术和施工经验，无疑是一场严峻的考验，而后续的一系列问题，如建造过程缓慢，最初方案大幅度调整，预算严重超标的问题也就并不出人意料了。工程自 1999 年竞赛结束到 2013 年，仅完成了六栋中的四栋，而造价却已超出最初预算的四倍。截至 2013 年，

图 6-17　文化之城半完工的现场

加利西亚政府已经在这个项目上投入了 2 亿 8 千万欧元，还不包括后续使用中高昂的运营与维护成本。更尴尬的是，整个项目对当地旅游业的刺激非常有限，政府曾期望这个文化之城能成为第二个“古根海姆”，最终却沦为当地政府迟迟不能摆脱的“白象[①]”（图 6-17）。

比较埃森曼的文化之城与盖里的古根海姆，相似点很明显：两位建筑师均来自美国，所采用的形式语言也完全异于本土建筑师；建筑造型复杂，甚至有些怪异；项目定位都是主打文化产业，但两者的差别才是导致最终结果的原因。文化之城多是为本地居民的服务功能，这必然降低对外地游客的吸引力。人们因朝圣抵达圣地亚哥·德·孔波斯特拉后，有可能“顺道”来文化之城看看，但项目本身却难成为一个真正意义上的旅游目的地。即便除去造价失控问题，文化之城自结构封顶就被当地

① 白象就是白色的亚洲象，在古代暹罗国（今泰国）盛产大象，白色的象是非常稀少的，所以被视为珍宝，一般的大象可以用来劳动，但是白象只能用来供养，不能劳动，科学家已经证明白象不是象的品种，而是一般的象得了白化病。但是大象如果不劳动的话，花销很大，即使是泰国一般的贵族也养不起的，如果泰国国王对哪个臣下不满就送他一头白象，既是宝物又是御赐，那么大臣就得更好地供奉白象，于是家道很快就衰落了。后来英语就把白象（white elephant）称为昂贵而无用的东西的代名词，在全世界都通行。

人所不喜。整个建筑群落如同一头怪兽睡卧于山顶，同城市的历史氛围格格不入。政府期望建筑的“异类表现”可以带来更多的关注，却忘记了“水能载舟，亦能覆舟”的道理。

2006 年，当加利西亚文化之城还在如火如荼建设之时，与加利西亚相邻的阿斯图里亚省也启动了自己的文化类“明星建筑”项目。相对于西班牙北部最重要的工业城市之一毕尔巴鄂和基督教三大圣城之一的圣地亚哥·德·孔波斯特拉，阿斯图里亚省项目却选在了一个不太被人知晓的小城——阿维莱斯（Aviles）。

也许选择阿维莱斯是因其基础条件跟毕尔巴鄂有些相似。城市建于古罗马时期，中世纪依靠渔业和港口开始发展。工业革命后，因丰富的煤炭资源而开始向工业城市转型，如今这里仍然以钢铁和港口作为主要支柱产业。人口不足 10 万人，却是同奥维耶多（Oviedo）、希洪（Gijón）并称为阿斯图里亚省三大重镇。

2006 年，阿斯图里亚省政府借阿斯图里亚斯王子奖（XXV Aniversario de los Premios Príncipe de Asturias）的 25 周年纪念之际，新出台了一系列的城市更新与刺激计划。最重要的一环就是拟定在阿维莱斯建造一个新文化中心，可以集教育、文化活动和展览于一身，放大阿维莱斯或者说整个阿斯图里亚省在国内的影响力，同时还可以带动阿维莱斯的城市更新。简单地说，当地政府希望这个文化中心对于阿维莱斯，就像是古根海姆对于毕尔巴鄂。而这次，阿斯图里亚政府并没有选择美国建筑师，而是将项目委托于巴西著名的建筑师奥斯卡·尼迈耶（Oscar Niemeyer）。尼迈耶早在 1989 年曾获得过由当地政府颁发的阿斯图里亚斯王子奖，这也是在若干年后能获此项目的主要原因。

新文化中心位于阿维莱斯河边的一块三角形半岛上，与老城隔河相望。占地面积 44213m^2，总建筑面积 16726m^2。项目由音乐厅、观光塔、展览厅和多功能中心四个独立体块组成，绝大多数表皮面积均被白色覆

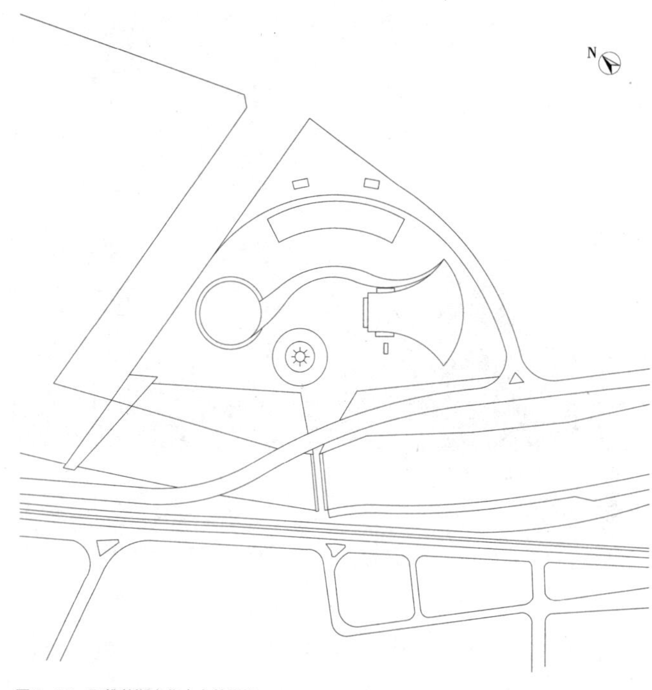

图 6-18　阿维莱斯文化中心总平面

盖，延续了尼迈耶的标签式建筑语言（图 6-18）。体块之间并不像埃森曼的文化之城那样基于一个复杂系统的整合，而是相对自由的散落，共享同一个没有任何围栏的开放广场。占地达 22000m^2 的广场为后期各种室外文化或音乐活动提供场地（图 6-19）。

四个独立体块中，音乐厅占地面积最大。作为核心功能的观演大厅采用扇形平面，建筑的体量也以此为基础外扩呈一个反弧形，音乐厅最高处达 26m，观众人数可容纳 1000 人。舞台别具一格地采用了双向设计，既作为音乐厅舞台对内正常使用，又可以在广场举行活动时对外开启。在立面上，可开启面被漆成红色，两侧局部漆成黄色，沿河一侧的黄色区域内绘有一幅尼迈耶亲笔的女性侧卧草图。四个体块中最小的观光塔立于河边，最靠近城市。塔高 18m，上端是一个圆盘，由下方的结构柱向外悬挑支撑，内设餐厅和酒吧，环绕四周的玻璃窗让人在就餐时就可一览整个地区的全景，如同迷你的尼泰罗伊当代艺术博物馆（Niteroi

图 6-19 阿维莱斯文化中心全景

Contemporary Art Museum)(图 6-20)。展览厅是一个半球形的几何体，占地约 4000m^2，与同时期的巴西国家博物馆（Brazilian National Museum）相类似。一个蛇形的高空步道从展览厅的一侧伸出，延至音乐厅。步道东侧，与之平行的长弧线体块为多功能中心，一层的体量横展，是整个文化中心唯一出现大面积玻璃窗的建筑，内设电影中心、会议中心、咖啡馆、纪念品商店、服务中心和办公区域（图 6-21）。

四个体块看起来有些分散，但仔细分析布局仍能发现体块定位的基本原则。建筑师首先确定了音乐厅和展览厅两个主功能位置，两者分立区域中心两侧，并通过步道联通。高空步道同时又是一个雨棚，以曲线路径作为造型的一部分在尼迈耶职业生涯后期屡见不鲜。一个哑铃形的组合保证了整个文化中心至于场地的占领关系，曲线形式同多功能中心吻合，从而建立了多功能中心同音乐厅、展览厅组合构成的中线关系。塔楼位置的确定是布局中最有趣的地方。首先，它与多功能中心分居音乐厅和展览厅中线两侧，保证场地布局的相对平衡；其次，位于河边的塔楼可令人建立灯塔联想；最后，塔楼同时处在从城市中心广场向外的主道路延长线上，建筑师利用塔楼高度，使其作为整条通廊的视觉终点。从两边老城街道到白色高塔，阿维莱斯完成了一次从过去到未来的时间旅行。

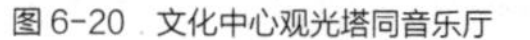

图 6-20 文化中心观光塔同音乐厅　　图 6-21 文化中心展览厅和多功能中心

整个文化中心以白色为主调，辅以红、黄、蓝三原色，如同皮特·科内利斯·蒙德里安（Piet Cornelies Mondrian）的绘画或是风格派的艺术作品。同上文提及的两个项目一样，奥斯卡·尼迈耶国际文化中心的建筑语言同周边环境是矛盾和冲突的。有些极端的用色原则切断了令建筑同周边环境的一切视觉联系，在场地中的人难免产生一种同现实脱节的不真实。刻意抹去细节的抽象几何与一个纯白的广场，如同一组放在白色布面上自由摆放的石膏。

在文化中心的河对面，闲置许久的老鱼市也被重新利用，同通往文化中心的“圣·塞巴斯蒂安桥”共同作为项目的引导区。老鱼市的室内被改造成一个小型展厅，展示了文化中心从动工以来主要时间节点的照片。

项目于 2008 年开工，2011 年开馆。总造价 3000 万欧元。相对古根海姆的高额造价和文化之城的无底深渊，奥斯卡·尼迈耶的个人秀显得颇为克制。在城市工业码头的背景衬托下，他大胆的颜色搭配、极具拉美浪漫主义的形体语言均受到业内外的肯定，也屡获大奖。文化中心项目是尼迈耶在西班牙的第一个项目，对于这位曾因国内政治迫害而流亡欧洲多年的建筑师来说，阿维莱斯的文化中心是他“献给全人类的一个广场，一片为教育、文化与和平而生的土地”。正因如此，在文化中心建成后，尼迈耶利用自己的全球声望，为艺术中心吸引了世界各地、各行业的关注，文化中心也被命名为奥斯卡·尼迈耶国际文化中心。依靠建筑师自身知名度而促成该区域文化产业定位得以实现，被当地媒体称作“尼迈耶效应”。

虽然文化中心自建设起就被当地政府反复拿来炒作，在阿斯图里亚申请2016年欧洲文化之都的活动中，亦扮演了城市地标式的重要角色，如同古根海姆对于毕尔巴鄂那样。但也许是政府对于奥斯卡·尼迈耶中心期望太高，片刻的闪光似乎压不住那些失望的声音。2011年区政府大选，部分在野党指责奥斯卡·尼迈耶国际文化中心对本地区的文化宣传力度不够；2010年由于中心建造，造成了阿斯图里亚地区古罗马文化申遗工作的资金紧张；平日活动和维护方面的开销过大等一系列问题。与此同时，市民们却掀起了“我支持奥斯卡·尼迈耶国际文化中心”的活动，通过游行和线上社交网络来表达自己的抗议。即便如此，2011年12月，仅开门8个月的文化中心被迫暂时关闭，一个月后，换了个新名字并重新开放。直至新政府上台，“奥斯卡·尼迈耶国际文化中心”一名又被重新启用。

由于建成时间较短，加之期间的变故频发，该项目是否能起到古根海姆博物馆之于毕尔巴鄂的意义也许尚不能盖棺定论。但考虑到文化中心功能定位的模糊和阿维莱斯及周边城市有限的吸引力，达到古根海姆般的高度可谓难度重重。但这个城市依旧应该感谢尼迈耶，正是由于他的个人影响力才让人们知道了这个小城市和这个项目。更要感谢建筑师所秉持的自我克制，在充分展示个人风格的同时合理地控制了造价，才可能令大家对待这座文化中心能多一点平常心，少一点不切实际的期望。

从古根海姆博物馆、奥斯卡·尼迈耶中心到似乎永远不会完工的文化之城和麻烦缠身的瓦伦西亚科学城（图6–22），越来越多的建筑从“出生起”就被赋予了很多义务，政府期望它们可以吸引游客、刺激经济，

图 6-22　瓦伦西亚科学城

甚至能促进城市更新与扩张，市民更是视其为自己城市的当代标志与象征，我们在本文中姑且称这一类的建筑为“地标性建筑”。

地标性建筑有很多种，埃及的金字塔、巴黎的埃菲尔铁塔都是地标性建筑。不同于上文所提及的新地标性建筑，这些历史类的地标性建筑已无太大的功能作用，它们自身形式因其蕴含的大众集体记忆而被自然而然地被看作国家或地区的纪念碑，此类地标性建筑并不属于讨论的主角。

而在上文中详细介绍的三个新地标性建筑，存在时间最长的也不足 20 年，尚不足以同城市建立漫长且相濡以沫的亲密关系，更难谈得上作为一个默认的城市标志和集体记忆承载体。为了更好地树立这些建筑的“地标性”，政府在最初的形象定位上往往会选择非常规语言的方案，以期换来话题的持续热度，同时更有效地建立该项目在新民主时代下的坐标位置。

当然，绝对意义上的唯一性是作为一个地标性建筑的必要条件，在现代建筑语言已诞生百年的今天，常规做法已经很难做到吸引眼球。但从实际建造来看，非常规往往意味着大量的非标构件，复杂节点与强有力的现场团队。不同于美国等发达国家已经成熟的建筑构造和配件标准，西班牙由于整体工业化程度较低，结构、配件标准混乱，建筑行业内并未建立一个完善的模数体系和一条相对高端的产业链。这在 20 世纪七八十年代，在加工成本相对低廉的时期尚不会太大程度地影响建筑总造价。但随着西班牙经济发展和欧元区货币上的统一，国内人力成本越来越高。没有成熟的标准体系，必然导致异型定制类产品在相互连接时不得不依靠大量的现场二次加工。整个建造过程中，人工和材料比例会直线上升，最终影响到整个成本的失控。

如果在国家经济状况良好、社会情绪向上的前提下，这些价格昂贵的地标性建筑是可以象征一个城市或国家的欣欣向荣。这些建筑背后不再是历史建筑上所承载的集体记忆，取而代之的是对当下“盛世情怀”的集体梦想。但梦想总有照进现实并不美好的时候，当整个经济开始下行，社会和市民对于一切都会变得苛刻起来。一旦地标性建筑没有如古根海姆那样让整个城市获得直接的经济效益，它们奢华的表现形式同普通市民真实的生活状况必然会形成一种对比。也许没有“朱门酒肉臭，路有冻死骨”那么夸张，但弥漫的负面情绪会放大一切。那些曾经不被市民注意的造价，在这时必然会显得异常刺眼，从而成为指责政府在税收上挥霍和决策上愚蠢的最好凭据，曾经的光芒转瞬即成为现实中的失败与失意。

自 1997 年古根海姆建成不过十年，通过巨额投资地标性建筑来刺激文化旅游产业的做法就因全面爆发的经济危机而不得不终止。考虑到成功率如此之低，这种戛然而止也未尝不是件好事。就在整个国家沉浸在一片悲鸣之中，西班牙东北部萨拉戈萨（Zaragoza）的小镇博尔哈（Borja）发生了一件颇值得品味的小事情。故事围绕着镇上小教堂内的一幅壁画展开。

这幅壁画名为《看这个人》（*Ecce Homo*）。原画绘于 20 世纪 30 年代，是一幅描绘耶稣悲伤表情的宗教题材壁画。80 年过去了，壁画底部的三

图 6-23 《看这个人》修复前后对比图

分之一受到潮气侵蚀开始脱落，小镇上一位寡居的业余画家塞西莉亚·西门尼斯（Cecilia Giménez）注意到这事，遂决定自己动手修复此画。教堂的神职人员虽未对此授权，倒也没有加以阻止，直至画家第一阶段修复完成后，镇上居民才发现修复后的画风过于奇特，实在无法接受，这项修复工作也就这样被迫中止（图 6-23）。

但事情并未至此结束，有人将整件事情登在了当地报纸上，认为塞西莉亚·西门尼斯的修复是对历史画作的毁坏，用词之严厉令老妇人几近崩溃。事情在同一时间也开始在网络上传播起来。有人评价她修复后的画作如同猴子或刺猬，或亦是对蒙娜丽莎的恶搞，等等。虽然大部分的嘲讽都非善意,却激起了旁观者的好奇。这个只有 5000 户居民的小镇，至今已接待了 15 万游客来此打卡。参观者需要付 1 欧元，才能看到这幅绘在斑驳墙壁上的“失败作品”。如今，作品已同那些历史上著名的画作一样，被罩在一个玻璃镜框里小心翼翼地保护起来，图案已经成为小镇的文化标签被印在镇子的圣诞彩票上；附近的葡萄酒厂纷纷希望将这幅画作为自己产品的商标；一部基于这件事情创作的喜剧也在遥远的美国开始筹备上演。更有趣的是，在此地任职并一直声称没有正式授权西门尼斯修缮壁画的教区牧师，在一桩与修复无关的案件中被指控贪污 16.8 万欧元教堂资金而被逐出了萨拉戈萨地区；《看这个人》原画作者的孙辈人对这次修复一直耿耿于怀，在文物单位鉴定已无法复原后，甚至打算诉诸法律；西班牙的影视节目已经上演了偷走这幅画的狗血剧情，整个事件的发展远比任何一部文学作品描绘得都要精彩。一波未平，一波又起，意外频出让这个小镇持续维持着曝光度，没有人知道什么时候才是真正的句号。曾被认为是一次疯狂的破坏，却在转瞬间成为某种可以被无限开发的流行符号，并一举将小镇从经济危机的深渊中拯救出来。

这件小事，似乎再次证明了以文化作为城市复兴的动力依旧是可行的。随之而来，有一些问题可能需要更准确地去面对：如何寻找与激活自身特有的文化？在互联网时代里，怎样避免人们对新奇的快速麻木？我们真的需要把所有可能性赌在这些地标性建筑上吗？确实，地标性建筑的意义和作用往往同政治、经济与文化等多个方面捆绑在一起，它们早已不再是一个纯粹同使用相关的“人造产物”，而是附加着形形色色的希望，更或者说是欲望，以及政府和市民们对其如救世主般的期许。但请不要忘记，任何一次“效应”成功的背后，往往都是由那些唯一且不可复制的因素群在一个偶然的契机下共同作用而成的，切忌仅因光怪陆离的外表和盛世下的乐观而失去了那珍贵的理性。

第七章 新一代

这场由明星建筑师，资本与政府共同推动的建筑"神化"运动，最终导致地标性建筑如同放上了流水线而进入了批量生产时期。不仅是古根海姆、文化之城、奥斯卡·尼迈耶中心，几乎每个西班牙城市，无论大小，都在兴建自己的演艺中心、博物馆等大型文化建筑。这一趋势对市民来说自然是喜闻乐见，文化建筑的高覆盖必然会丰富当地市民的休闲娱乐生活，对建筑师和建筑行业来说，这也将为整个群体带来更多优质的实践机会。虽然国际事务所的参与切去了此类项目的部分比例，但本国建筑师依旧凭借他们出色的设计能力，对当地技术和材料的了解以及对造价的合理控制，保持着稳定的市场份额。年轻建筑师也就这样，借助大型文化项目所特有的社会关注度而走上前台。西班牙建筑界在一个百家争鸣的良性竞争氛围下，开始了它的新旧交替。

在为新一代建筑师做这个不完整群像式白描之前，有几个重要的间接影响因素需统一说明一下，它们在某种程度上塑造了西班牙这一代建筑师的部分共同特质。

正如上文所述，伴随着古根海姆的成功，当代建筑设计能带来的能量被政府重新认识，当代建筑文化亦被作为一项重要的文化事业而被重视起来。虽然在传统艺术领域里，建筑艺术本身就是七大艺术之一，高迪作品带来的旅游业收入早已证明了知名历史建筑的经济价值。但普通人对现代主义及其之后的建筑风格、流派与评判原则等方面往往还是较为陌生。纯粹的设计讨论与相关的大众热题之间，总是存在着或多或少的距离。为此马德里和巴塞罗那率先开始组织以现代建筑为主题的展览和公共活动，其中马德里建筑周（Semana de Arquitectura）和巴塞罗那的48小时建筑开放周末[①]（48H open house Barcelona）最具影响力。虽在持续时间和覆盖范围上略有不同，但活动的主体均在一定时间范围内将部分建筑向市民免费开放。开放建筑的种类除一些被公共部门征用的历史建筑外，更多的是公共建筑、私人住宅或企业办公等优秀的现当代作品。

参观同时配以专业讲解，讲解者多为该项目的建筑师，或者建筑专业在校学生和建筑遗产相关人员。针对不同的参观类型，讲解内容会有不同的侧重点：历史建筑会多介绍建筑自己的一些更迭与每一时期的使用情况；现当代作品则会偏向一些造价和材料等基础信息或项目里别出心裁的处理方式。为避免普通市民因专业知识上的不足而听不懂或者误读，讲解词务必做到通俗易懂。对他们来说，看房子听故事这类活动就像是一场可以全民参与的嘉年华。每年活动的那几天，你会看到众多不同年龄层次的人们结伴，有的选择周边那些天天路过的房子，借房子的故事来追忆自己的青春；有的选择市中心那些平日无法进入的历史建筑，满足一下自己的好奇心，即便可能需要排上一个小时以上的长队也乐此不疲；还有一些人去参观一些奇奇怪怪的新建筑，听听到底为什么要这么做；部分居民还会把自己的住宅开放让他人参观，一同分享他们同这个房子的点滴。

正是通过“现场指指点点、听听故事”这种大规模的建筑文化普及活动，市民开始理解专业角度下这个建筑为什么会这样做，建筑师在处

---

① 巴塞罗那的48小时建筑开放周末是属于全球开放建筑活动的一部分，直至2019年，已经有大于40个城市参与到该项活动中来。

理这个问题时是面临着什么样的困难，又是如何在现实的限定下一步一步解决的，并为下一步在具体项目上专业与非专业对话提供可能。或许建筑是可以带动城市更新或经济发展，但建筑终究是为人而建的。让普通人了解设计过程的来龙去脉，让市民了解城市的前世今生，可能是让建筑作为一种文化，扎根于此的最好方式。

如果说建筑文化普及活动为新一代建筑师营造了一个更积极、更包容的社会氛围，那么建筑教育的良性循环则是这个百花齐放时代的基础和动力支持。西班牙每个省都有至少一所建筑学院，但受到西班牙特殊历史发展的影响，所有高校大多有着重实际、重建造、重材料、重传承的共同特点。西班牙建筑课程本是脱胎于工程类，20 世纪中期在世界范围内出现的改革趋势，恰巧因国家独裁封闭而一直维持着工程类课程高占比的情况，直至欧盟开始实施学分对等才有所调整。几十年的封闭就像是一口焖锅，它确实限制了国际最新思潮和语言在国内的传播，但同时也使得建筑师对自身历史、文化、工艺等特质吃得更透。西班牙建筑实践性与地域性并重的品质，在现代主义危机造成全球建筑实践能力疲软的当下，显得弥足珍贵。

除传统院校外，近些年伴随着国内建筑市场的蓬勃发展和国外知名度的提高，一批私立建筑学院也陆续在马德里与巴塞罗那出现。这些建筑学院针对全球化和数字化趋势对传统教育系统进行调整，更多地邀请国际建筑师与学者来西班牙上课，或将数字化建造技术同设计课程相融合。其中以建于巴塞罗那 22@ 区的 IAAC（Institute for Advanced Architecture of Catalonia）为翘楚。

同时，完善的建筑师协会制度也让这代年轻建筑师获益良多。西班牙建筑师协会以省或自治州为单位来设立，每个从业建筑师在完成建筑学本科所有课程及毕业设计后，可以获得职业资格证书。但只有将证书挂在某个协会，才能开始真正意义的从业。为了帮助年轻建筑师成长，协会每年会在委托协会组织招标的项目中拿出一部分限定由年轻建筑师参与。该政策令一部分年轻建筑师团队在职业起步阶段就能获得可贵的实践机会，从而更好地促进了业界的良性代谢。

最后，年轻一代的迅速出头还同本国媒体的成熟密切相关。从 20 世纪 80 年代末开始，以《草图》(*El Croquis*)、《建筑万岁》(*Arquitectura Viva*) 为代表的西班牙建筑杂志，以其重工程技术图纸的专业态度和特殊敏锐的选题能力受到全球专业人士的青睐。借助“地利”，这些杂志自然而然成为宣传西班牙当代建筑和年轻建筑师的阵地。1996 年，《建筑万岁》出版了专辑“新鲜的血液”，将年轻一代的实践成果进行汇总，以期全面展示 1992 年之后西班牙建筑师设计的集体趋势。在世纪交替的 2000 年，由坎波 · 巴埃萨策展，荣获当年金狮奖的威尼斯双年展西班牙馆，展示了 20 个 30~40 岁和 20 个 30 岁以下的年轻建筑师作品。

综上，我们可以看到，同老一辈相比，西班牙新一代建筑师有着更健康的社会舆论环境、更成熟的职业教育、更专业的宣传平台。在诸多利好的作用下，建筑学成为国内最热门的专业之一。仅巴塞罗那的两所官方建筑学院（如今都隶属于加泰罗尼亚理工大学，两个建筑学院彼此独立）一年就招收 500 余人，其中虽然有很多人在中途或毕业后离开建筑领域，但凡能坚持下来并脱颖而出者无一不具备出色的设计天赋和不凡的控制能力。

在这批人中，马德里以出自莫奈奥门下的曼西亚和图尼翁组合（Mansilla & Tunon）最为抢眼，同样需要注意的还有涅托和索韦哈诺（Nieto & Sobejano）、阿巴罗斯（Iñaki Ábalos）、桑丘和玛德丽德霍斯（Sancho & Madridejos）等，他们的作品在延续了马德里建筑学派理性传统的同时，又根据个人特色加以演绎和扩展。而在巴塞罗那，恩里克 · 米拉莱斯的英年早逝，让该地区失去了那一代的领军人物，年轻一代如乔迪 · 巴斯（Jordi Baas）、约瑟夫 · 米阿斯（Josep Mias）、费尔明·巴斯克斯（Fermín Vázquez）和他的b720等也都在设计感和商业性之间取得了很好的平衡。由于国家平均状况的改善，新一代中还有很多人在马德里或巴塞罗那完成学业后，选择回到自己的家乡开始实践。“生于斯、长于斯”让他们对当地问题和特点都理解得更为深刻，他们的作品在同当地环境、文化和材料等方面结合得更为出色，其中有活跃于塞维利亚的MGM、加泰罗尼亚地区的赫罗纳省（Gerona）小镇奥洛特（Olot）的RCR、潘普洛纳（Pamplona）的弗朗西斯科曼卡多（Francisco Mangado）、塔布恩卡和莱亚切组合（Tabuenca & Leache）、格拉纳达（Granada）的安东尼奥希门内斯（Antonio Jiménez），以及在加纳利群岛地区的费尔南多门尼斯（Fernando Menis）等就不一一列举了。除此以外，以亚历杭德罗·塞拉（Alejandro Zaera，事务所又名FOA）为代表的一批建筑师已完全脱离了西班牙本土语境，活跃于国际舞台上。

同门下的自我成长

让我们首先将注意力放在马德里。虽然马德里在城市更新的整体性上略差强人意，但凭借雄厚的师资力量和首都的资源优势，大批出色的年轻建筑师在20世纪90年代争相涌现出来，马德里也当之无愧地成为西班牙建筑这一时期的中心。路易斯·曼西亚（Luis Mansilla）和埃米利奥·图尼翁（Emilio Tunon）是非常出色的一对组合。

1959年生人的曼西亚和比他大一岁的图尼翁背景接近：两人先后毕业于马德里高级建筑技术学院。1998年，又同时拿到建筑学博士学位。本科毕业后，两人皆实习于莫奈奥事务所。1992年，一同离开莫奈奥事务所的曼西亚和图尼翁成立了以俩人名字命名的独立建筑事务所。

同他们的老师一样，在从事设计工作的同时，二人也作为教师先后任教于马德里高级建筑技术学院、哈佛大学、瑞士洛桑联邦理工学院等

图 7-1　萨莫拉考古艺术州立博物馆与周边环境

多所境内外知名高校。优秀的设计能力和良好的国际知名度让这对建筑师组合逐渐成为西班牙年轻一代建筑师中的佼佼者。他们的作品曾经连续四次进入密斯·凡·德·罗奖的提名名单，并最终在 2007 年，凭借建于西班牙里昂的现代艺术博物馆获得这个欧洲建筑的最高奖项。

如同当年的米拉莱斯和卡门·皮诺斯一样，1996 年完工的事务所处女作——萨莫拉（Zamora）省博物馆，俩人即一战成名。该项目建于萨莫拉老城外围的杜埃洛河（Rio Duero）河边。这里原为科尔多纳宫（Palacio del Cordóna）旧址，新项目需在这个旧址上改造成一个集展览、办公、资料储藏于一身的现代博物馆。

曼西亚和图尼翁选择以一个纯方体几何形式来切入场地，有着明显的马德里学派印记。项目入口精心选在新建筑和一侧老教堂之间的空隙处，空隙的狭窄局促和入口广场在尺度上形成了鲜明的反差，从而塑造出一种挤压感，以强化项目场地内部的空间氛围。通过空隙进入博物馆的流线被刻意拉长，转向更利于同外界城市喧嚣的隔绝（图 7-1）。

博物馆虽然在外部被一个柏拉图多面体所收拢，室内则为新旧咬合的状态。建筑师将原历史建筑的遗迹作为室内分割的一部分穿插于整个空间，通过一种新旧之间的暧昧距离赋予新建筑一种历史氛围，这一策略令人想到了莫奈奥的罗马文化博物馆。整个方体的中心是一个通高的

图 7-2　萨莫拉考古艺术州立博物馆室内局部

展览大厅，所有的其他功能均围绕此大厅串联。大厅上空设有采光天窗，梁的高度和密度用于控制直射入室内的自然光，中部地区强烈的阳光经反射后柔和地散在展厅中（图 7-2）。用于组织上下层流线的封闭双跑坡道位于大厅一侧，胡桃木色饰面板和踢脚线上方的人工光源令整个坡道空间显得异常昏暗，在上下或左右两个明度较高的区域插入一个暗体量，从而形成更好的空间过渡方式在上文中已多次出现，算得上西班牙建筑师的经典做法之一。坡道两侧墙壁区分处理，展现出建筑师对细节的把握。除坡道空间外，室内整体以原木色和白色涂料作为整体基调，外立面则以开采自本地的黄色砂岩为主，砂岩的分缝控制在同周边街区砖块相同的尺寸上。

这个建筑同二人后期的作品相比，虽然在形式上相对简单，但在首个事务所项目中就能实现如此完整的细节把握，一方面确实是基于建筑师自身出色的设计能力；另一方面也同他们在莫尼奥事务所长时间的工作经历有关。曼西亚和图尼翁从未回避过这段经历，承认他们深受莫奈奥的影响。然而，这并没有限制他们对属于自身建筑语言的探索，并最终找到了一条同莫尼奥完全不同的道路。如果说萨莫拉省博物馆项目中还或多或少能看出基于德·拉索塔经典模型的马德里学派套路，而在 10 年后他们获得密斯·凡·德·罗奖的项目——卡斯蒂亚和莱昂当代艺术博物馆（Museo de Arte Contemporáneo de Castilla & León，简称 MUSAC）中，曼西亚和图尼翁的个人风格就已经体现得异常清晰。

卡斯蒂亚和莱昂当代艺术博物馆建于西班牙西北部城市莱昂（León）。建于罗马时期的莱昂在中世纪时曾是狮子王国的都城，并迎来了城市发展的黄金时期。城内最重要的建筑——哥特风明显的莱昂主教堂正是兴建于该时期。随着西班牙重组后政治中心的迁移，莱昂的地位与重要性均被降低，人口和经济衰退的趋势一直延续到19世纪。如今这里是卡斯蒂亚和莱昂自治区莱昂省首府，以及西班牙最主要的新兴工业城市之一。

新博物馆建于莱昂城的北部新区，距离同由曼西亚和图尼翁二人设计的莱昂市政音乐厅不远。博物馆紧邻新区内的主机动车道，是城市全力打造的北部新区的地标。博物馆设计始于2001年，2004年完工，2005年正式开馆，展品以当代艺术为主，建筑面积10000m^2，其中3400m^{2}为展厅，其他则为办公、咖啡厅等辅助空间。

考虑到建筑对新区的地标属性，建筑在设计上放弃了萨莫拉博物馆的内敛方式。由于以建筑一层为主的体量限制，立面表达成为视觉焦点塑造的首选。面向主机动车道一侧立面的玻璃面，是由37种颜色组成的彩色玻璃横向排列而成。所有的颜色提取自莱昂主教堂彩色玻璃窗——猎鹰人（The Falconer）的色彩搭配。该块彩色玻璃窗是莱昂主教堂的标志，同时也是世界上现存于教堂中最古老的彩色玻璃窗。彩色玻璃序列通过对颜色抽象的排列组合来建立一种同莱昂这座城市之间的联系，虽然这种联系需要借助足够的背景知识加以解读，但即便不清楚彩色玻璃与主教堂之间的联系，其自身强有力的视觉效果依旧可以令博物馆成为这片新区中最具识别性的市民活动场所。除主立面外，其他面统一使用无色半透明玻璃的门窗与幕墙体系，三段的尺寸划分协调了同周边尺度的关系，同时有助于强化自身的体量感（图7-3）。

在平面组织上，博物馆采用了二人常用的处理方式。建筑的生成往往起源于一个基本元素或图案，建筑师根据项目具体情况对该元素进行组合和变化，推导至最终形态。这种操作方式，同前文提到的沙漠广场有些相似，被曼西亚和图尼翁称为“组织性”（disciplinary）系统。

根据上文的描述，我们不难理解整个系统是由一个控制概念和一个

图 7-3　卡斯蒂亚和莱昂当代艺术博物馆入口广场

基本元素共同组成，他们曾用计算机模拟鸟群飞行的仿真程序来解释这一系统，如今借助互联网我们可以更容易理解，其实控制概念是一个基本算法，整个算法只用来组织一个"元单元"，元单元根据算法进行变化，形成一个个不同的变体，变体之间虽然在表现形式上各有不同，但处于同一等级。整个操作方式如同一个简单的计算机程序，图尼翁就曾强调指出"组织性"手法"是通过技术来指导设计，更接近纯理性主义，而不是一种表现主义"。

回到博物馆具体案例，整个建筑以水平展开的一层体量为主，主要的展厅空间虽然被分为 5 个区块，但区块之间完全被打通。设计的基本控制概念保证了元素的组织主要以平面为主，而基本单元是由方形和菱形拼成的一个不规则形状。基本单元的提取灵感来自古罗马的传统铺地方式，我们也可以认为建筑师通过这种元素来呼应莱昂同古罗马之间的历史渊源，但考虑到二人受莫奈奥的影响，可能更多还是基于建筑师自身的判断。在此元素基础上开始逐渐尝试两个或多个组织的可能性，并最终向外一点点地扩展，直至边线。

由于单元形状不规则，拼接时自然会出现一些大大小小的空隙，这些空隙在生成建筑体量后被用作调整平面节奏的庭院。得益于平面的连续性，生成后的室内很容易形成事先需求不间断的展览空间。不规则的基本单元一定会导致相邻体量连接时在方式上有所差异，并最终为整个

图 7-4　卡斯蒂亚和莱昂当代艺术博物馆室内空间

图 7-5　卡斯蒂亚和莱昂当代艺术博物馆室内空间中的梁墙关系

平铺的空间提供诸多细节上的变化，有效地避免了单一元素重复使用所造成的单调（图 7-4）。

元素逻辑也延续到结构概念上。每个单元并非采用传统的正交方式来处理单一单元的梁柱关系，为了保证每个单元在结构上的相对独立，所有的垂直支撑均布置在单元的外轮廓，所有的次梁方向均被精细设计，在一个方向上平行排布，最大程度的减少次梁在单元内的交叉，从而进一步强化了不同单元的碰撞。当然，这种方式一定会造成次梁数量的上涨，整个屋顶钢筋混凝土梁总数高达 500 余根（图 7-5）。

通过"组织性"系统生成建筑在后来位于桑坦德的坎塔布里亚博物馆、位于萨巴戴尔（Sabadell）的市民中心等诸多项目中都曾使用过，与

MUSAC 相似的单元还出现在同时期两人为卡迪斯（Cadiz）省小城赫莱斯·德·拉·弗洛戴拉（Jerez De la Frontera）设计的图书馆项目。在上文提到的这些项目里，现代建筑中经典的“形式追随功能”已经被“形式追随系统”所取代。虽然算法的制定和无规则单元组合的过分自由度，仍让他们的作品有着一定表现主义的嫌疑，但这种在基本理性控制下所出现更自由的个人表达，本就是新一代建筑师在风格上百花齐放的前提。

虽然出于莫奈奥门下，但经过十余年的不断探索与尝试，曼西亚和图尼翁“组织性”系统同场地的关系，已经完全与上一代人强调的尊重场地大相径庭。相较之下，同样受到莫奈奥影响颇深的建筑师二人组——塔布恩卡和莱亚切（Tabuenca & Leache），则似乎更接近上一代的传统。

费尔南多·塔布恩卡·冈萨雷斯（Fernando Tabuenca González），1960 年生人，出身于建筑世家，本科毕业于纳瓦拉大学（Universidad de Navarra）建筑学院。读书期间就一直在父亲的建筑事务所实习。本科毕业后，又转到马德里莫奈奥事务所工作，并于马德里完成博士学业。1962 年出生的何塞·莱亚切·雷萨诺（Jesús Leache Resano）在纳瓦拉完成学业后，就作为独立建筑师开始从事设计工作。1993 年，费尔南多·塔布恩卡回到出生地潘普洛纳（Pamplona），同何塞·莱亚切共同创建了塔布恩卡和莱亚切建筑事务所。

2008 年，两人完成了对潘普洛纳治安官府邸（Palacio del Condestable）的修复和改造，该项目获得了 2010 年巴斯克和纳瓦拉学院奖最佳修复和改造类奖（Premio COAVN 2010 de Rehabitacion & Restauracion）。

潘普洛纳是西班牙北部纳瓦拉省首府。公元前 75 年，罗马将军庞培（Gnaeus Pompeius）曾在此设立军事基地，并赐予其名为 Pompaelo，即是如今潘普洛纳一名的由来。由于地处要害，潘普洛纳一直都是重要的军事战略要地，西哥特人、摩尔人，甚至法国查理大帝都曾占据此地。公元 10 世纪，纳瓦拉王国成立后，定潘普洛纳成为都城。11 世纪以后，随着圣地亚哥朝圣之路的日渐繁忙，作为必经之地的潘普洛纳在文化、商业等方面也出现了长足的发展，城市结构日渐丰富。16世纪，潘普洛纳随纳瓦拉王国一起并入西班牙。如今的潘普洛纳，早就成为以工业为主要支柱的现代化城市，每年七月在此举行的圣菲尔明节（San Fermín，即我们熟知的西班牙奔牛节）吸引了大批来自全球各地的游客。

治安官府邸位于潘普洛纳老城最中心街区的一个拐角。原建筑布局为一个梭形的四边形，两沿街面呈锐角相交，另两侧紧贴周边建筑，内有中庭。该建筑最早建于1550—1560年，是文艺复兴时期重要的建筑作品。后在使用过程中多次被改建，曾经的历史风貌早已被破坏。

2001年，塔布恩卡和莱亚切接下了这座历史建筑的修复和改造工程，项目要求在尽可能保证原历史建筑风貌的基础上，满足新市民中心的需求。建筑师后来在访谈中曾谈到，项目最早并没有太多具体功能的要求，考虑到建筑在过去500年里的多次调整，建筑师希望这次修复能保证空间具有足够的可调性和适应性，以便在随后的日子里根据不同定位而变化。

对这样有着相当历史价值的建筑，复原往往是第一步。建筑师在充分研究从17世纪到19世纪建筑几次改造的图纸后，决定全部拆除入口立面在19世纪改造所添加的元素，仅保留了二层的窗洞口位置，但参照历史图纸将窗户尺寸进行了调整；三层窗洞口被完全封死，内部采光要求被一排紧贴檐口的小型连拱窗取而代之。底层沿街店铺门头也被一同移走，换成石材贴面和方窗，力图重现经典文艺复兴风格。另一侧立面的底层同主立面相似，新石材与拆除后裸露出的原始石材混搭在一起。二、三层没有进行太大的动作，保留了包括二层拐角19世纪风格观景台在内的大部分，但进行了一定程度的简化（图7-6）。在建筑内部，建筑师敲掉了后改建时的吊顶，将原有精美雕刻的木梁裸露出来，墙面针对原壁画不同的破损程度，选择性地进行保留和修复，呈现出丰富的历史细节。

针对新市民中心需要的展览空间、小多功能厅、市民事务办理大厅、社区学校等一系列现代功能要求，建筑师在原空间结构基础上进行了又

图 7-6　潘普洛纳市民中心外立面拐角

图 7-7　潘普洛纳市民中心内庭院

一轮的改加建。建筑沿街两侧的入口区域地平并非在同一高度，针对报告厅在高度上的需求，建筑师下挖了部分底层空间，从而形成一个有利于多功能厅使用的坡度。下挖后的低处地坪正好与背面底层入口层齐平，从而巧妙地利用了两个高差实现了主次入口，以便将有高度要求的报告厅等功能植入。通过原有历史石材和新混凝土在材料上的对比，清晰地展现出原有建筑的底层位置和下挖深度，这类能体现出建筑师对历史记录和尊重的细节在整个室内改造中随处可见。

在中心庭院，建筑师打掉了用于围合庭院的填充墙部分，将石材结构柱暴露出来，使得周边房间直接对庭院敞开。在保持中心庭院布局基础上，垂直方向上在两层之上增加了一层。三层庭院在围合面的处理方式上有所不同，庭院底层是由石柱所围合，石柱的质感同庭院的石材地面相统一；二层的柱子在位置上保持不变，尺寸上变小，材料上也被木头代替。木头肌理中的横向纹理被强化，使得木柱与下层石柱有一种纹理上的连续性（图 7-7）；在顶层，建筑师取消了庭院周边任何结构性元素，一个巨大的屋顶跨在两侧墙上。巨大的格栅为整个庭院提供足够采

图 7-8　潘普洛纳市民中心顶层与天窗

光的同时也起到了结构作用，与曼西亚和图尼翁萨莫拉省博物馆屋顶的处理方式接近。没有结构元素的分割，令整个顶层变为一个完全开敞的空间,用作展览等活动场地(图 7-8)。整个中庭从石柱到木柱，最后到无柱，层层向上；柱子的体量从粗到细，再到无，材料的密度也从重到轻。令人想起了曼努埃尔·加莱戈在项目中制造的楼梯的变化。房间、柱子同庭院的关系为这里带来了一丝古罗马气息。中庭新混凝土墙面采用拉毛的处理方式，配以被大型屋顶反射后所形成的柔和光感与光影效果，令整个空间充满了一种自然而原始的味道。

在这个市民中心项目中，诸多做法都同我们对历史建筑修复的传统理解有所区别。除打掉吊顶让原始天花重现、移走多次加建部分等常规做法外，建筑师根据新功能的需要对历史建筑进行了大胆地改建。最后落成的建筑实际上仅保留了原有的平面结构、屋顶精美的天花和零星的石材碎片。在其背后，订制的隐藏空调出风口，同踢脚线结合的地面设备维修口等技术细节，才是维持整栋建筑应有历史氛围的幕后功臣。

相对于上一代人，无论是曼西亚和图尼翁，还是塔布恩卡和莱亚切，项目中新旧之间的距离更显放松，他们不再严守着一种泾渭分明的关系，也不完全恪守历史建筑复原后的真实。历史建筑不是改造时的基本框架，而更接近一种碎片化的散布方式，新与旧之间的关系彼此平等。换句话说，历史建筑如何被修复，同新建部分的关系，多以建筑师自身的主观性作为主要的权衡标准，更重视个人化风格的展示已逐渐成为新一代建筑师中明显的标志之一。

基于传统的地域再生

《建筑万岁》杂志主编，西班牙著名建筑评论家费尔南多·加利亚诺（Fernado Galiano）曾用理性和诗性来分别描述马德里与巴塞罗那两地的风格特征。当然，脱离上下文任何简单词汇都不可能完全概括一个学派，强调马德里学派的理性，并不意味着巴塞罗那学派就是非理性的。同样，也不是说马德里在按部就班或循规蹈矩。马德里学派的理性可以理解为该学派建筑师对自我系统建立和系统内部不同单元的关系更感兴趣，不论是早期德·拉索塔、后来的巴埃萨，还是曼西亚和图尼翁，都有着这一模式的影子。而巴塞罗那的诗性在加利亚诺的文中也不仅限于高迪建筑的曲线语言，指的是一种表达方式。换句话说，巴塞罗那建筑师擅长于借相关事物来完成部分或整体建筑形式、细节或装饰的塑造控制，该做法接近亚里士多德在《诗学》中对诗歌本质的定义，其实借物咏志的手法也常见于东方文化，故称其为诗性。从最初高迪对自然的兴趣，到米拉莱斯后期图像与项目的转移均可见一斑，并延续到新一代建筑师约瑟夫·米阿斯等人。

约瑟夫·米阿斯，1966 年生人，1992 年毕业于巴塞罗那高级建筑技术学院。本科毕业前，他就开始跟随米拉莱斯，从米拉莱斯和卡门皮诺斯事务所到后来的 EMBT,直至 2000 年,前后达 10 年。离开 EMBT 后，米阿斯成立了自己的个人事务所，并先后在巴塞罗那、意大利和英国等地任教。

跟随米拉莱斯 10 年，让米阿斯的作品在早期难以避免地有着受米拉莱斯影响的痕迹，他在曲线语言的掌控和多材料之间的搭配上都颇为出色。这一特色在同分支自米拉莱斯的弗洛勒斯和普拉茨组合（Flores i Prats）上也同样有所体现。米阿斯在 EMBT 工作的后期，正好经历了 EMBT 代表作品——圣卡特琳娜市场（Santa Caterina Market ）设计的全过程（1997—2005 年）。该市场表现主义倾向的结构和大胆的瓷砖拼贴屋顶，已成为巴塞罗那老城当代建筑的“明星”之一。米阿斯后来曾说到，虽然圣卡特琳娜市场的屋顶是架于老市场原立面之上，但是被架起的做法并没有让人感受到这个屋顶很“轻”，繁复夸张的形式对下方的集市空间有着很强的压力，这是米阿斯觉得有些不足的地方。历史似乎总是充满巧合，离开 EMBT 不久，米阿斯也赢得了一个市场改造项目。

该市场位于巴塞罗内塔（Barceloneta），这里是巴塞罗那老城滨水岸线延伸到海里的一块三角形半岛，以优质的海滩闻名于世，是老城区最大的游客聚集地之一。

由于半岛特殊的地理位置，这里曾是巴塞罗那渔民的聚集地。18 世纪，这里因安置修建城堡（即为上文提到在 19 世纪游行时被拆掉，位于城东的城堡）而动迁出来的居民，人口数量开始增多，虽然就在老城一侧，但城墙的隔断使得此处发展一直较为独立，整个区域最终形成了一个密度极高的正交路网。由于最初的住宅多为一层或两层，虽然楼间距较小，但并不影响每户的基本日照与通风需求，简单来说，就是一个低层高密度的住宅区。然而，随着巴塞罗那工业化后外来人口的激增，城市整体房屋供应紧张，加之半岛本身土地面积有限，故不得不在原住宅基础上向上加建，整个区域两层的住宅几乎都被增建到四层，20 世纪 50 年代又有部分加建到五层。

简单粗暴的加建问题很多：其一，加建时没有对原建筑地基和结构采取加固处理，导致原结构体系承载的荷载严重超标，建筑安全存有严重隐患；其二，区域内的绝大多数建筑建于 18 世纪，并没有铺设完善的市政管网，后期虽然在不停地加建和改造，原建筑却从未进行过系统性的整修；其三，纯高度增加影响到每户的采光和通风；其四，密度加倍后导致 18 世纪形成的肌理缺乏区域内部的公共空间；其五，机动车的停放和大型社区服务类商业等当下需求均亟待解决。这些问题从新民主政府建立伊始就一直是业内关注的热点，巴塞罗内塔社区市场的改造项目也基于此语境。

巴塞罗内塔社区市场原建于1884年，位于整片居住区的中心，北侧紧邻横穿巴塞罗内塔的主干道，南侧相邻地块为一所兵营，体量较大，同周边住宅的小尺度高密度对比明显。市场采用了一个传统的巴西利卡平面，包括中殿和两侧边廊，中殿跨度大概为边廊的一倍，梁柱均为铸铁，并刻有精美的柱头和装饰，同巴黎亨利·拉布鲁斯特（Henri Labrouste）的作品风格相似。巴塞罗内塔市场是巴塞罗那最早的金属结构市场，同时也是最早的非露天市场之一。由于此地临海，一直以海鲜售卖为主打。

内战时期，该市场曾因空袭被部分破坏，战争结束后市场又按原设计修复。1964年，市场南侧的兵营搬走，留下了一大片空地，市场也借此增设了一处南入口。20世纪末，市政府举行了公开竞赛，竞赛要求改建后的市场要满足现代化市场需要，同时还应结合南侧空地，将其作为市民公共空间统一考量。最终，年轻的米阿斯以出色的城市问题处理和延续自米拉莱斯的拼贴表现而胜出。该项目最终完成于2006年。

经米阿斯的改造，将新市场改成含地下两层、地上主体部分一层，局部设有夹层的复合功能体。老市场所有墙面被打掉，保留了原铸铁结构，在施工时采用了特殊现场措施，保证了下挖两层的结构同原结构柱上下对位关系。在下挖的两层里，地下一层被植入了一个现代化超市、地下二层则用作市场商户集中储物、卸货和设备用房。

地上方面，建筑师在原平面基础上，对边廊外侧进行改造和加建。在靠近主街道北侧，建筑师加建了一排规整排布的独立店铺，在市场不开门的时间段里[①]同样可以提供部分商业服务，以保证全时间段的人群聚集可能。西北拐角处基于主街道的考虑设置了次入口。南侧因空地而在形式上有着很大的自由度，沿外廊加建了一个两层的钢结构玻璃盒子

---

① 巴塞罗那的市场根据不同的位置和政策，在开门时间上有所不同，多数都是只在上午开门营业。

图 7-9　巴赛罗内塔市场鸟瞰图

用作海鲜餐厅，从而更好地利用了市场海鲜的传统；一个夸张的曲线雨篷，从南侧中部伸出，雨篷伸出的曲面，受到场地西侧历史教堂的启发，极张扬的新构件标示出调整后的市场新入口，位于一侧的空地也就顺理成章地成为市场的入口广场。广场地面上设置了一系列的公共健身器材，地下用作公共停车场（图 7–9）。

两侧新建部分在结构上几乎没有同市场原结构有任何交叉，仅在原市场内部的一角增设了一个局部二层。新旧结构并置，被漆成相同的颜色，模糊了两者建造时间上的差别，原市场屋顶被拆除，建筑师结合两侧新功能设计了一个新屋面，在双坡屋面基础上融入了一些突出屋面的夸张曲线，从功能上，这些曲线是整个市场的排风口，而造型则抽象自西班牙地景建筑师和艺术家塞萨尔·曼里克（César Manrique）绘画中的鱼，同样方式延续至前广场地面铺装的设计上。由于四周没有什么高层遮蔽，市场在屋面上安装了大面积太阳能板，发电量可提供整个市场 40% 的能源消耗（图 7–10）。

南北体量的增建，尤其是入口出挑的雨篷，以及新屋顶的整体收拢，调整了整个建筑的轴线，旋转 90° 后的轴线保证了市场同前广场作为一个连续的混合功能公共空间的操作可能。值得一提的是，这条轴线并未中止于红线砍断，沿着雨棚的指向看过去，可以借城市街道所形成的视觉通廊看到大海。

图 7-10　巴赛罗内塔市场屋面

除了在形式和轴线等大的尺度操作外，该项目的细节也很有巴塞罗那“诗性”的特质。东西两侧立面外覆盖的铁架同邻里遮阳的同构关系；市场夹层围护木材选用了与鱼市装鱼木箱统一材质的木材；新市场在原市场买卖鸡蛋的角落设计了一个由装鸡蛋盒反模的混凝土块用作外墙填充……这些均体现出建筑师对场地的解读和对集体记忆的尊重。相较于其看似表现主义的形式，这些细节也许更接近建筑师对于场地理解的本质（图 7-11）。

确实，沿袭自米拉莱斯处的特征在这个米阿斯早期最重要的公共建筑中都体现得很明显，轴线调整的城市眼光，周边元素的提取，空间公共性的整体塑造也体现出巴塞罗那城市主义式的设计传统。但相对米拉莱斯市场的华丽，米阿斯的巴塞罗内塔市场似乎处理得更加慎重，新市场虽然嵌在老城中间，但从颜色质感和整体策略上可以看出，建筑师并没有将其定位为整个区域的“绝对中心”，而是更在意一种延续性，正如米阿斯自己说道：“圣卡特琳娜是属于米拉莱斯的，也只有米拉莱斯有机会且有能力做这样的项目，而巴塞罗内塔市场是属于巴塞罗内塔的”。

巴塞罗内塔市场的设计风格并没有太久地延续下去，在西班牙小镇本约莱斯（Banyoles）的市政景观设计中，米阿斯就采用了一种极简的方式，通过单一石材的切割变化完成对于复杂场地的梳理，已经体现出同米拉莱斯在伊卡利亚大道（Avenida Icaria）或色彩公园（Parc de

图 7-11　巴赛罗内塔市场外立面遮阳和鸡蛋模版

color）风格的分离，近期的项目似乎又体现出建筑师对新技术的兴趣。但对很多人来说，米阿斯的市场更吻合巴塞罗那，这个诞生过高迪、米拉莱斯的城市建筑师“所应该”有的样子，不得不说这是一种刻板印象。活跃于加泰罗尼亚区赫罗纳省小镇奥洛特（Olot）上的建筑师组合 RCR，就与这个绚烂的城市化语言绝缘，他们以一种近乎“避世”的方式，在山野间营造着自己的“桃园”。

RCR，又名阿兰达、皮琴和维拉尔塔建筑事务所（Aranda, Pigem & Vilalta arquitectes）。RCR 来自三名主创建筑师拉斐尔·阿兰达（Rafael Aranda）、卡梅·皮琴（Carme Pigem）和雷蒙·维特尔塔（Ramón Vilalta）名字首字母的简写。三人分别出生于 1960 年至 1962 年。拉斐尔·阿兰达和卡梅·皮琴同是奥洛特人，而生于巴塞罗那远郊的雷蒙·维特尔塔从小生活在这里，同时也是卡梅·皮琴在奥洛特艺术学院（Escuela de Bellas Artes de Olot）的学长。三人皆于 1987 年毕业于瓦耶斯建筑学院（Escuela Técnica Superior de Arquitectura del Vallés）[①]。那时的巴塞罗那是充满机会且热情洋溢的，卡梅·皮琴曾用“那是一个用狂想来塑造生活的时代”来形容，而这三个刚刚离开学校的年轻人，却选择回到自

① ETSAV 位于巴塞罗那的郊区，成立于 1973 年，在 1991 同巴塞罗那建筑学院一同并入加泰罗尼亚理工大学。

己的家乡——奥洛特（Olot），成立了以三个人的名字来命名的工作室，开始了自己的实践生涯。

出于商业和教育因素，本书中介绍的绝大多数建筑师事务所都设立于相对重要的大城市，即便不在马德里与巴塞罗那，也至少是该自治区的首府，而 RCR 所在的奥洛特只是一个小镇。它地处加泰罗尼亚赫罗纳省的东北角，是西班牙最靠近法国的区域。小镇位于比利牛斯山脉内，被群山环绕，镇上有四座火山。人口很少，仅有 3 万人左右。这里一直是朝圣之路中的重要一站，文化交流频繁，镇中心至今保存着建于文艺复兴时期的修道院。由于比利牛斯山自然风光秀美，常有风景画家来此写生。18 世纪末，奥洛特美术学院在此建立。19 世纪，一批以奥洛特周边自然风景为题材而进行创作的画家团体（这个团体并不是指在美术学院学习或任教的艺术家，而是指以奥洛特的风景为创作题材的所有艺术家）被称作奥洛特学派。风景主题一直延续到今日的学校教育中来，卡门曾说道："这所学校非常注重景观的再现，所以迫使他们从另一个角度去观察景观"。

美术学校的培训更直接地体现在他们的项目草图的表达上。RCR 的草图一直不同于传统建筑学的表达方式，而更接近是一种艺术创作，早期的草图还会选用铅笔和墨汁（Indian ink）混合表达，但随后水彩成为他们主要的工具。这种有着皮埃尔·苏拉吉（Pierre Soulages）作品气质的草图更强调一种过程与交流价值。从另个角度上来看，也更为建筑从概念到实际深入预留了更大的不确定性。在 2015 年于巴塞罗那举办的"RCR：图纸"展览序言中，他们是这样写道："草图与文字让人们能够进入由 RCR 所想象的世界，并以此让两个不同的真实世界合二为一。不依靠于形式，却能将双方的概念、幻想、愿望以及计划聚在一起"。

从设计角度上，RCR 的风格确实不同于巴塞罗那的大部分人，他们一直游走于密斯式的极简和人工与自然的对抗，并体现出理查德·塞拉（Richard Serra）等大地艺术家的影响（图 7-12）。但这并不能改变奥洛特较小的人口基数所造成打开局面的困难。像诸多年轻建筑师一样，RCR 将主要精力投入在全国和地方性的竞赛上，直至光之屋（Light House，1989 年）的中标。随后，RCR 又陆续完成了玛卡琳达之家（Casa Margarida，1993 年）等小型住宅类项目。1990 年前后，RCR 为奥洛特做了一轮公共区域的规划，议题主要集中在如何完善该小镇的公共配套上，其中包括一个位于城郊的自然公园。但建筑师突发奇想，觉得可以在这个郊区公园和市中心增置一片场地，用于举行各种类型的活动，这就是后来，他们早期的代表作奥洛特体育场项目（Athletics Stadium in Olot）。

奥洛特体育场在选址刻意靠近一所镇上的小学。考虑到体育场可以在闲暇时用于镇上居民的健身活动，平日也可以作为学校的体育课场地。整个体育场项目分几期先后完成，包括作为主体部分的运动场地、一个结合室内健身房等功能的入口和一个小品式的景观。由于这个项目属于 RCR 公共区域规划的一部分，而整个规划的基本前提正要在最大程度上维持小镇的自然环境，这亦是体育场反常规处理位置、入口、场地等元素的原因。颇为可惜的是，该公共区域的规划仅部分被实现（图 7-13）。

首先反常规的是体量和位置，从镇子上最近的机动车停车区域到体育场入口有 200m 左右的距离，该段道路由沙石铺成，路宽很窄，两侧均被树木包裹，只能骑行或者步行。跟我们习惯的所有体育场都不一样，这个体育场入口非常的不起眼，在路边仅留有一个栅栏门。真正由 RCR 设计的入口体量距离栅栏门退后 10m，使得该构筑物得以完全隐藏于小路两侧的绿荫之中。

入口建筑分为上下两层，下层同运动场齐平，主要用于一个专业健身房和户外运动的设备储藏；而上层则同小路齐平，除内置厕所、更衣等公共服务外，主要作为整个体育场的前厅，上下两层通过位于两侧的室外坡道连接起来。前厅高度被压低，通体被耐候钢包裹，平面为直角

图 7-12　公共区域规划中被实现的景观小品

图 7-13　奥洛特体育场鸟瞰

三角形，斜线的方向性强化了入口的引导性。前厅的高度限制了人在入口处的视距和视幅，当人穿过前厅后，整个体育场蓦然在人面前横向展开，有些类似于莫奈奥在米罗基金会的入口处理方式。上层区域的铺地采用钢筋间隔碎石的做法，有些日式味道，又同耐候钢质感相匹配（图 7-14）。

图 7-14　奥洛特体育场上层入口建筑

位于下层的体育场像是一片被自然所环抱的小盆地。从功能上，体育场包括一个 400m 的环形跑道、一个小型的足球场以及一系列为学生上课所提供的跳远或投掷场地，但传统体育场巨构式体量却完全被消解，建筑师仅将用于专业运动的功能性用地加以平整，其他区域则尽最大可能地保留原场地特征，环形跑道的中间还刻意留下了一些起起伏伏的小土坡，原有的大树也都被留在了原地，让人不禁想到古希腊奥林匹克体育场的最初模样。场地与周边环境的边界仅用细不可见的金属网来区分，建筑师将该项目概念描述为“在自然中奔跑”。

因不会有太多人围观的情况，项目没有配置大面积看台，仅在跑道旁的山坡上沿等高线放置了三排没有靠背的座椅。从山坡上往下看，座椅同山体走势融合在一起。除平整的跑道外，体育场最具人工特征的构筑物就只有那些从树林中伸出的照明灯，以满足体育场在夜间的需求。

很显然，奥洛特体育场并非专业比赛用地，仅能满足最基本的运动要求，体育场入口处还挂着“此处为非专业比赛场地”的牌子，但这并不能减少小镇居民对这里的喜爱。建筑师在满足功能的前提下努力实现对自然的最小干扰，也大大降低了体育场后期的维护成本，让我们对如今国内到处兴建的“专业运动场地”式公共空间有所反思（图 7-15）。

除金属网的方式外，RCR 的作品中多次尝试用各种方式处理建筑与

图 7-15 奥洛特体育场下层跑道

周边环境的关系，在贝尔洛克酒窖项目（Bell-Lloc Winery）中，整个酒窖直接切入大地之中，考特钢间隔性排布，在室内与土壤之间打造出一条并不封闭的边界。建筑师描述道："酒窖像是自然而然地散步到地下世界，又像是隐藏在葡萄园下的陵墓"。当你在那条半地下的长廊中行走时，时间似乎被实体化了一样，泥土的味道更是填满了整个空间。而在为赖斯考斯餐厅（Les Cols Restaurant）设计的户外活动场地改造项目里，建筑师转而选用了透明的卷帘和树脂家具来分割和布置场地。材料的透明性彻底消解了项目本身的体量感，重新定义了室内空间的体验。身处屋内却心感自然，两种完全不同的感受被叠加，如同《雨屋》展现出的奇妙效果（图 7-16）。

总的来说，RCR 的项目能让你轻易感受到建筑与环境之间存在着一种真正的对话关系。这种对话并不是官方谈判式的严肃与泾渭分明，而更接近于朋友间谈话那般的亲密与轻松。卡梅·皮琴说："RCR 一直在试图建立一种连续的室内外关系，一种不能用强烈或者具体的边线来分割的关系"。这使得他们的建筑有点儿像筛子，以自然为主的外部环境被建筑进行加工与过滤，慢慢地渗入建筑室内。在里波市民剧场（Ripoll Theater）项目中从铁板间伸出头的植物，亦或是赖斯考斯酒店项目中从金属短柱中钻进来的阳光。建筑不再是孤立的个体，自然对于建筑也

图 7-16　贝尔洛克酒窖

图 7-17　RCR 工作室内庭院

不再是数据化的日照与采光，而是春天的花开，夏天的浓郁，秋天的落叶，冬日的浮雪。他们将外部环境视为一种积极的力量，也并不羞于承认自己的项目经常来源于环境的启发，如同听从了来自一位密友的建议（图 7-17）。

在一篇名为《关于建筑的测试题》的文章中，RCR 的三位建筑师曾对“经验是否可以放之四海而皆准”这一问题回答道：“不行，我们只能通过学习和理解。”得益于奥洛特当地优秀的金属加工传统和奥洛特湿润的山区气候，RCR 的项目相比于西班牙其他建筑师显得更为的轻盈和通透，举重若轻的节点与结构处理方式，自然与人工之间的模糊……但尊重环境的态度并没有让 RCR 走入如高迪般“拟态”的形式操作。他们虽然从关系上同周边环境相对应，但项目本身在环境中却是异常明确的。理性的线条与完全人工化的材料选择，让 RCR 的建筑语言完全走出了“有机主义”的限制。这某种程度上代表了一批西班牙新一代建筑师的共性，他们会在场地多特征上进行筛选与平衡，但尊重甚至接受环境的前提，并不能影响个体的独立创作，RCR 如此，马德里建筑师组合——涅托和索韦哈诺设计的建于科尔多巴（Cordoba）市郊考古博物馆项目亦是如此。

该考古遗迹是一组名为花之城（Madinat Al Zahra，阿拉伯语）的巨大宫殿群。宫殿建于公元 10 世纪。在当时，科尔多巴是横跨亚洲、非洲、拉丁美洲的伊斯兰帝国的西都。花之城距离科尔多巴市区 13km，整个宫殿依山而建，蔚为壮观，是摩尔人统治西班牙半岛时期最为巅峰的建筑作品。不料建成不久，在 1010 年的内战中，阿拉伯骑兵冲入了花之城，并一把火将其付之一炬，如今只留下不足两成的残垣断壁。

涅托和索韦哈诺设计的博物馆实际上亦是遗迹的服务中心，距离考古现场还有二十分钟摆渡车上山的距离。从功能上以一个两层的小型博物馆为主体，同时还包括接待大厅、售票厅、资料室和放映厅等设施。

考虑到参观山上遗迹时的视觉体验，建筑师采用了半下沉的策略，将建筑的大部分形体埋于地下，由于场地坡度，高处同环境完全融入。而在低处看，则是一个异常封闭的白色混凝土盒子与几个突出的高塔（图 7-18）。由于博物馆的功能，所有的采光均通过天光和中间的三个庭院来解决。三个庭院尺度不同，以入口处的最大，庭院以硬质铺地为主，

图 7-18　考古博物馆下沉入口

图 7-19　考古博物馆内院

辅以带状水道和低矮灌木。外部封闭而通过内庭院解决采光和组织交通的方式，延续了经典的伊斯兰传统建筑类型（图 7–19）。

在博物馆周边设有一条“U”形的长廊，长廊三边封闭，仅留上空，整个高程在整个“U”形的前半部分保持不变，两层的白墙将人的体验压至极限，在“U”形最后一段的接口处不远，设有一条岔路。岔路坡度向上，直通大地。压制许久的感官在无边旷野上被炸开，一组“L”形钢间隔式的阵列线性排布直至山脚。间隔式的处理方式，让视觉无障碍穿过，降低了自身的存在感，同 RCR 的手法有着异曲同工之处（图 7–20）。

在细节上，整个建筑采用了大面积混凝土现浇，从影缝、设备预留到后期面层的预留等方面都控制得非常好，展厅的展陈设计同室内空间完美搭配，加之优秀的场地处理和文化转译，该项目获得了第 11 届阿尔

图 7-20　考古博物馆边界处理

图 7-21　圣特尔莫博物馆

卡汗建筑奖（2008—2010 年）。

但涅托和索韦哈诺在这个博物馆项目里表现出建筑与场地之间的平衡关系，却很难被称为是事务所的常态。在他们建于圣·塞巴斯蒂安的圣·特尔莫博物馆（Museo San Telmo）扩建项目里，整个建筑嵌入在旧建筑和自然山体之间，虽然由艺术家里昂波多·弗兰（Leopoldo Ferrán）和奥古斯提那·欧特罗（Agustina Otero）设计的穿孔钢板灵感来自场地背后乌尔古尔山特殊的石材，但当你在现场时，竟一时怀疑这究竟是托词，还是一种过于艺术化的表达（图 7-21）。除圣·特尔莫博物馆外，涅托和索韦哈诺的其他项目也都显现出对于表皮的重视。与此同时，活跃于塞维利亚的组合 MGM、巴塞罗那的 BAAS 等事务所也都显现出类似的趋势，这种在上一代人少见的表达方式，可以体现出赫尔佐格－德梅隆等建筑师的国际化建筑语言对西班牙的影响。

如果将赫尔佐格－德梅隆的设计语言同西班牙这一趋势进行对比，前者对石材、金属材料、木材或混凝土等材料语言方面的尝试多是因瑞士对形体等方面严苛的限制，通过材料来展现项目的特殊性与创造性亦不失为一种应对方式，更不是限于某个项目或某种具体环境下的一时兴起，而是事务所长期延续的研究。但西班牙的尝试与探索受到本身经济、技术甚至设计习惯的限制，具有很强的随机性。一方面，我们可以将这种随机变化理解为当代语境下强调追新求异的必然趋势；另一方面，我们也需要看到这种随机性背后的理论缺失。西班牙长期的经济落后导致了“现实主义”一直是主流思想。相对于马德里零星对建筑本质的执着尝试，更多的人首先要面对的还是怎么让房子建起来。随后 1980 年代项目量的激增，让新一代建筑师大量地涌上实践领域，整个学科体现出重实践而轻系统研究与理论的特点。同时，弗朗哥执政后，对左翼知识分子的迫害造成整个国家知识系统的毁坏性打击，西班牙在高新技术和思想理论方面一直有所欠缺。

受益于整个国家高速发展带来的充足实践机会，新一代的项目几乎覆盖了所有当代建筑种类，从桥梁、机场等大型基建设置，到公园、博物馆、图书馆、市民中心等社区类公共建筑，以及写字楼、商业综合体等商业建筑，并在这些机会下迅速走向成熟。虽然在全球信息资讯影响下的西班牙新一代作品较之其他国家表现愈发趋同，但在总体上仍维持在一个很高的水平。

优秀的设计质量不仅全面提升了西班牙的当代形象，也打响了西班牙建筑师的名气。众多西班牙建筑师开始在全球各大高校任教，也获得了一定数量的境外实践机会，涅托和索韦哈诺事务所在德国分部的雇员数量甚至远超西班牙总部。建筑业的欣欣向荣必然进一步提升从业人员的数量。相关团队的完善在经济良好的情况下确实更有利于推进大型复杂项目，然而一旦出现经济状况下滑，涉及如此庞大数量的建筑及其相关行业，一定难逃洗牌的危机。

2012 年 2 月，路易斯 · 曼西亚前往巴塞罗那，参加在那里举行的纪念恩里克 · 米拉莱斯活动。但绝对不会有人想到，路易斯 · 曼西亚在活动后突发疾病，完全没有任何的征兆，就这样蓦地离开了他的亲人、朋友和他所热爱的建筑事业，年仅 52 岁。继米拉莱斯之后，英年早逝的悲剧再一次上演。

在建筑师生前最后的文字里，他这样写道：

“我怀疑，构成我们生活最重要的元素并非空间，而是时间，那些无论我们怎样试图去抓紧，依旧会从指缝中溜走的时间”。

确实，没有任何事物能阻挡时间，再光辉的岁月都不会永远持续下去。风险和意外总是那样悄无声息和无处不在。就像没有人会想到曼西亚突然离开一样，2007 年全球经济一片大好，道琼斯指数屡破新高，而仅在一年后就急转而下，一场席卷全球的经济危机随之爆发。在全球化日渐加深的时代，西班牙终难幸免。西班牙的建筑界也迎来了新的拐点。

第八章 拐点

爆发于2008年的经济危机，不论是持续时间还是影响范围，都远超人们的预计，直至今日其影响仍未消散。对于西班牙来说，经济危机造成了本国经济的大幅度滑坡，至今仍未迎来全面的复苏迹象。情况之恶劣已使自身成为欧盟经济体中最难填补的债务黑洞之一，被诸多国际媒体将其同意大利、希腊、葡萄牙和爱尔兰四国并列，笑称为“PIGS五国”。实际上，西班牙经济衰退的趋势在21世纪初就已初露端倪。2007年GDP增长率仅为3.5%，而到了2009年，即经济危机大爆发的第一个完整年,GDP增长率骤降到-3.7%。负增长的情况直到2013年方才扭转，但也仅在1%左右。

与GDP下滑相对应的自然是失业率的大幅上升。总失业率由2007年的8.3%增加到2010年的20.1%，到了2011年，年轻人失业率高达45%，全国失业总人数更是创下了1976年有此项统计以来的最高纪录。失业率长期持续高位必然带来社会的不稳定和犯罪率上升等连锁现象。

客观上讲，令整个国家深陷泥潭的原因是复杂和多样的，这场由美国信贷危机所诱发的经济危机，并不是西班牙经济大崩盘的主因，更多算是诱因和催化剂，加深了西班牙经济恶化程度，并导致了社会的深度重组。

核心因素之一是西班牙对全球经济的依赖度过高。西班牙出口产品多为农副产品、服装等日常生活用品，是欧盟传统大国中劳动密集型产业最大的输出国。危机造成欧盟内订单大幅减少，西班牙对外出口量也直线下跌。直至 2014 年，欧盟整体开始复苏，出口业才重回增长的轨道。但由于出口在西班牙 GDP 中占比有限，回暖对整体的改善并不明显。

相对而言，占据本国 GDP 份额 30% 的旅游业跟全球经济局势更是唇亡齿寒的关系，而重要的是旅游业本身与酒店、餐饮、消费等一系列相关产业亦是息息相关。幸亏亚洲经济的雄起和欧盟签证审批的放宽，旅游业到 2012 年终于恢复到经济危机前的基本水平。但西班牙经济体制失衡而造成在全球经济浪潮中缺乏抵抗力的弊端却是表露无遗。

如此被动的经济体系自然不可能是一天造成的。从历史层面看，这一状况首先归结于西班牙教育问题。上文曾提及弗朗哥的胜利造成了大量左翼知识分子被迫害或背井离乡，孱弱的现代教育系统被全面废除，弗朗哥随后推行的宗教式教育体系让其进一步同国际脱轨。即便新政府在 1975 年后加大了对教育方面的投入，但“十年树木，百年树人”，教育问题本非一朝一夕能根治的。直至 21 世纪，境内仍有 20% 的适龄儿童没有受到任何教育。更糟糕的是，在经济危机最严重之时，西班牙削减公共开支，首先就是从教育领域下手，这一做法不啻于自毁根基。

从文化层面看，西班牙一直有着重商轻工的传统。年轻人在学习和择业方面倾向于选择回报较快较高的商业领域，当代高新工业或技术类方向则相对冷门。人员上的分流造成了本应是一个现代国家基础行业的现代化工业，在西班牙 GDP 中仅占极低比率的现象，而高新科技和技术在西班牙更是凤毛麟角。

从商业层面看，寡头经济航母和小型精英团体已经是当代商业模式里的两大主要趋势。由于教育和技术的短板，西班牙的小型精英团队多限于艺术、文化领域。而传统商业公司，不论在结构、公司规模还是基本员工数量上，均低于美国等老牌资本主义国家平均水平[①]。小型公司的优势在于组织和运作方面的灵活性。这些小型公司覆盖西班牙各地，为社会提供了大量就业岗位。但该类公司的劣势也同样明显，他们在系统上相对独立，个体服务范围较小，客户群体也比较单一，一旦出现单方面断裂，公司会迅速陷入危机。而在整体环境相对恶劣的前提下，稳定的大型国际企业一定会成为顾客的首选。大批量的小公司在经济危机初期纷纷倒闭，成为西班牙高失业率的重要原因之一。

除去经济整体形势恶化外，同建筑设计关系最紧密的商业地产也终尝挖坑过深的恶果。2008 年之前稳定的经济增长势头，加之北欧国家闲置资金的大量涌入等原因，西班牙房地产开发取得了空前的繁荣景象。房价在 1997—2007 年的 10 年时间里激增 200%。直接带动了国家物价指数的上扬和新一轮建设如雨后春笋般的迅速推进。危机爆发后，房地产价格直接暴跌 25% 以上，大量新房闲置，未建成的项目也因资金链断裂而停工，连同房地产同银行信贷、建材工业等多领域一衣带水的关系，令泡沫破裂产生的不良影响蔓延至整个社会。截至 2012 年，整个西班牙房地产业的不良资产已经超房地产业总资产的一半以上，相伴而生的则是银行倒闭和不良偿债人数不断攀升。在公共建筑方面，财政拮据更使得政府无力采用凯恩斯[②]策略来缓解危机。

在整个国家严峻的经济环境和幼稚的执政策略下，作为完全以服务为导向的建筑设计领域不可能独善其身，亦不可能成为救市的稻草，甚至恰恰相反，由于房地产市场的崩盘，设计行业衰退将会更为严重。数以百计的事务所被迫关闭或者大幅度裁员，大量建筑师或选择离开这个

---

① 仅以巴塞罗那为例，所有在巴塞罗那注册的商业公司平均员工只有 4 人，而在纽约和费城则分别为 18 人和 28 人，这种差距在工业和制造业上更为明显，巴塞罗那为 13 人，而在伦敦则为 29 人，芝加哥更是高达 55 人。

② 凯恩斯主义主张政府对经济积极干预，通过加大政府公共项目的投入来缓解经济危机。

国家到海外寻求工作机会，或选择放弃这个行当而另谋他路。如果说古根海姆在毕尔巴鄂的成功让建筑设计获得重视并被日渐夸大甚至神化，那么 21 世纪的这场经济危机则无疑是一场未打麻药的光环褪去手术。

过期的“大事件”灵药

21 世纪寻求新大事件的努力，始于“大事件”之城——巴塞罗那。1992 年对城市基础建设、公共文化设施等方面改造令巴塞罗那成为 20 世纪末城市更新的典范。然而却少有人提及，奥运会前后大规模的建设量造成了随后几年城市公共财政赤字，甚至延续到执政党与在野党的交替。直至项目一一落成，巴塞罗那政府才喘过气来。我们常说“由俭入奢易，由奢入俭难”，1992 年前后的繁华盛世和万众瞩目，彻底激活了这个有着荣耀历史的地区重新成为世界城市的欲望，直至奥运会后多年竟一直未消退。正如肖特（John Rennie Short）所言，“对自己在全球文化资本网络中的角色和地位，他们抱有强烈的关心。因此，他们把关注的重点放在画廊、知名建筑师、学院和艺术传统上。一种对于没有处于局域网络中心的焦躁与恐惧弥漫在城市当中”。

迷信于之前“大事件”百试百灵的思维惯性，“大事件”策略再一次被新政府选中。然而，正如上文所提到的传统大事件不可能在短时间内再次光顾西班牙，新政府无奈之下只能选择自己去造一场新的大事件。在 21 世纪初，由巴塞罗那市政府主办方，加泰罗尼亚区政府和西班牙官方协办，共同策划了第一届世界文化大会（Universal Forum of Cultures）。以关注世界和平、可持续发展、人权与相互尊重旗号的新生大事件，于 2004 年 5 月在巴塞罗那举行，简称“Forum 2004”（全称 2004 Universal Forum of Cultures）。大会共持续了 141 天，除基本展览外，还包括相关的系列讲座、对谈和讨论、传统艺术文化表演等内容。

还是通过大事件带动城市扩张的套路，主办方将主会场选在了位于城郊东南角。场地原为巴塞罗那的污水处理厂，市政府将工厂外迁，下埋原裸露的管道，为大会整理出一片空地。

这个区域其实挺特别的，虽然一直算是块飞地，但从未缺席巴塞罗那城市历次的大型规划，这里是对角线大街延续至地中海的终点。前者是塞尔达规划后的150年里城市最重要的交通干道，甚至可以理解为整个城市现代化进程的时间轴；而后者则是巴塞罗那历史和文化的摇篮。米拉莱斯曾用“一种将自然重新引回城市的愿望”来描述二者的最终相遇。

关于场地，还有一个小插曲。米拉莱斯、爱德华·布鲁、约瑟夫·路易斯·马特奥（Josep Lluis Mateo）等当地建筑师组成的团体在文化大会之前曾进行过一轮深入的城市设计。当时的方案是基于即将迁移至此的大学城而制定的。然而，因古根海姆所造成对“明星”建筑师的盲目信心，以及随后场地用地性质的改变，原方案被放弃，本土建筑师组合也被知名事务所集合取代，瑞士事务所赫尔佐格与德梅隆设计主场馆、马德里建筑师组合阿巴罗斯和埃雷罗斯（Abalos & Herreros，现已解散）设计北海岸公园（North Forum Coastal Park）、原团队中最知名的米拉莱斯，仅拿到了一个不在核心区的地中海海洋公园（Diagonal Mar Park）项目（图 8-1）。

如今距离方案更迭已过去 10 年了，姑且不论建筑单体设计的好坏，仅去比较两个城市发展策略的差异。我们必须承认，经历过 1992 年的大建设，巴塞罗那本土建筑师对城市的把控不只是基于数据的纸上谈兵，也有着丰富的实际经验。作为当地人，他们在对场地特殊性的理解、对城市文脉和结构的解读、对市民需求和生活习惯的考虑等方面往往优于明星作品的拼盘。然而最终的改变，从某种程度上意味着当地政府倾向于放弃前一任政府所打造的“巴塞罗那经验”，转而寄希望于“明星建筑”的叙事方式。

让我们先把上位规划层面放于一边，回到单体设计上来。由赫尔佐

图 8-1　地中海海洋公园入口

图 8-2　FORUM 主场馆建筑立面

格与德梅隆设计的主场馆，是该届大会中最主要的室内活动场地和后勤区域。新建筑平面是一个巨大的等边三角形，单边长 180m，地下一层，地上是一个高度达 25m 的正几何体（图 8-2）。作为大会主场地，主场馆包括一个大于 5000m^2 的展厅、一个能容纳 3200 人的多功能厅，以及

图 8-3　FORUM 主场馆建筑孔洞

一系列办公空间和服务设施。

在所有必备功能中，多功能厅在体量和高度的要求最为严苛。从剖面上看，整个功能体从地下一层延续到地上两层，建筑的整体高度也基于多功能厅而确定。除多功能厅和联系上下层的交通枢纽外，一层被整体架空，建筑底层直接作为城市公共空间的一部分。起伏的人造地形，后来成为滑板少年钟爱的练习场。由于整个架空三角形的巨型体量，建筑师设置了 17 个大小不一的光井，保证了底层的基本光照（图 8-3）。整个底层被经过特殊加工过的不锈钢板全面吊平，这些不锈钢板有着很强的反光度，有助于通过光井或外围的光线可以再次反射，凹凸不平的表面，营造出如同海面波光粼粼的效果。两主要功能——多功能厅和展览厅皆设置独立入口。入口均有玻璃包裹，内置了大型宽幅楼梯，便于引流和疏散。

除一层底面的不锈钢板吊顶外，建筑师延续了这一时期材料多变的特点，以喷射混凝土完成了整个墙面混凝土面层处理，并漆成蓝色。喷射混凝土所形成的粗砺和不锈钢金属与玻璃的精细对比强烈（图 8-4），令人想到了他们早期建于巴塞尔的劳伦斯基金会（Schaulager Laurenz）。蓝色映射出场地同大海的关系，整个项目从远处看犹如海中一块巨大的珊瑚礁。

展览馆的主体位于建筑的二层，围绕居中的多功能厅布置。平面上采用了图解式的方式，即每个组群都是一个独立的单元，在整个平面内自由散落，其中也包括体量最大的多功能厅，单元之间的线性关系并不明显，这一做法的优点是很容易形成一个强流动性的室内空间。建筑师曾写到整个室内空间被定位成具有复合功能性质的空间，展览空间不是

图 8-4 FORUM 主场馆定制不锈钢质感

传统的展会大厅，也不是经典的博物馆空间；多功能厅也一样，既不是单纯的报告厅，也不是一个专业音乐厅。空间会根据建筑后续功能的使用而发生变化。仅从字面上看，建筑师的出发点并没有任何问题，尤其是在后续使用尚不清晰的前提下，但是成也萧何，败也萧何。单体过大的面积和专业的构成为建筑再利用上增加了一定难度。

然而室内的问题并不是整个项目受到争议的主因。正如上文所说，大会的场地位于对角线大街的尽头。从城市角度上讲，赫尔佐格与德梅隆的主展场是整条对角线大街入海前的最后一栋重要作品。同时，这里还有着所有建于对角线大街两侧的建筑或多或少面临的问题：塞尔达规划为主城区制定了一个基本节奏，但这一节奏又被对角线大街与子午线大街（Av. Meridiana）两条更高等级的斜向街道所打破，他们的强势植入为下一步处理相交而出现的非规则场地带来了一个问题：作为城市基本节奏的正交方格和更高级的斜向干道，谁才是场地上更重要的体形控制因素？

在主展场项目里，建筑师选择了一视同仁。三角形的一边延续了对角线大街的方向，而另一边则同方格网的方向一致，第三条边则受到场地一侧城市环线的影响。等边的形态说明了建筑师对场地三个城市肌理方向的平衡态度，这粗看并没有太大问题，但细想一碗水端平的中庸做法，其实只是逃避主次的区分。在金庸小说《笑傲江湖》中，有这样一个场景，针对华山剑宗和气宗之间的矛盾时，令狐冲问岳不群为什么不能气剑都重，岳不群的回答是：都重，也就是都不重。赫尔佐格与德梅隆试图以一个经典的几何形式实现梳理场地的目的，却忽视了“对角线大街的终点”才是此处不同于别处的唯一。

不知道为什么，该建筑从竞赛阶段就不太顺利。据坊间传言，赫尔佐格与德梅隆最初的方案并非如此，架空方式一致，但整个体量却是一个拓扑自塞尔达方格的四边形。因受到专业评审团队的一致反对而未能通过，但因政府执迷于赫尔佐格与德梅隆在国际上的知名度，故要求二人以博伊加斯的三角形方案为基础进行修改。建造过程中又曾出现过多起施工意外，受到国内和国际的多方舆论压力。预算的严重超标更是引起了协办方不满。即便是在大会进行中，这里也曾因漏水问题而不得不强行关闭几天。

主场馆的问题频出似乎在映射着整个文化大会的尴尬局面。无论是整体规模、参与人数，还是影响力方面，世界文化大会都不可能同 1992 年奥运会相提并论，这本就是本次大事件的先天不足。换句话说，这一级别的盛会由于各方面限制，影响力也只能限于城市一角。对城市某区域的发展能起到锦上添花或是画龙点睛的作用，但却难当起拉动更大层面发展的重任（图 8–5）。

然而作为主办方的巴塞罗那政府，对这次继 1992 年后最重要的大事件抱有可以媲美奥运会效果的幻想。然而期望越高失望也就越大：场馆建设等方面的高额投入换来的仅是 50% 的预想参观人数。后期稀疏的人群让活动不得不提前草草收场，但这仅是开始。由于场地远离城区，缺少稳定的后续使用人群，大会结束后整个场地只能面临人去楼空的窘境，耗资巨大的主场馆直到 2013 年才重新作为海洋博物馆（Museo Blau de Barcelona）对外开放。建筑师精心设计的混凝土表面，无形中同海洋博

图 8-5　因为资金问题而停滞的工地

物馆的主题契合，但同那些拙劣的主题海洋公园或多或少有些相似；底层空间凭借滑板少年带来了一定的人气，但光亮的钢板却最终难抵海风的侵蚀。而对整个城市来说，因为前期场地规划的缺陷，造成了对角线大街这条巴塞罗那最主要干道的潦草收尾。直至多年后建于主场馆一侧西班牙电话公司总部大楼的出现，才略有改善。

西班牙电话公司总部大楼（Torre Telefonica）完工于 2011 年。由巴塞罗那年轻的建筑师恩里克·马西普（Enric Massip Bosch）设计。与主会场分立于对角线大街尽头的两侧，是文化大会后整个区域的第一栋新建筑。

在上文提到的那轮由本土设计师组合所做的城市设计中，恩里克·马西普也是团队中的一员。在原方案中，恩里克·马西普负责其中一栋的高层设计。整个方案虽大部分被弃之不用，高层的部分倒是保留了下来，但在场地位置和任务书方面都进行了很大的调整，整个区域内频繁地调整，使得项目在方案定稿后政府依旧未能为该栋建筑找到一个明确的甲方。建筑在设计之初面临的困难也正是在功能定位尚不清晰的情况下如何去寻找建筑出发点的问题。

整个建筑为独栋的塔式高层，地上共 25 层、地下 3 层、总高度达 110m，如今被用作西班牙电话公司在加泰罗尼亚地区的总部，同时也是该公司的研发中心。功能上包括底层的商业展示空间和业务办理、上层的开放式办公和独立会议室，以及一个两层高的多功能厅。场地面积

图 8-6　巴塞罗那电话公司总部大楼

4000m²，但每层建筑面积却不足 2000m²。

在结构上，建筑师采用了高层经典的筒中筒结构，内筒处理交通、设备用房等功能；外筒由一圈钢结构细柱所限定，双柱之间 1.35m 的距离出自电话公司办公空间标准化布局的模数要求。内外双层结构主要用于传递纵向荷载。除此之外，建筑师还设计了一个树枝状的结构，该结构位于建筑表皮之外，主要用于处理水平方向上的受力。清晰的结构体系，便于下一步室内空间的自由划分（图 8–6）。

由于整个建筑没有设计任何裙楼，建筑师提供了一个 40m 高的入口中庭，用于处理由室外空旷大尺度向室内的过渡。也正是因为无裙楼，整个建筑体量显得极为纯净，同相邻文化大会主场馆的水平体量形成一个十字交叉式的呼应。

在平面处理上，建筑师大胆选用了一个钻石形的平面。这在高层设计中并不常见，主要是由于钻石形的平面在后期室内使用上有着如室内家具排布、角落处理等先天短板。然而建筑师并非不清楚钻石形的问题，却依旧决定以这样的平面来应对，更多是基于城市尺度的考量。如果我们采用一个拓扑方式将建筑总平面进行处理，这个钻石形平面仿若一个用于指示的箭头。建筑师试图通过这种图形意象在平面上强化对角线大街的地位。钻石形平面还可以拆解成两个三角形平面。前侧三角形，在位置上恰好可以同大会主场馆的三角形建筑形式呼应，从而再次强化夹在中间的对角线（图 8–7）。通过相近形式的两个物体来强化居中街道的

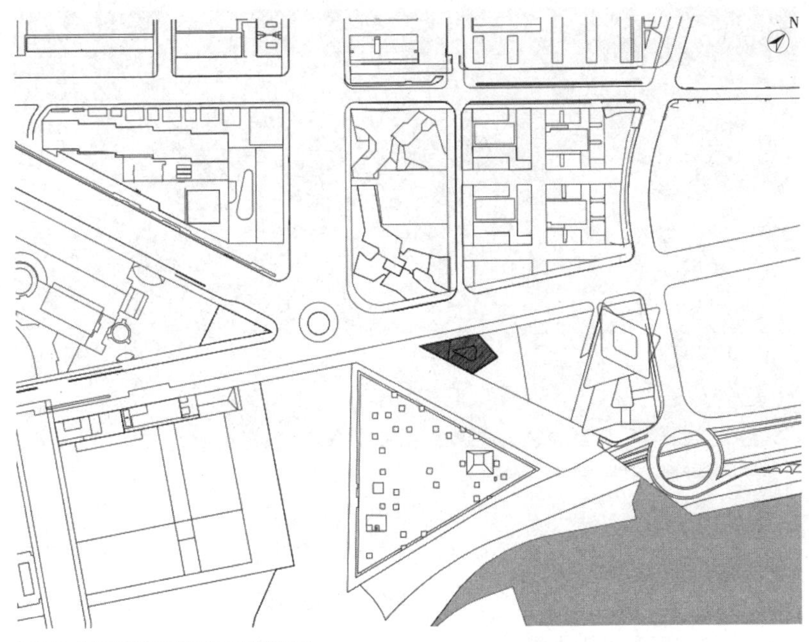

图 8-7　巴塞罗那电话公司总部大楼总平面

方式，如同罗马著名的波波罗广场（Piazza del Popolo）。

建筑的外围护玻璃幕墙通体为印花超白玻璃。在夜间，室内的灯光会直接透出来，犹如一个大型灯箱。加之建筑高度和滨海的位置都直指灯塔的隐喻，预示着场地，甚至是城市同海的紧密关系。印花玻璃上的图案为多孔网状，在保证建筑通透纯净的前提下，印花可以有效控制幕墙的透光率，降低室内自然光照的强度。同时，印花玻璃还有助于降低玻璃的清洗频次，白色网状肌理同时可以产生对海盐的联系。印花和结构外涂料均为白色，加上通体的幕墙玻璃与纤细的结构尺寸，赋予了整栋高层少有"轻"的特质（图 8-8），同莫奈奥在圣·塞巴斯蒂安观演中心使用玻璃的方式恰恰相反。这种喜"轻"也许跟建筑师曾于日本跟从筱原一男（Kazuo Shinohara）两年的工作经历所导致，也再一次印证了年轻一代建筑师身上开始融合更为多元的背景与特质。

平心而论，虽然西班牙电话公司总部大楼建成后，部分修正了 2004 年世界文化大会在城市布局上的遗留问题，但并不能掩饰整个区域在最

图 8-8　巴塞罗那电话公司总部大楼外立面局部

初战略定位上的失误。不过似乎仅仅一次失败并没有让巴塞罗那学会吸取教训，当城东这片区域还在调整中挣扎时，城西的另一端，一场新的“造城运动”又如火如荼地展开了。

从 21 世纪初起，巴塞罗那调整了以城内更新为主的策略，制定了城市沿海岸线向东西方向延伸的新格局，命名为“从贝索河（Rio Beso）到略夫雷加特河（Rio llobregat）”[①]，其意图是在比较成熟的城市核心区基础上，进一步扩展城区范围。该政策提出时，正值巴塞罗那刚走出奥运会后的财政赤字，全球经济形势也是一片大好。贝索河沿岸区域即是以 2004 年文化大会区域为起点，通过对角线大街同城区相连；略夫雷加特河片区则是以加泰罗尼亚议会大道为主线，连接西班牙广场同西侧的新商业广场，后者以世界展销中心、高层办公楼及高级酒店环绕，大部分项目均由一线事务所完成，这个如同大师秀场的广场被命名为欧洲广场（Plaza de Europa）。

作为向西发展的起点，西班牙广场首先迎来了它在功能组合上的最后一块拼图：英国建筑师理查德·罗杰斯（Richard George Rogers）同本土建筑师组合 ABAA 合作，完成了位于西班牙广场一侧斗兽场的改造。

---

① 贝索河和略夫雷加特河分别位于巴塞罗那的东西两侧，是整个城市的自然分界线。

图 8-9 阿莱纳斯商业综合体

斗兽场建于 1900 年，是西班牙广场附近历史最悠久的建筑，受加泰罗尼亚当地反斗牛的影响，1977 年后这里就被闲置下来，期间虽曾多次尝试激活，但均未成功。

新一轮的改造始于 1999 年，建筑师保留了历史建筑的大部分原始表皮，仅移走了底层部分，保留的砖墙在内部被加固后通过巨型金属结构托起，所有的结构构件均可以被放大，并涂上鲜亮的颜色，充满了蒸汽朋克的味道。打掉底层，保留上层墙面的做法与同时期赫尔佐格与德梅隆二人建于马德里的博物馆项目相似。置换后的新功能，是一个地上五层、地下一层，商业面积大于 30000m^2 的大型商业综合体，内含购物、餐饮、健身房和电影院等休闲娱乐设施。楼板均基于新结构重新构筑，结构的处理方式延续了底层外墙的做法。商业综合体的顶层冲破原斗兽场外墙的高度限制，部分用于餐饮，其他主要作为公共的景观平台。市民和游客均可以在此一览西班牙广场全景。历史建筑的一侧加建了一栋纯钢结构玻璃幕墙的附楼，表皮材料上的反差增强了两栋建筑之间的独立性。整栋商业综合体最终完工于 2011 年，西班牙广场也成为集商业、酒店和休闲、文化展览及户外活动于一身的复合城市休闲中心（图 8-9）。

回顾西班牙广场变迁过程：从塞尔达规划的改良开始出现，到现代主义与怀旧风格的对抗，再到民主的声音与私人资本的介入，整个广场及其周边的发展并非一蹴而就，整个过程如同一面镜子，折射出巴塞罗那近代城市、社会的变化。百年时光在这里留下了些许痕迹，不论先锋或是保守，参差不齐的混搭成就了西班牙广场的真实。

西班牙广场的长处，也正是新欧洲广场的短板。因原建于西班牙广场的展览会场已不能适应当代展会的需求，故在西班牙广场沿加泰罗尼亚议会大道向西开辟了一个新城市广场，用来提供每年在巴塞罗那举行的一系列产品展销会服务[①]，广场以新展览中心为基本点，沿周边开发了一系列酒店和商业办公楼，除展览中心外，大部分为民间投资。

借用民间资金参与城市新区开发始于1992年后的财政危机，如今已成为世界上大多数城市扩张的主要经济支持。当然，民间资本开发城市不可能是为了慈善，20世纪末期掀起的房地产热潮所带来的巨额收益才是他们真正追求的。商人逐利，本就无可厚非，但资金构成的改变，必然产生多方在权与利上的纠葛与博弈，从而进一步解构了原本着眼于宏观、针对公共空间的巴塞罗那模式。

同文化大会一样，新欧洲广场的主要项目也均由世界级事务所操刀。日本建筑师伊东丰雄（Toyo Ito）设计了新会展中心和一栋双塔式高层（图8-10）；法国建筑师让·努维尔（Jean Nouvel）、本土建筑师莫奈奥也分别完成了一座商业高层。逐渐受到关注的RCR也不甘寂寞地设计了一栋。然而，这些优秀建筑师如同事先约好了一般，集体性地患上了水土不服。努维尔的高层酒店在立面上的处理如同一张椰子树印花墙纸包裹的立柱（图8-11），而伊东丰雄的作品更是再一次证明了日本的细腻与西班牙的粗犷碰撞时，产生的不一定是激情，也可能是头破血流般的粗制滥造。政府和开发商共同期盼“群英荟萃”能带来毕尔巴鄂效益的

---

① 国内相对比较熟悉的世界移动通信大会正是于每年春季在此举行。

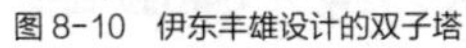

图 8-10　伊东丰雄设计的双子塔

图 8-11　让 · 努维尔设计的酒店

叠加，换来的却仅是一场闹剧般的“萝卜开会”。

相对于设计评判上的众说纷纭，功能问题才是欧洲广场的“原罪”。这里虽然在每年的部分时间段会因作为大型展览活动的承办地而人头涌动，但在更多时间里，欧洲广场仅仅是一个远离市中心的商业中心。除了密集的商业高层外就是一些如同宜家的大型卖场。商业建筑也就意味着所有人群使用的时间都集中在周一到周五的朝九晚五。简 · 雅各布斯（Jane Jacobs）早在 1960 年代的著作《美国大城市的死与生》中就提出了任何公共空间在时间上的缺席，必然会造成其在空间上离场的论点。纯商业构成造成在使用时间段上的过于单一，使得新广场仅被用作市民每日工作的场所而无法完全地融入城市生活。夜间和周末的人寥寥无几，为这个广场带来了一丝难以名状的萧条气息，经济危机所形成的高空房率更是火上浇油。这个政府与私人财团共同合作、希望借西班牙广场之势而起的新广场，并没有扮演一个世纪以前西班牙广场在扩展城市范围上的重任，反倒使得巴塞罗那政府在经济危机的泥潭里越陷越深。

巴塞罗那城市发展从20世纪90年代所获得令世界瞩目的成绩到如今的困境，不过十几年时间。我们可以将两个时期所推行的城市发展策略进行比较，其最大的不同是前者目的在于整合，后者在于外扩。博伊加斯在20世纪80年代初出版的著作《重建巴塞罗那》中，曾很清晰地解释了新城市规划策略的出发点，选择以现有城市状态为基础，进行调整与修补的操作模式，主要是基于当时巴塞罗那长居人口数和住宅数之间的比例关系。城市覆盖范围当然不会是越大越好，即便如同巴塞罗那一样有着大量流动人口的城市，长居人口数和产业才是支撑城市稳步发展的基础与保障，这一观点对所有急于扩张的城市来说，都是值得借鉴的。盲目外扩会让城市如同一个不断被吹大的气球，一旦气球超过自身承载的极限，面临着的就是爆炸的恶果。

可惜，人类的愚蠢就是往往能看到别人身上的问题，同时又会期待同一件事情在自己身上得到不同的结果。2008年，在萨拉戈萨（Zaragoza）举办的世博会再次证明了这一点。

萨拉戈萨，是西班牙的第五大城市，阿拉贡自治州的首府。这里是伊比利亚半岛最早出现的城市之一，在凯撒时期，就已经颇具规模。在摩尔人占领伊比利亚半岛期间，萨拉戈萨还曾是一个独立摩尔人王国的都城。后来又作为强盛一时的阿拉贡王朝国都进入城市的黄金时期，直至17世纪。现在的萨拉戈萨以工业作为城市的主要支柱，也是马德里与巴塞罗那之间的路上交通中最重要的中转站。

2008年，以"水与持续发展"（Water and Sustainable Development）为主题的专业类世博会在萨拉戈萨举行，为期三个月。首先要说明一下，该届世博会同塞维利亚世博会是有所不同的。按照国际展览局的规定，世博会根据性质、规模、展期分为两类：一类是注册类（亦称综合性）世博会，展期通常为6个月，每5年举办一次。我们所熟悉的塞维利亚世博会、上海世博会都属于这一类。萨拉戈萨世博会则属于受国际展览局认可的认可类（亦称专业性）世博会。这一类世博会从规模、场地，到参与人数和方式等方面都比注册类世博会要小。即便如此，这也确实是继塞维利亚世博会之后，时隔16年，西班牙城市再一次举办世博会级别的大事件。新的世博园区位于埃布罗河（Rio Ebro）的河道转弯处，与历史城区也是一河之隔。园区占地25hm²。展区主要包括三个主题馆、六个主题广场和一系列地方馆。

图8-12　跨于埃布罗河上的桥馆

从建筑数量上讲，本届世博会较塞维利亚世博会确实有着一定差距，但依旧云集了众多优秀的建筑师和建筑作品：由扎哈·哈迪德（Zaha Hadid）设计的桥馆（图8-12）；新一代的建筑师中，活跃于马德里地区的涅托和索韦哈诺所设计的观演中心；在纳瓦罗地区活动的弗朗西斯科曼卡多设计的西班牙馆。

在所有的作品中，哈迪德的桥馆算是该届世博会中最引人注意的作品。之所以称其为“桥馆”，是因为该场馆是以桥为原型设计而成的全封闭展览空间。建筑横跨于埃布罗河之上，全长达280m，包括近4000m² 的展览面积和2500m² 的交通面积。功能上，建筑师将桥的穿行功能和展览馆的展示功能融合在一起。作为连接园区同萨拉戈萨历史城区最重要的步行桥，桥馆实际上扮演了园区入口的功能，狭长而围合的体量，好似爱丽丝梦游仙境中那个深深的兔子洞，当人走出桥馆之时，嘉年华般的园区就全面展现于参观者眼前。

建筑在形式上延续了哈迪德一贯的个人特色，整个馆身和结构均由弧线构成，形式来源于常见的水生植物——菖蒲，流畅的曲线形式契合

图 8-13　桥馆立面表皮细节

了“水与持续性”的世博会主题。由于建筑以桥为基础，形体在宽度上有所局限，然而对哈迪德流动性的室内特质来说倒是极好的展示契机。建筑主要体量由四个剖面为菱形的长筒交织搭接而成，菱形的剖面形式是出于结构的考虑。同城区一侧岸边相连的部分是四个长筒中体量最大的一根，该段跨度较长，跨度和宽度比上也更接近传统的桥；经过埃布罗河中的小岛后，单根长筒分散为三根，每一根都处在不同的水平高度。这四个部分是建筑的主要体量，是建筑的结构形式，同时也是建筑内部主要的空间形式。不同高度和性质的空间在室内通过一条细长的坡道加以串联，该坡道自然成为空间内最主要的交通轴线，其他大大小小的功能体或空间依次挂在这条轴线之上。

建筑外立面由 29000 块不同灰度的灰色特制混凝土板覆盖而成，立面局部半开放（图 8-13）。哈迪德说整个建筑的表皮质感是受到鲨鱼的启发。半开放的区域被网格所覆盖。网格最低处可以令参观者从巨大空隙中直接看出去，一览河上风光。半开放也有助于桥馆内的空气流通，夏季从河上带来的湿润空气可以起到调节建筑内部微环境的作用，同时还可以为室内提供多变的自然光线和斑驳的落影。尽端半遮蔽的出口处

图 8-14 桥馆暂时封闭的现状

图 8-15 世博会观演中心

理降低了行人从完全人工采光区域到强烈的室外自然采光后出现的不适应感（图 8-14）。

由涅托和索韦哈诺设计的观演中心，是本届世博会中最主要的室内活动场地。在世博会快速施工的要求下，建筑师选用了大跨度的钢结构和由玻璃、金属网等便于工厂加工的材质作为立面材质，屋顶则采用预置混凝土板与三角形瓷片相结合的形式。起伏的屋顶形式同结构结合在一起，为室内提供了大小尺度不一的使用空间和精彩的光影变化。涅托和索韦哈诺在设计说明中将屋顶轮廓线的变化解释为对地景的一种转译方式，实际上该形式却与建筑师同期建于奥地利格拉茨（Graz）的作品（Kastner & Öhler department store）如出一辙（图 8-15）。

在这里，我们并不打算去深究建筑师手法的自我复制，而只是关注这种通过具象或者异形的建筑体量来转译地景的形式操作，从中不难看到阿尔托、伍重等人的影子。曾有评论家提到其对房屋天际线的关注同 20 世纪 90 年代弗兰姆普敦在马德里组织的一系列关于伍重展览有着一定的联系。想来出生于 1965 年前后的马德里年轻建筑师们，或多或少都受到了本次展览的影响。

图 8-16　世博会西班牙国家馆

相对于涅托和索韦哈诺的作品中与地景关系的略显牵强，建筑师弗朗西斯科·曼卡多设计的西班牙馆中所采用的转译方式更加感性与直接。作为主办方的西班牙馆是一个两层的平屋顶建筑，屋顶轮廓线为一直角梯形，而真正的功能体则由两个长方形体量和一个近六边形的不规则图形构成（图 8-16）。三个体量彼此相互独立，如同岛屿。在这三个体量和建筑屋顶轮廓的投影范围之间，建筑师设计了一个由陶土片包裹的柱阵，陶土片的纹理强化了细柱的纵向感觉，弱化了陶土片与陶土片之间的分隔。屋顶所形成的阴影与明暗变化定义了建筑的边界，柱阵产生的光影交错，如同重现了西班牙北部森林式的自然景观（图 8-17）。三个建筑通过狭窄的步道相连，步道与建筑地表之间有着一步高差，恰似那些隐于林中的小径。这座建筑在形式语言上理性而规整，同时又不乏动人的空间品质和同所在地区之间的联系，是西班牙近几年来最优秀的建筑作品之一。

对比两组建筑师针对自然环境而采用的不同转译方式，以及造成最终呈现的巨大差别，倒有些像我们常说的“形似”与“神似”之间差别。

图 8-17　世博会西班牙入口空间

图 8-18　名为水塔的高层办公楼

但实际上两者并没有绝对的好坏与高低之分。形似虽略显肤浅，却更易让人感知；神似虽更为动人，却对体会有更多的限制。

然而这些优秀的建筑作品，并没有为新区提供足够的人气。整个区域内甚至没有一家休闲吧或者公共卫生间，市民仅把这里作为平日跑步健身的去处。世博会结束 7 年之久，大部分保留下来的场馆仍被闲置着。桥馆大门紧锁，西班牙馆柱列的陶土表皮已部分脱落，国家综合馆在 2010 年笔者去参观之时，仍然在进行着保留结构置换表皮的改造。毫无疑问，在当今西班牙经济状况下，这一过程必将被无限期地延长。即使改造完成，入驻企业的数量和质量如何，又将是另一个极大的问号。而曾经作为世博会标志的“水塔”，这个耗资 4200 万欧元的高层建筑，立于空无一人处，仿若是为这场略显荒诞的戏剧画上的一个惊叹号（图 8-18）。

从巴塞罗那到萨拉戈萨，这些耗费了大量人力、物力、财力的城市开发项目，不论是大会举行时的参与人数，还是后续使用状况，同 1992 年奥运会相比皆无法同日而语，造成了城市财政的大量透支。这一结果也从某种程度上展现了时代的变化。随着网络技术的普及与全球化媒体时代的来临，人们对于事物的认识虽然越来越碎片化，但却早已跳出地域限制，不出屋即知天下事。换句话说，这也就意味着越来越难引起人们对事物的惊喜与好奇，也就降低了诸如世博会等文化盛会的吸引力。与此同时，越来越多的国家和地区也纷纷开始采用通过大事件来推动自身城市发展、宣传城市或地区名气的方式。各种盛会在一时间此起彼伏，变相地造成了大事件价值的自我贬值。

大事件的性价比越来越低，古根海姆的成功也同样被证明是难以复制的。全球经济危机的影响，对资源与环境态度的变化，人们接受和传播事物的方式也同10年前发生了翻天覆地的变化。在此拐点上，城市发展与更新策略又该如何加以适应与调整？对西班牙来说，在巴塞罗那和毕尔巴鄂之后，下一个又会是哪个城市呢？

拐点不单体现在城市发展策略层面，也体现在建筑设计层面。由于城市新开发区域大多远离城中心，建筑在设计时往往不太需要考虑项目同地理和文脉等方面关系。这确实给予建筑师最大程度的自由空间，然而在西班牙上一代建筑师作品中所普遍存在对历史与场地的尊重、对时代特质的回应等特征，却在新一代建筑师实践中有着被忽视的倾向。国际手法的影响和自我风格的执迷，让原本属于西班牙建筑的明确标签变得模糊起来，而属于新一代西班牙建筑的风格似乎仍不明朗。

社会住宅，新的亮点？

当巴塞罗那的城市发展从原本引以为豪的大局观策略和细部深入，被政治与私人资本绑架而变成危险赌博之时，马德里郊区大批社会住宅的兴建，似乎可以带给人们对这一新时期建筑设计究竟为了什么的思考。

马德里新区社会住宅的开发始于20世纪七八十年代。伴随着西班牙政治体制改革和经济复苏，加上作为首都在平台与就业机会方面的优势，城市内充斥着大量的外来人口。这批新移民不仅来自西班牙境内，还包括北非和拉美地区。出于缓解住房压力的考虑，马德里开始大面积兴建住宅区，而外围相对低廉的生活成本，使得外围新区成为新移民的聚集地。

在大量移民涌入的同时，社会人口构成也在有所调整。年轻人平均结婚年龄普遍变晚[①]，未婚妈妈、丁克家庭的数量也急剧增加，直接反映在小型家庭数量越来越多。在具体使用上，或表现为年轻人合租一个多卧室公寓，或表现为更精简的家庭构成（2 人）住在一个小户型里。于是，我们可以看到在新型社会住宅中，2~3 室的房型逐渐取代了原有 4 室或更多的西班牙传统公寓房型。单元格体量变小，为建筑手法的自由和灵活实践带来了更多的可能。

在这一系列的前提下，大批设计质感十足的社会住宅项目在城市外围陆续建成。新社会住宅多出自优秀的本土建筑师和国际大师之手，在适应 20 世纪 90 年代以后人口结构对房型需求的同时，良好的设计削弱了郊区的荒凉和萧条，也为诸如低价环保技术提供了尝试的空间。

在马德里北部，荷兰知名事务所 MVRDV 和本土建筑师布兰卡·莱奥（Blanca Lleo）合作，相继完成了两栋风格迥异的作品。第一栋作品建于 2001 年，是打造精品社会住宅风潮的首批尝试。该项目在一个常见的板楼住宅基础上加以变化。整个体量如同西班牙四边围合内有庭院传统住宅的垂直版。建筑师精心设计了一个适合纵向围合的流线形式。选择板式高层是出于减少项目占地面积、为地面提供充足城市公共空间的考虑（图 8-19）。公共空间意识也体现在位于建筑中上层的大型平台上。建筑外观由 9 种材质和颜色拼贴组合而成，表现出 9 种不同的功能体量。

---

① 具体指由 1975 年男性 26.83 岁，女性 24.29 岁到 2004 年的男性 31.24 和女性的 29.17 岁。

图 8-19 板式社会住宅立面　　图 8-20 板式社会住宅体块组合

总的来说，以单元式体量为模数进行形体上的组织、良好的公共意识、多材质变化等 MVRDV 的经典手法均在这个项目中得以展示（图 8-20）。国际化的建筑语言同周边传统的住宅风格形成了鲜明的对比，并开启了知名建筑师以当代手法来设计社会住宅的新潮流。然而此次尝试也并非那么尽善尽美。由于西班牙自身的治安问题，通过增加建筑高度而换来的底层公共空间不得不被金属围栏给保护起来；马德里的夏季高温与冬季寒风也令位于第 12 层的大型高空花园略显尴尬。在随后的第二栋作品中，建筑师吸取了前一个项目的经验，采用了更适应当地社会状况的方式。

在第二个项目里，建筑师重新启用了传统住宅形式的类型——一个 30m 高的方形封闭体，内有庭院。但在具体单体组织上，则延续了 MVRDV 模数操作的方式：整个建筑由 30 个大小不等的长方形体块和 30 个平台构成（图 8-21）。每一个体块均为一个跃层的居住单元，共计 4 种不同房型。一种三室户型，两种大小不同的两室户型和一种一室户型。较之前的 9 种，4 种房型组合成 3 种模块，降低了项目在组织和建造上的复杂程度。3 种模块以垂直交通为轴，左右交叉分布，彼此如同手指

图 8-21　内院式社会住宅建筑立面

般交织在一起，不闭合的地方即为每户的平台（图 8-22）。

在材料上，建筑师也摒弃了之前项目上多种材料搭配的方式，采用了清一色的混凝土板，并将原始颜色直接外露。所有房间窗户都是从地面到天花的大型落地窗。在立面上，窗户尺寸同建筑的大体量构成和谐的比例关系，也有利于室内通风。窗户在顶部内侧藏有遮阳卷帘，项目在屋顶装有太阳能板，这些细节均为马德里地区强烈光照而量身定做。在这个作品中，建筑师在明显的个人风格、地域与社会住宅的特殊性之间逐渐寻找到了一种平衡。

在马德里南部，同样以个人风格闻名于世的美国建筑师汤姆·梅恩（Thom Mayne）与西班牙当地组合 B+DU 联合，也完成了一个平衡度颇佳的社会住宅项目。

不同于大部分社会住宅大而整的体量处理方式，这个项目里，建筑师将 156 个住宅单元分布在场地外侧两座六至七层的板楼和居于中心区域的低层连排区域中。两侧塔楼作为整个区域边界的限定，延续了周边城市街道上的立面节奏，也为中心低层高密度区域提供了一个相对封闭与纯粹的环境。

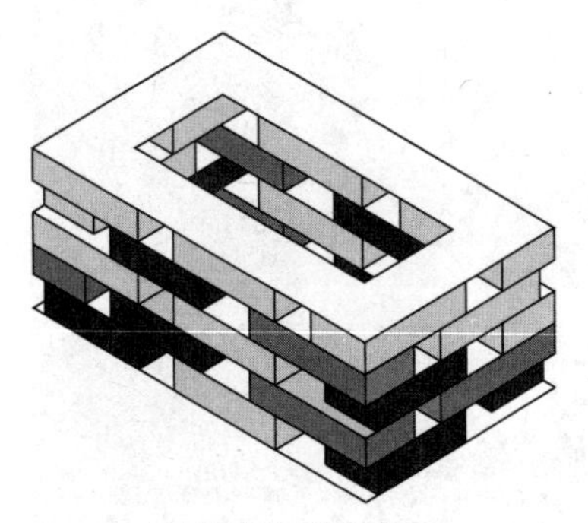

图 8-22　内院式社会住宅体量组合

低层区域以居中的机动车道为中心轴线，所有单元首先同小尺度道路相接，这些小路再集中于中间的主要交通干道上，近似一个树状组织结构。一些小的开放式院落散落其间。所有的房型都由一种基本型（客厅、厨房、卫生间、两个卧室和一个储物间）演变而成，或演变为三至四个卧室，或是在基本房型上增加阳台、内院等元素，层数为一至二层不等（图 8-23）。

在整个低层高密度住宅区屋顶和两栋塔楼的外侧，建筑师又刻意增设了一个花架系统。该系统几近铺满项目场地，由于时间尚短，花架目前仅被视为一种另类的装饰构件。但随着时间的推移，爬满屋顶和墙壁的植物将为整片住宅区提供一片天然的绿色遮盖。白色和绿色相互穿插，为这里营造出一幅静谧的景象，一个属于贫民的乐园（图 8-24）。

从盖里的古根海姆博物馆到埃森曼的文化城与圣地亚哥卡拉特拉瓦的科学城，西班牙建筑因其在建筑标准上的宽松而屡现昂贵的异形建筑。但在这些看起来既不复杂也不华丽的住宅项目里，我们又重新感受到西班牙建筑的魅力和精髓之所在。优秀的设计品质、较低的建造成本、同马德里气候相适应的构造，以及传统元素的再利用等特点，已成为这一时期所兴建社会住宅的共性。个性明显的建筑形式，对居住于此的人们在归属感和认同感形成方面有着积极且正面的意义。从这个角度来说，建筑设计同建筑造价、奢华与复杂的程度无关，其本质不过是改善人们生活的工具。西班牙建筑师的长处也正是在较低的工程预算、略显粗糙的建造工艺限制下，仍可以带给他人建筑的美丽、真实、自然的一面。

在章节末尾，再回头看看经济危机爆发前后西班牙建筑领域的一系

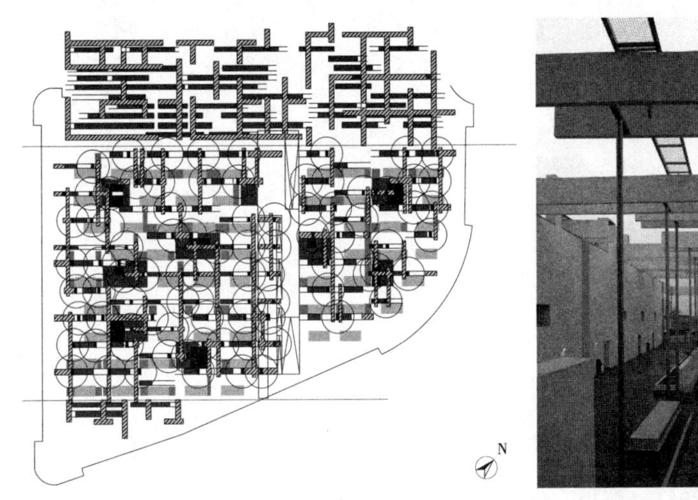

图 8-23　汤姆 · 梅恩设计的社会住宅布局示意图

图 8-24　汤姆 · 梅恩设计的社会住宅内景

列举措，我们并不难发现，在试图复制 1992 年的辉煌盛世和 1997 年毕尔巴鄂效应的尝试里，绝大多数的操作都算不上成功，甚至沦落到“画虎不成反类犬”的尴尬境地。虽然很多单体建筑从设计角度上讲各有其独到之处，亦不乏一些著名建筑师的参与，但一个建筑在设计层面上的优秀并不意味着它对大局有起死回生的能力。不论是 2004 年的文化大会，还是 2008 年的萨拉戈萨世博会，都充分说明了这一点。

城市是由建筑组成的，但又不仅由建筑组成。新城的开发，更不会如同小朋友垒积木一样只要砌得结实好看就可以了。建筑师究竟能做什么？在那些为社会低收入人群、为老年人等社会弱势群体设计的作品里，正是因为优秀建筑师的介入，在保证了设计质量、让使用人群能充分体会到设计带给他们生活改变的同时，得益于建筑师自身的知名度和社会影响力，令社会对弱势群体开始有更多的关注。在那些如今空空荡荡、无人问津的地标性建筑一层层剥去光鲜外衣之后，这些同普通人生活更加贴近的住宅项目，或许可以让人再一次找回建筑设计的意义与价值。它并不是一场权力的游戏，也不是一次拉动经济发展的豪赌，它们不过是能让我们的环境，让这些建筑使用者的生活变得比原来更好一点，如此而已。

终章 黄金时代

这不是一本科学著作，在全书最后自然不会出现一个成果式的结论；自己也不认为它是本历史书籍，从未奢望它能起到一丝“以史为镜”的作用。整本书绝大多数的篇幅，只是在试图相对客观地展示一个全面且不乏细节的当代西班牙建筑状况。然而，请大家允许笔者在最后的这点有些老套的总结性文字里，表达一些对西班牙建筑在这几十年中变化的主观理解与感受。

从起于20世纪初的现代性萌芽，到20世纪70年代对现代主义的自我吸收与调试，直至今日全球化与多元化的共存，西班牙建筑慢慢找到了一种同自己国家、地域与文化相适应的风格，并日趋成熟。虽然我们可以借助国家概念将此风格命名为“西班牙当代建筑”，但对该风格的准确定义和对特征的全面归纳依旧是极其困难的。在这段探索与形成的过程中，有高迪的鬼斧神工、有塞特的社会民主抱负、有德·拉索塔和奥伊萨通过教育对现代意识的传递、有博伊加斯的高瞻远瞩、有莫尼奥的兼容并蓄，有米拉莱斯的天赋异禀，有曼西亚的英年早逝，等等，还有许许多多并未在书中出现，却同样优秀的建筑师和他们的建筑作品。

我们可以说，在这个群英荟萃的年代里，正是这些人，用他们每个人自己的天赋、执着、热情，用只属于自己的个人风格来谱写出一个以自己为主角的故事，并一次又一次地定义着“西班牙当代建筑”这个词的具体含义。

再站得高点，用哲学角度来分析这个群体。其实建筑“语言”也是一门语言系统，任何个人化的表现都不是一种完全独立的存在，其背后必然有着超越个人风格的集体与文化特质。任何个人的自我表述所使用的“语言”往往是由其所属集体来提供的。参照查尔斯·泰勒（Charles Taylor）个人与集体关系的论述，所有语言系统的成立是不可能由一个单体来创造并仅由他去使用的。语言的最终目的是同他者对话，故而有且仅属于一个人的语言自然也就不能被称作是语言了。任何个人化的方式，只是在某种程度上扩展了该语言在用于对话时的词汇库。即便有些新词汇会同时代脱节，或被人误读。对于西班牙当代建筑，任何一个建筑师的每一个作品都是这个大语言系统中的一部分，每一个新的建筑师出现，亦或是新作品的完成，只不过是在帮助这个“语言”进行更新与自我完善。

但自己总觉得这样的解释为免显得太过冷静，集体的概念弱化了每个建筑师所面临问题的唯一性。笔者更愿去相信在建筑师一个又一个的实践项目背后，不是什么对于集体的完整，而是他们每个人在现实与梦想之间的对抗。西班牙建筑师群体一直较为庞大，但建筑师的收入仅仅算是社会的平均水平，甚至还略有不如。他们中的大多数在毕业的前10年里，往往仅能得到寥寥几个真实的小项目。这样的故事一直在上演着，并依旧会在可以预想到的将来持续下去。也恰恰通过这些并不起眼的小项目，他们将自己对建筑的理解与情感小心翼翼地放下来。对很多国家的职业建筑师来说，这种职业方式显得有些另类。他们用大多数建筑师处理精品建筑的态度和投入，去处理那些最普通与平凡的项目。这一反差让西班牙建筑往往带有一丝超现实的特质，也同时存有一种与之矛盾的“现实性”。他们的建筑有时如同一杯白开水般真实，传统的材料，经

图 9-1　静物

济的造价，不花哨的节点，不在意过多形而上的哲学思考，甚至有时还略显保守与折中，然而这也就是西班牙当代建筑的特点——让建筑扮演着建筑应该扮演的角色，回答着建筑需要回答的问题。深受“现实主义”影响的西班牙建筑师，极其擅长在某些限制下，实现自我突破与重塑。因为现实，所以具体；因为限制，所以斗争。

从 20 世纪初到西班牙新一代建筑师实践，这一特质未曾断过。可事实上，这在西班牙文化中又似乎非建筑所独有。在 17 世纪画家胡安·桑丘·柯坦（Juan Sanchez Cotan）和弗朗西斯科·德·苏尔巴兰（Francisco De Zurbaran）等人的静物画中，我们发现画家会刻意选择家居器皿、蔬菜水果等日常事物作为绘画主题，并以一种宗教化的技法和光线来加以呈现。他们希望通过对这些质朴事物的精雕细刻，表现出一种蕴藏于现实中的真实与神圣。同时期著名的文学作品——塞万提斯的《唐·吉诃德》也展现出一种荒诞个体与真实性探求之间的矛盾与平衡（图 9-1）。

相对于整个国家政治在 20 世纪的动荡不安，西班牙建筑风格的变化却并没有那么明显。如果真的有一种方式可以令我们快速浏览完这百年来的所有主要作品，也许你会惊奇地发现，时间似乎失去了它的功效。西班牙建筑的发展更像是一组被放慢的镜头，如同这里的生活一样。恰恰就是这种不刻意的“慢”，令他们的建筑有着同建筑物理属性相悖的“柔软”。

然而，当时间被翻到 21 世纪，似乎一切都快了起来，快的有些让人看不清。西班牙建筑师不得不面对拐点带来的阵痛，同时也需要去寻找属于新时期里西班牙建筑的方向。坎波·巴埃萨依旧坚持着自己的经典模型，而巴塞罗那的 IAAC 建筑学院则选择在数字化建造的方向上大步向前；恩里克·米拉莱斯去世后，他的夫人也是他的合伙人贝奈黛塔·塔格里娅布将EMBT带入了全球，成功的海外推广也出现在老牌设计组合克鲁斯和奥迪斯上；年轻的亚历杭德罗·塞拉和阿巴罗斯在美国名校中担任重要的教职，一如当年的塞特和莫奈奥；而RCR却依旧安居于加泰罗尼亚地区赫罗纳省那个名叫奥洛特的小镇。何去何从，似乎每个人都有着自己的答案。

一方面，除去新千年对多样化和个体表达的强调外，技术也成为另一个重要的影响因素。以数字化为代表的新技术革命已经逐步影响到建筑的方方面面，不论从图纸绘制、方案推敲，还是到材料的加工与项目的建造。技术上的全球化，再次降低了建筑在地域上的差异，在新一代建筑师作品中，我们已经看到曾经尊重场地的传承出现瓦解的趋势。另一方面，随着西班牙加入欧盟时间越来越久，幼稚的政治、落后的经济、闭塞的文化，这些弗朗哥的"遗产"必然会随着时间而日益消逝。这些并不都是优点，但却是过去40年里塑造西班牙当代建筑特色的根本力量。如今，当它们都在一点点被抹去，属于西班牙建筑的未来又将走向哪里？没有人知道。西班牙建筑还会继续沿着一条同世界主流风格若即若离的道路继续走下去吗？他们又能走多远呢？

当西班牙建筑师所面对的问题从"我能做什么"变成"我想做什么"的时候，也就更接近于建筑师这个职业的本质。如果德·拉索塔在体育馆项目中对结构的大胆探索没有以功能和地形特质为前提；如果莫奈奥在罗马文化博物馆中那些复古的建筑语言没有以梅里达城市和场地文脉为前提；如果RCR小品建筑中耐候钢的使用没有以小镇历史和风土为前提……如果我们把所有建筑的最终呈现都归于建筑师主观想去这么做的话，建筑确实在某种程度上变得更自由，但与之相牵绊所产生的"真实性"也就随之丧失了。如果我们把整本书对项目背景和基础信息的介绍全部删去，仅关注建筑师个人手法与对项目"本体"的理解，如同我们通常看到的大师作品分析一般，又是否还是那个唯一的“黄金时代”呢？

虽然怀有诸多疑问，但有一点是毋庸置疑的：从19世纪中期以来，西班牙建筑师从未获得过如此广阔的平台。黄金时代下的硕果累累，让西班牙建筑师得到了很好的全球认知度，他们不再是那个1970年代蓦然出现于世界建筑圈的“小鲜肉”，已经在这个舞台上清晰地找到属于自己的位置，扎扎实实。

从历史角度来看，西班牙在传统建筑史中远没有近邻法国与意大利那般显赫；在20世纪之后的几十年里，西班牙建筑虽也曾经历过大规模建设时期，但比起当下的中国，不过是小巫见大巫；媒体时代多维度地宣传，却依旧有很多人并不了解西班牙当代建筑究竟是什么样子。但这些从未影响过这里的建筑师们，他们朴实而虔诚地运用着传统建筑技术和材料，并以此塑造出那些简单、日常，却又散发着神圣光辉的当代建筑。这些建筑中触手可及的真实和其背后建筑师对职业的坚持，对生活的热爱，正是属于西班牙当代建筑黄金时代中最独特的精神与气质。

文至最后，蓦地意识到整本书初衷虽然是为了展示和回答什么是西班牙当代建筑。但实际上，这个答案即便真的存在，也永远不会藏于以上的文字中，而是会在那些安静矗立于场地上的真实建筑项目中，属于那一个个或大或小的建筑。

建筑是个容器，在这里面，塞满了城市的历史、地域的风情、技术的革新、建筑师的敏感与情怀，也容纳了物质、权力与时代本身。

时代结束了，然而历史却才刚刚开始。

宋玮

2015年2月28日

于巴塞罗那公寓

续章 2021：立于危墙

自2015年完成第一版文字至今，西班牙建筑界经历了很多事情。首先，老大难的还是经济问题。正如第八章拐点在开篇时提到，西班牙经济在2008年受到全球经济危机的影响进入深度衰退。基于当时的产业模式和全球新自由主义经济政策，这场危机对西班牙经济的影响之大并不出乎专业人士的意料，但持续时间之长却超出人的预期。西班牙经济在2009年GDP增长率跌至-3.7%，直至2011年才扭亏为盈。GDP的增长直至2018年才勉强恢复到2008年之前的水准。即便如此，家庭消费和整体失业率仍然不太乐观。

经济上的不景气直接反应到整个建筑产业。西班牙的房价自2008年出现断崖式下探，国内最大的地产开发商之一：马田萨-法迪萨（Martinsa-Fadesa）在当年就进入破产保护，苟延残喘地续命至2015年，终宣布破产。其影响之于西班牙不啻于雷曼兄弟之于华尔街。除商业地产身陷泥潭外，另一大项目类型——公共建筑，也因地方政府债务过高，大幅度削减开支，大量项目不得不搁置甚至取消。那个令全球建筑师都羡慕的西班牙20世纪90年代，在不足20年后，就仅存在于后辈对往日辉煌的羡慕与历史学者的追溯之下。

更令人感到焦虑的是，这些负面因素并非在一个瞬间全面爆发，而是如慢性毒药一般缓缓侵蚀着大家对行业的整体信心。在过去的40年里，西班牙建筑一直维持着一个良性阶梯：年轻建筑师通过竞赛和小型项目来逐渐立足业界；而中生代建筑师则随之升级，将更多的精力放在较为大型且复杂的项目上。这种不成文的代际与项目选择上的区分，是保证西班牙建筑师从成长到成熟的基础。毕竟，这个国家的建筑师一直以实践见长，而实践能力的养成必然同参与项目量直接挂钩。

经济危机的长时间持续直接导致项目量的减少，尤其是公共建筑和大规模开发项目数量大幅减少，上端供给量的削减迫使那些原本已成熟的中生代建筑师不得不降维，重新回到小尺度项目的厮杀中来。这必然会侵蚀一部分属于新一代的实践空间。如果这仅是一次行业的短期震荡，并不会撼动原本成熟的培育结构；可一旦这种下沉趋势持续过长，我们不禁会问：成长于危机下的新一代建筑师是否会因项目量的锐减而“营养不良”？

出人意料的是，成长与成熟于危机下的新一代建筑师令所有人“失望”了，也许只有他们自己除外。我们总固化地认为新一代建筑师要在上一代基础上去突破、去进化，但却忘了其实无论从哪个方向走，都是往前走的。危机下的西班牙建筑师选择的方向不是盲目的推陈出新，而是回到西班牙建筑的传承中来，去抵制黄金时代下建筑师如迪士尼般造梦式的操作与完全个人化表达的诱惑，去直面现实中预算、项目量、人力成本的局促。这场危机对这批充满勇气的年轻人来说，恰似一块磨刀石，几近实体化的生命力正逐渐打破上一代日渐套路的乏味与单调，以极其耀眼的光芒自由绽放着，他们的成熟再一次提醒了行业内的人们：诱发进化的永远不是DNA，而是对于新环境的不适。

如今，在危机下的这一代建筑师中，诸多优秀设计团队已经被业界所承认：完美延续恩里克·米拉莱斯风格的弗劳莱斯与普拉斯（Flores & Prats 事务所），同样居于西班牙一隅的TEd'A，同国际资本深度融合的何塞·塞尔加斯与路易斯·卡诺（成立 Selgas Cano 事务所），少年得志的法布里奇奥·巴罗兹与阿尔伯托·贝伊加（成立 Barrozi Veiga 事务所），风格朴素经典的 H Arquitecte，等等。其风格之多元、事务所分布之散、项目实践覆盖面积之广，均不弱于前人。确实，受其年龄和实践数量所限，这些事务所中的大部分尚未完全定形。但对材料与预算的控制、对场地特质的准确回应，甚至对形而上问题的刻意弱化等共性特点，均普遍存在于这一代建筑师的作品之中。由于这些事务所尚处于进行中的成长状态，相较前文章节，本章对于项目的介绍多着眼于项目本身，弱化了对建筑师个人特征的总结。

以材料对应低预算

由于整个经济低谷期持续时间长达十余年，造成了这一代人的年龄跨度较大。让我们先从略微年长的托尼·吉罗内斯（Toni Girones）开始。托尼·吉罗内斯，1965 年生于巴塞罗那郊区巴达洛纳（Badalona），1992 年本科毕业；1993 年开始教学，同年在巴达洛纳开设个人事务所；后长期在雷乌斯建筑学院（Escuela de Arquitectura de Reus）任一年级教研主任（2005—2017 年）；2016 年获得博士学位。

1995 年，吉罗内斯为加泰罗尼亚小镇卡达凯斯（Cadaques）的海边设计了一个临时装置。装置仅是用来帮助海边度假的人们比赛“打水漂”。简单的浮标、绳索，如同一个五线谱，水面上划过的石头如同音符。建筑师在海面上构建了一个 40m × 40m 的正交网格矩阵，同大海永不停歇的波荡形成了天然反差。这个装置（随后曾多次被使用）并不能被视为是一个完整的建筑，但建筑师处理自然与场地之间的特殊方式却逐渐成为其作品的重要特征（图 8-24）。

因长时间以教学为主，吉罗内斯的建成作品并不多。其中位于塞

图 10-1　石碑馆建筑与场地关系

罗（Sero）的巨石碑展示空间（Sero megalithic tomb/dolmen transmitter space，下文简称“石碑馆”），则是最能解释其风格的作品。

石碑馆位于加泰罗尼亚地区莱里达（Lleida）省一个叫塞罗的小村。2007 年，附近的河床考古发现了几块距今已有 5000 余年历史的石碑，当地政府遂决定在塞罗村建立一个小展厅。项目在兼顾展示与多功能厅、特产销售等公共服务功能外，成本是设计不论从前期建造，还是后期运营都需要顾及的核心因素。

同所有加泰罗尼亚的无名小村一样，塞罗几乎没有什么需要被特殊强调的。小村建在一座小山坡上，场地就选在了村口的一块空地，虽然地势较缓，依旧存在清晰的高差关系（图 10-1）。

吉罗内斯将整个石碑馆控制在一个水平展开的单层体量内，项目中包含四个功能部分：当地葡萄酒与特产销售区、多功能厅、展示考古文献的史料展厅，以及作为核心的石碑陈列区也依次平铺开来（图 10-2）。前三者围绕西侧入口布置，而陈列厅则位于建筑东侧流线的末端。整个布局的逻辑清晰，场地西侧毗邻村庄，入口设于西侧，有利于人流组织。特产销售区与多功能厅均为村民服务而特意设置的功能，也需要围绕入口布置。体块的高度基于背后村路高程同建筑入口的高程差，屋顶平台可以同

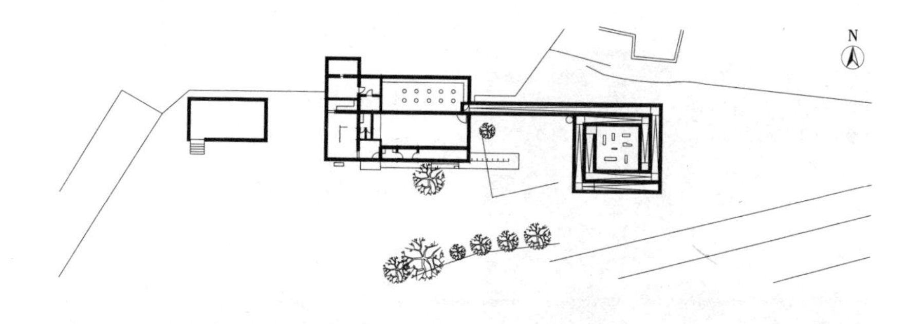

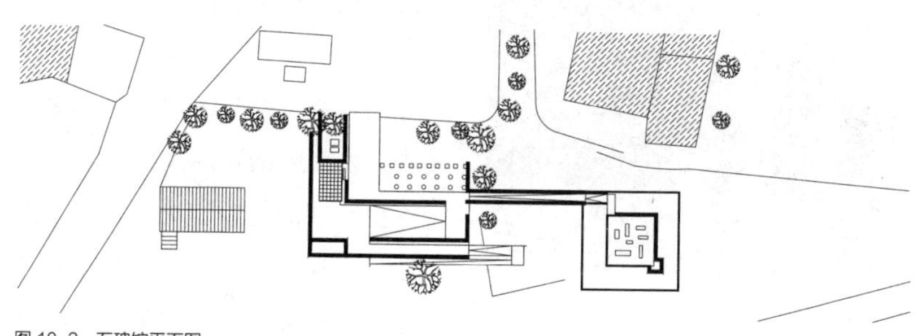

图 10-2　石碑馆平面图

图 10-3　石碑馆外立面

公共道路平接，激活了屋顶作为村民公共活动空间的属性（图 10-3）。

需要注意的是，通常在展览类建筑设计中，我们倾向于史料展厅紧邻实物展厅，这便于参观者认识的建立。而吉罗内斯却选择了一种相反的策略：刻意将文献展厅集中在相对热闹的西侧区域，石碑展陈居东。两个区域泾渭分明，中间通过连廊相连，强化了后者的纯粹性。连廊末端又接入一个精心嵌套的回廊，进一步延长了两个区域的距离，欲扬先抑的节奏强化了终点石碑所带来的视觉冲击，而与碑体一一对应的天光

图 10-4　石碑馆特产销售区室内

赋予了展厅如教堂般的神性。

为了控制造价，混凝土、多孔砌块以及螺纹钢筋，三种日常建材构成了项目材料的主体。混凝土结构框架和砌块填充墙面均未做二次修饰，直接呈现于建筑立面。基于葡萄酒销售的特殊需求，吉罗内斯在附近砖厂定制了一批特殊的空心砌块，质感同普通多孔砌块并无二致。砌块的空心孔径同葡萄酒瓶相吻合，墙面砌筑完成后，空葡萄酒瓶可以直接插入砌块中，在呼应主题的同时，葡萄酒瓶所具有的聚光性和透光性又可以弥补室内的照明亮度。除泛光功能外，空心洞口还扮演着空调的作用：冬天插上瓶子，塞上瓶塞，瓶子内部的空气可被视为空气层，以起到一定的保温作用。而在夏天，抽掉空气对流方向上的瓶子，则可以迅速建立起换气的通道（图 10-4）。

除特产销售区外，该特制砌块还大面积用于前往和离开石碑陈列区的通道立面上，砌块通体形成的镂空效果近似中国园林中用传统筒瓦制成的花窗。半透明的特质在连廊和回廊两个区域分别扮演着不同的角色：在连廊处，外部自然光线可以直接进入，通过空间亮度的变化塑造参观者的感官变化，亦为后面石碑陈列区提供充足的亮度阈值上限；在回廊区域，嵌套造成了光线强度的逐层被削弱，亦有助于参观者在螺旋平面中建立自我定位。

除定制多孔砌块的巧妙使用外，砖厂中随处可见的碎片也被建筑师利用了起来。碎片根据颗粒尺寸被归整为大、中、小三类，撒在通往石碑陈列区的长廊地面。越靠近陈列区，颗粒的尺寸越小，颗粒之间的摩

图 10-5 石碑馆石碑展示区室内

擦声就越小，参观者走在地面上的声音也就越轻柔。

结合平面，我们可以发现整个围绕石碑陈列区的回廊其实是一个双层嵌套的结构。向心的进入与离心的离开流线如螺旋般反扣在一起；均一的立面令参观者在进入过程中不会意识到另一侧空间其实是反向的；然而光线因为立面的逐层过滤，而出现越往中心越亮，越往外围越暗的感知变化，铺地处理的方式亦是如此：向心运动时，颗粒越小，声音越弱；离心运动时颗粒越大，声音越强。行动、光线、声音共同建立起一种极为罕见的行进逻辑与感知同频，直至流线末端（图 10-5）。

由于整个场地西高东低，参观者在做离心运动的同时，垂直方向则在逐步下行。在屋顶维持不变的前提下，室内净高度也就相应逐渐增高。从剖面看，空心砌块的起砌点维持在一个绝对标高不变。因此，下端的混凝土基座高度势必也在不断增加，并彻底改变了参观者在离开时的视觉体验。随着混凝土基座高度超过人的视线高度，参观者的水平视阈被封死，视线集中在正前方，极致的高宽比令出口如同一幅细长的画卷；然而，当你从出口迈出的一瞬间，远方秀美的山景又在你眼前水平展开。

图 10-6　石碑馆出口

垂直与水平的转换也正是整个参观过程的句号（图 10-6）。

除上文提及的空间控制与砌块的巧妙使用外，该项目在天光处理、螺纹钢使用等方面亦颇具匠心，后者更逐渐成为建筑师的标志性材料。同 RCR 相比，吉罗内斯的方式显得更轻松与包容。2016 年，吉罗内斯完成了他的博士论文——《自然建筑：对于建筑中常数的回应》，文中多次提及水平线、场地边界、时间等似远还近的要素对于建筑的意义。

石碑馆项目需要再次被强调的是其面临的低预算困境。这其实是危机下的大多数建筑师均需要面对的问题，尤其是在西班牙这样一个基于工程总造价收取设计费的收费体制下。选择一种兼具可塑性和多使用场景的材料作为建筑主体材料的操作方式，成为破局的主流途径之一。相较吉罗内斯的石碑馆项目，位于伊比利亚半岛南部，同龄的何塞·塞尔加斯与路易斯·卡诺（Jose Selgas & Luis Cano）在相似的途径下，在大型公建中采用了属于他们的方式，同样值得关注。

同是 1965 年生人的何塞·塞尔加斯（Jose Selgas）与路易斯·卡诺（Luis Cano）一同于 1992 年毕业马德里高级建筑技术学院。毕业后，赛尔加斯前往意大利跟从弗朗西斯科·维尼西亚（Francesco Venezia）[①]，

① 弗朗西斯科·维尼西亚（Francesco Venezia），1944 年生人。1970 年毕业于那不勒斯大学建筑学院，1971 年成立个人事务所。职业生涯早年因参与吉贝里那（Gibellina）地震重建项目而为人所知。后在热那亚、威尼斯、哈佛、门得里西奥（Mendrisio）等地教书，同时从事大量的展览类工作。2015 年米兰三年展授予其金奖，以表彰其整个职业生涯在艺术与文化方面的贡献。

1997—1998年间获西班牙驻罗马研究院奖学金[①]赴罗马学习。卡诺毕业后则在父亲朱利奥·卡诺·拉索[②]的事务所工作至2003年。虽然俩人在毕业后的轨迹并不相同，但实际上，从1997年起俩人就开始一起合作投标，直至1998年塞尔加斯回到马德里，同卡诺成立塞尔加斯与卡诺事务所。

如果仅从二人的专业成长背景来判断，塞尔加斯与卡诺的风格应有着较清晰的古典主义气质。毕竟不论是弗朗西斯科·维尼西亚，还是朱利奥·卡诺·拉索的项目均长于体量感控制和纪念性营造。但结果是令人大跌眼镜的。从早期最具代表的作品——巴达霍斯演艺中心（Conference and Concert Hall Badajoz）开始，二人的风格就充满了时尚与当代个性化表现。

演艺中心的场地紧贴巴达霍斯老历史城墙，原本是一座斗牛场。建筑师在保留原斗牛场的基本轮廓线前提下，以一种半透明的柱状体加以再现。新建筑采用了双层嵌套的布局结构，内圈通过地面下挖实现了演艺中心对于高度的要求；在外圈的处理上（方案原本将外圈严格守在斗牛场外轮廓线上，后因功能需求不得不进行小范围外扩），建筑师则利用有机玻璃（PMMA）管，通过编织的方式扎出了一道新外墙（图10-7）。

当然，呼应原建筑轮廓线的方式在改扩建项目中早已司空见惯，但二人在颜色与材料的大胆尝试，带给了这个项目一种在当时业界少有的时尚感。诚然，有机玻璃管永远无法呈现大理石的典雅和厚重，这主要基于现代化学的聚合物产品在很多人眼里廉价低端的标签。但塞尔加斯与卡诺在20世纪最后一年所完成的方案，借助手工编织的肌理来弱化有机玻璃管材料上的廉价感与粗糙的细节，在面对捉襟见肘的预算时，以一种天才般的创意，解构了我们对演艺中心厚重、古典的固有认识，而

① 前文在介绍莫奈奥时，曾提及该奖学金。

② 朱利奥·卡诺·拉索（Julio Cano Lasso）在前文介绍坎波·巴埃萨时提及过，是坎波·巴埃萨最重要的启蒙导师之一。

图 10-7　巴达霍斯演艺中心

这个项目的成功也为二人迅速走向国际奠定了基础。

在后来对塞尔加斯与卡诺的一次访谈中，他们提到巴达霍斯演艺中心让他们认识到，设计有时就像是一次针对现有条件的开卷考试，总有些因素其实早就摆在那里，你需要走近并找到他们，但又不要过多地干预他们[①]。2001 年，巴达霍斯演艺中心尚处在施工阶段，塞尔加斯与卡诺又赢得了本土的第二个演艺中心竞赛，依旧在西班牙南部，是位于穆尔西亚（Murcia）的卡塔赫纳（Cartagena）海边。

卡塔赫纳是穆尔西亚（Murcia）自治州南部的港口城市，建于公元前 3 世纪。公元前 44 年，腓尼基人打败罗马人占领这里，正式命名此地为 QartHadašt。在拉丁语中，它被又称为 Carthago Nova，正是如今卡塔赫纳（Cartagena）名字的起源。卡塔赫纳的老城区地理特征非常特殊，位于地中海和内陆泻湖之间的小半岛上，矿产资源丰富，历史上一直是伊比利亚半岛南部重要的军事码头。自 19 世纪起，现代矿业的发展刺激了城市扩张，城市的基本格局也在这一时期逐渐成形。内战时，卡塔

① *El Croquis* 171：Selgas Cano 2003—2013：9.

图 10-8 卡塔赫纳演艺中心建筑与场地关系

赫纳作为第二民主共和国的最后据点曾遭受重创，直至 1970 年代的旅游业复兴，才为这座城市带来了新的生机。得益于得天独厚的水域条件，卡塔赫纳是环地中海邮轮的主停港口之一，亦是西班牙海军的常用基地。

卡塔赫纳港口是一个沿海岸线横向展开的扁长结构，总跨度约 1km，而塞尔加斯与卡诺所设计的演艺中心则位于该区域的东侧。场地前身被用作军事码头，1990 年代后转为民用。建筑师们曾这样来描述场地状况："卡塔赫纳演艺中心其实远比巴达霍斯项目困难得多，因为后者有着历史城墙与斗牛场，场地的线索是明显的；而卡塔赫纳的场地则看起来要无聊得多。"随后，他们又写道："当我们第一次来现场时就意识到，不论当地政府如何去强化整个海岸线对城市、对生活的意义，这里仅可能被作为一个边界而存在。"换句话说，这片场地既不属于城市，也不属于大海，码头的边界特征是整个场地的关键词，也是演艺中心设计的出发点（图 10-8）。

新的演艺中心东西长约 200m，外轮廓线方正，同海岸线平行。与巴达霍斯的演艺中心类似，项目的高度是设计之初需要被精心控制的：它不能太高，太高会令演艺中心变成为一个庞然大物，打破原码头的天际

图 10-9　卡塔赫纳演艺中心室内交通空间

线；它也不能太矮，太矮则会令新建筑的存在感太弱，建筑师希望新演艺中心能够延续码头作为城市和海洋分割线的边界特征。与外轮廓线相反，建筑内部则采用了完全自由的平面布局。一系列小体量功能空间并置在长方体北侧，这些功能由南侧的一条公共步道串联，主多功能厅位于步道东侧末端。不论是作为主多功能厅与公共空间之间的隔墙、主多功能厅内划分辅助用房的隔墙，还是南侧步道的流线，都以折线的方式呈现，使其同外轮廓的方正形成强烈的对比（图 10-9）。

立面上，建筑师延续了巴达霍斯演艺中心用有机玻璃编织形成立面的方式。除此之外，还大面积地使用了聚碳酸酯板（简称 PC 板）。材料的选择首先是基于当地的产业情况，卡塔赫纳是欧洲最大的聚碳酸酯板加工基地。建筑师称选择聚碳酸酯板不仅是因为“这是一种地域材料，同时也是唯一可选择的材料。”[①] 所有 PC 板在工厂被压成型，切割成板材后运至现场。考虑到现场的二次裁切与诸多的不确定因素，建筑师同时设计了一批薄断面的铝板材连接扣件，这些相对较软的五金件为现场的再调整提供了可能，如同巴达霍斯演艺中心的编织一样，再次实

① *El Croquis* 171：Selgas Cano 2003—2013 ：15.

图 10-10　卡塔赫纳演艺中心主厅室内

图 10-11　卡塔赫纳演艺中心幕墙

现了以工业材料重塑手工感的目的。当然，卡塔赫纳当地温暖舒适的气候，也是这种在气密性上有着天生短板立面做法的前提（图 10-10、图 10-11）。

除材料外，颜色的使用也延续了事务所的跳跃风格。外立面多彩的PC 板，室内蓝色内置隔墙与大面积橘色漆面，都带给该演艺中心一种类似当代艺术画廊的空间气质。加之夸张的地下室通气口，充满视觉冲击力的室内照明系统等做法，令其作品有着不同于经典马德里学派的内敛，却更具当代印记。

也许确实如同建筑师前文所写的那样，这个项目相较于巴达霍斯演艺中心是缺乏一些强有力的介入点，从而使得整个项目的呈现因缺乏强力组织要素而显得异常矛盾。矛盾体现在外轮廓的规整与内部布局的跳脱；体现在滨海大道主入口的隐蔽和通往地下入口的张扬；体现在个性特征明显的小空间与整体（图 10-12）……我们承认，项目不乏令人印象深刻的局部，但各种造型的PC板似乎是这个作品为数不多的连贯线索。多重的矛盾性在某种程度上展现出“场景式”的当代设计趋势对马德里学派的影响，并在安德烈 · 哈克（Andrés Jaque）等人的作品中体现得更为清晰。

从巴达霍斯演艺中心到卡塔赫纳观演中心，以及随后完成的普拉森西亚观演中心，与同时期他们位于马德里的办公室等项目中，我们不难

图 10-12 卡塔赫纳演艺中心外立面

总结出塞尔加斯与卡诺日渐稳定的设计语言：对半透明体量的喜爱，大胆的颜色介入，非常规的高低技术的混搭，等等。结合二人后来为肯尼亚设计的公益项目、在英国完成的“第二个家”（Second Home）办公楼，以及 2015 年的蛇形画廊等项目，这种特质竟表现出惊人的连续性与针对不同项目要求的超强适应能力，如同上一代马德里人所热衷的“模型”式探索。

拥抱不可逆的全球化

在介绍完危机一代中年龄相对较大的代表后，让我们将目光投向平均年龄最年轻的组合之一：TEd’A（Taller Estudi d’Architectura）。TEd’A 的创始人伊莲娜·佩蕾丝·皮菲勒（Irene Perez Piferrer）和海梅·马约尔·阿门瓜尔（Jaume Mayol Amengual）均出生于 1976 年，前者是巴塞罗那人，后者来自马略卡群岛。二人先后毕业于加泰罗尼亚理工大学，海梅·马约尔在 2010 年获博士学位。2006 年，二人在马略卡岛正式成立 TEd’A。

TEd’A 一词同西班牙大部分以创始人名字组成的事务所命名方式不

同，Taller Estudi d'Architectura 可以被译为“建筑的工作坊或工作室”。其中 Taller（T）尤其特指那种需要匠人手工制作的工坊。这个名字足以说明两人是类似匠人式的建筑设计方式。用他们自己的话说，“TEd'A 是一个可以让人们分组工作，缓慢而热情地分享知识并相互学习的地方。”①

TEd'A 的大部分项目位于马略卡群岛。在其作品中，我们可以直接地感受到地域元素与更专业的技能所带来的融合，并呈现出一种柔滑的平衡，如路易斯和尤拉利亚之家（Can Lluis I N'Eulalia）中圆厅别墅、特伦顿浴场等影子清晰可见，但又被当地特有石材（Mares stone）巧妙地包裹与消化，等等。同很多西班牙建筑师一样，TEd'A 也常常会青睐材料作为他们建立同场地联系的媒介。作为旅游业唯一支柱产业的马略卡②来说，游客所带来的外来文化正在大规模侵入已经不可避免，而 TEd'A 对地域材料的挖掘与再设计，起到了改善当地材料商对传统工艺态度的作用，有评论家将其视为一种对地域文化侵蚀和对标准化与全球化的抗争，如果这种抗争真的存在的话，那么酒店类项目一定是理解 TEd'A 的最好切入口。

TEd'A 设计的皮卡福特之家度假公寓（Can Picafort Apartamentos Turisticos）位于马洛卡岛北部的度假小镇圣玛格丽塔（Sta Margalida），是由一栋滨海三层公寓楼改造而成。场地北侧面海，南侧则同城市道路毗邻，东西山墙被既有建筑限制，场地的局促限制了建筑师扩展空间的可能（图 10–13）。

针对酒店功能，TEd'A 在平面上进行了再规整。拆除了原建筑的所有隔墙，重新调整了平面布局，首层用于酒店服务和基本配套，二、三层用于客房，包含楼梯在内的酒店后勤功能被推到建筑东西两侧，这些

---

① *El Croquis* 196 [II]：TEd'A 2010—2018：7.

② 关于马略卡岛的基本情况，见前文拉斐尔 · 莫奈奥章节。

图 10-13　皮卡福特之家度假公寓立面

图 10-14　皮卡福特之家度假公寓内庭

空间的门扇均采用隐形门的做法，弱化其存在感，凸显北侧海景在公共空间的视觉核心地位。由于场地进深较大，一、二层在居中的位置设有内庭，内庭底层铺有多孔火山石，火山石多孔的特质可以起到一定的除湿作用；三层在面海方向后退，为这个占据一层的大客房提供一个大型景观平台（图 10-14）。

相对平面，度假公寓项目中最被业界所称赞的是他们对当地材料的创新性使用。他们将当地最司空见惯的黏土砌块（Termoarcilla）旋转 90°，通过暴露其蜂窝状的内部结构赋予了该材料为人所知的使用方式。据伊莲娜所说，这种材料的发现是一次意外，当时他们正在为皮卡福特之家业主设计自家的住宅，在去工厂为项目选择材料的过程中偶然发现了黏土砌块侧面的特殊肌理，随后他们就接到了度假公寓的委托，顺势将这次发现用于新项目。伊莲娜也笑称，其实是因为住宅项目拖的太久

图 10-15　皮卡福特之家度假公寓客房室内

而一直没机会用[①]（图 10-15）。

需要指出黏土砖的转向改变了该材料的力学特征，使得原本具有结构力学的砌块仅能用于非结构的填充墙体。同时，裸露的繁密纹理也不利于机电的排布。TEd'A 在确定好开关和插座位置后，将线盒所在的墙面砌块用涂料盖住，并形成了一种纹理上的变化。除黏土砖外，需要特殊需求而启用的瓷砖在颜色上同黏土砖的色彩协调一致，其中非釉面瓷砖多用于主要地面和局部墙面，釉面瓷砖则穿插使用在操作台面、柱子处和一些防水区域，后者的使用方式接近于伍重设计的利斯住宅（Can Lis）。但伊莲娜自己坦言，这种材质的局部变化大部分仅是一个建筑师的视觉构成游戏。黏土砖、瓷砖以及用作楼梯扶手和阳台栏杆的螺纹钢

① 信息来自于笔者在 2019 年对 TEd'A 的访谈。

图 10-16　皮卡福特之家度假公寓客房立面室内

筋，甚至包括内庭的火山石碎片，均为同色系。形成了一种扁平的颜色组合，精心地控制让位于环境之于度假酒店的作用（图 10-16）。

相较于他们在岛上的住宅项目，酒店类项目更体现出建筑师在平衡异域风情定位和普世服务配套，在平衡时代感和传统地域特征之间的能力。“他们的方法有能力重建被围困的，几乎被所谓全球文化浪潮吞没的土地，他们不会去做那些肤浅的模仿，而是去做实质性的转变”。[①]

更难能可贵的是，他们通过岛上项目所锻炼出的融合传统建筑学策略与地域文化的能力同样适用于西班牙之外的项目。在建于瑞士法语区奥舒纳斯（Orsonnens）的小学项目中，TEd'A 以当地住宅“建造与形式契合”（construction is form）的传统为出发点，设计了兼具结构与空间形式契合的传统，与当代学校使用功能的笼子体系；立面上对当地木瓦片的再利用延续了他们对材料的关注。从他们的项目中，这些线索从未遮遮掩掩，他们或来自建筑学的本体知识，亦或来自场地的碎片信息等前置因素；而建筑师所做的，似乎仅是简单地将这些因素沿某个方向推

① *El Croquis* 196 [II]：TEd'A 2010—2018：203.

了一把。诚如他们自己所说，建筑师做的其实只是一种进化，而不是革命（evolution instead of revolutions）。

从塞尔加斯、卡诺、TEd'A 等在非西班牙境内的实践中，我们发现危机下的一代已经实现了从西班牙到欧洲的市场扩展，通过职业生涯早期本土实践锻炼出来的设计方式，在同全球建筑市场的接轨过程中体现出极强的适用性。而职业生涯初期就一直以全球为市场的巴罗兹与贝伊加，无疑是年轻一代在全球化方面最具代表性的一对。

巴罗兹与贝伊加是由法布里奇奥·巴罗兹（Fabrizio Barozzi，1976—）和阿尔伯托·贝伊加（Alberto Veiga，1973—）于 2004 年在巴塞罗那创立。但二人均非加泰罗尼亚人，亦未求学于巴塞罗那。后者来自西班牙西北的圣地亚哥·德·孔波斯特拉，毕业于瓦纳拉大学（两地介绍可见之前章节）；而前者则是意大利人，曾在塞维利亚等地求学。俩人在塞维利亚的事务所（Guillermo Vazquez Consuegra）相识并一同工作，直到 2004 年合作赢得第一个竞赛后，从塞维利亚搬到了巴塞罗那开始独立从业。成立当年，二人就赢下了阿吉拉斯市（Aguilas）展演中心竞赛，该项目最终在 2011 年建成（图 10-11）。也许是跨国组合有着处理异地文化的先天优势，整个团队一直长于国际竞赛，并以此作为项目最主要的来源。事务所成立 3 年后，他们赢得了职业生涯最重要的竞赛之一：波兰什切青（Szczecin）音乐厅，该项目最终于 2014 年竣工。

相较德国、意大利、法国、西班牙等国，波兰和这座名为什切青的小城对大部分读者来说都是陌生的。什切青位于波兰与德国的边境，是波兰的第七大城市，同时也是第二大海港。人口仅有 40 余万，这里曾先后被波兰、瑞典、丹麦、普鲁士统治过。工业革命后，这里一直被德帝国统治，由于什切青紧守奥德河口（Oder），是当时德帝国北向进入波罗的海最重要的港口。二战结束后，这里重新被划归波兰。虽然曾经居于此地的 40 万德国人被迫迁出，但长期受德国文化熏陶的影响，清晰地体

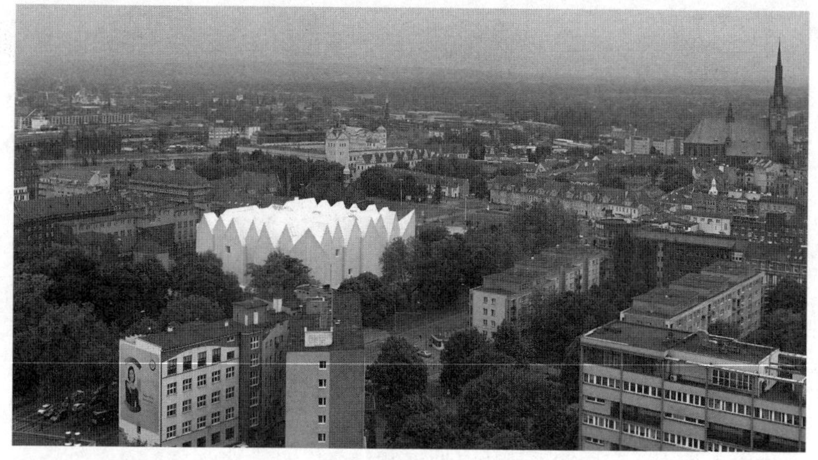

图 10-17 什切青音乐厅鸟瞰

现在整个城市以哥特式为主的城市风貌上。

1970 年以后，因整个国家的政治动荡，城市发展也进入低谷。2007 年的音乐厅竞赛是什切青第一次举办大型公共竞赛。新音乐厅在功能上要求包含一个可容纳 1000 人的交响乐音乐厅和一个 200 人的小型室内音乐厅。除此之外，当地政府其实更希望通过这样的地标性项目，重振整个城市在后工业时代衰落的面貌，充分发挥边境城市优势来发展旅游业，其目的同前文屡次提到的西班牙城市一样。

新音乐厅的场地位于什切青市中心东南，这里是该城市极其重要的历史街区。这里原本立有一座建于德帝国时期（19 世纪末至 20 世纪初）的新古典音乐厅，二战时被炸毁；场地东侧的新哥特风格的建筑曾是二战时期的盖世太保总部，后被用于当地警察局。场地南侧的广场是 1970 年代一系列重要抗议活动的事发地，该广场于 2016 年由波兰本地的事务所 KWK Promes 完成改造，实现基础设施更新的同时，植入了一个新的半地下展陈空间（图 10–17）。

基于场地周边的一系列线索，建筑师首先将音乐厅主入口定于南侧，直面广场。考虑到广场既有纵深，主入口并未留太多退界空间，保持着由东侧历史建筑所确定的边界。不仅在南侧，紧邻林荫道的西侧和用于组织后勤出入的北侧均紧贴边界。项目在以一个近正方形的平面形式占据了整

图 10-18　什切青音乐厅立面局部

个场地，结合二人后来的项目，这种“占领”场地的处理方式其实是建筑师的重要特征之一。

相较于平面的整体性，立面则是由一个基本单元重复叠加而成。虽在局部有错位和变化，但白色氧化铝隔扇和背后的超白玻璃所塑造出的整体性，弱化了基本单元的存在，外立面如同一个半透明表皮包裹住整个建筑。玻璃背后设置建筑灯光系统，表皮之间的距离被用作维修区域（图 10-18）。

虽然三角屋面的天际线处理显现出建筑对东侧警察局立面的呼应，并让熟悉历史的本地人轻易联想到汉萨（Hansa）同盟时期的建筑风格。但这种弱细节化的当代形式同周边环境并不完全协调。对此，建筑师阿尔伯托·贝伊加有着自己的解释：“我们希望像音乐那样去重新诠释古典形态，用一种每个人都可以理解的简单方式来建立一种复杂性”[①]（图 10-19）。

现代极简几何的风格延续到室内。考虑到主入口紧贴街道，建筑师设计了一个小前厅，处理从城市到室内的过渡，相似的做法也出现在近期慕尼黑竞赛等项目中。在穿过前厅后，整个空间被迅速拉高，形成一个贯穿四层的中庭。天光自上空洒下，作为建筑主色调的白色延续到室内，强化了中庭的宏大和纯净。用于组织交通的两部楼梯分别位于主入口轴线的两侧，有着清晰的引导性。中庭中轴端头是项目的核心功能——位于 2~4 层的千人交响乐厅。交响乐厅的下部嵌入办公部分，并与北侧

① 原文为：We wanted-as in music-to reinterpret Classical morphology，to compose something complex，but with very simple movements that can be understood by everybody.

图 10-19　什切青音乐厅外立面

后勤出口相连。另一个 200 人的室内音乐厅则位于一侧的 2~3 层，它的下方是餐厅和咖啡厅，而 4 楼被用作画廊。整个中庭全天向市民开放，并为下一步社会活动的植入预留充足的空间。贝伊加将这个中庭称为“城市大厅”（Lobby of the city）（图 10–20）。

同公共空间的白色不同，黑色和金色分别成为小室内音乐厅和大交响乐厅的主色调。尤其是后者的颜色，不禁让人联想到欧洲古典音乐厅的经典配色。大交响乐厅采用了经典的鞋盒式平面，金色材质基于当地金箔工艺的现代化转译后，附在多面的几何造型之上。大厅的天花是由声学家希吉尼·阿拉乌（Higini Arau）根据斐波那契数列设计而成的吸音天花阵列，这些变化体块所形成的裂缝亦为下一步设备提供了充足的空间（图 10–21）。

正如竞赛时政府所期待的那样，建筑师从设计伊始就未将关注点落在“好用的音乐厅”上，而更多去思考“如何去实现一个有着存在感，令人印象深刻的建筑。”建立一种建筑师称其为“感性的纪念性”（Sentimental monumentality）特性，期望自己的建筑可以“同时兼具特殊、自主、亲密、不朽……能保留每个地方的丰富与独特，并发现每一场所

图 10-20　什切青音乐厅入口大厅

图 10-21　什切青音乐厅主音乐厅

隐藏着意想不到的景观。”建筑完成后，但凡有专业交响乐演出，城里居民都会把他们最正式的衣服翻出来前往音乐厅欣赏演出。音乐厅的出现，唤醒了这个后工业城市深植在波兰血液中对于音乐的热爱。2015 年，什切青音乐厅获得了密斯·凡·德·罗奖。而 1976 年生人的巴罗兹也成为该奖项自设立以来最年轻的获奖建筑师。

从 1965 年生人的托尼·吉罗内斯、塞尔加斯与卡诺，到 1976 年出生的巴罗兹与 Ted'A，以及受篇幅所限不能展开的 H Arquetecte 和弗劳莱斯与普拉斯等诸多年轻建筑师，他们的大部分实践始于 20 世纪，年长者尚且有运气在 20 世纪初参与到西班牙公共建设大潮之中；但大多数人其实从初期就在“危机”的语境下开始实践。2006 年，阿德拉·加西亚·埃雷拉（Adela García-Herrera）在《建筑万岁》杂志（*Arquitectura Viva*）中曾将当时尚未满 40 岁的年轻一代，称作“需要保护的物种”（protected species）。然而，没有人想到，也正是这批年轻人，在不久后会面对西班牙当代建筑成熟以来最险恶的职业环境，并用尽全力从这样的环境中生存了下来。10 年以后，《建筑万岁》主编加利亚诺将危机下的一代称为“一支生还者的部队”（army of survivors）。在这场搏杀中，虽然充满焦虑的困境并没有被改变，但他们也没有落入那些经典却又老套的弑父情结，执着于要将上一代人击败来证明自己的成熟，危机下的一代选择开辟新的战场，如 Ted'A 在那些尚未被“明星”建筑师注意的角落，又或者是如巴罗兹与贝伊加一般勇于进入西班牙建筑师从未触碰的远方。而安德烈·哈克（Andrés Jaque）更以一种场景式的营造，在西班牙建筑师不擅长的“非建成”领域占有一席之地。

他们在危机变成常态化后，重新建立西班牙建筑特质的一批人。他们几乎不会对现实的泡沫有着任何期待，同时对那些塑造西班牙黄金时代的幕后推手——建筑媒体保持着良好的距离。他们将职业的注意力重新聚焦在那些虽然小却真实的项目中，而不再如他们的前辈那样沉迷于华丽的英雄主义表达。从某种程度上，我们可以认为，危机下的一代在解构前辈光环的同时，重新回归到西班牙建筑真正的传统中。传统（trandation）一词来自于拉丁语 tradere，意为传递、馈赠。从构词上看，传统即将某些东西传递更远。说来也是有趣，西班牙建筑在黄金时代下的灿烂似乎并未完全成为传统的一部分，而危机下的一代人却在这场不得不面对的变革中，重新将西班牙建筑带回到了那个黄金时期之前的传统中。也正是这种解构式的回归，令人再次回忆起 1983 年弗兰姆普敦那段文字：

“西班牙建筑师因其建造和技术上的能力，对完全个人式表达的反思，在小尺度层面的关注，均令他们的建筑作品具有普遍的适用性，满足‘非乌托邦’工业社会下现实层面的价值和需求。”

然而，历史似乎跟他们开了一个玩笑。2019 年整个国家经济刚略有抬头，2020 年疫情的凶猛袭来又再一次将全球经济带向了另一个低谷。这一次，建筑业不再同经济危机时那样成为政客和商人的替罪羊，而是将与他们一同落入深渊。在危机下活下来的一代，又将继续面对后疫情时代的阴影。我们不禁要问，他们还能侥幸逃脱么？但作为当事人的他们并未这般的悲观，持续许久的经济危机宛若一个训练营，它用十余年时间将这一代西班牙建筑师的技能重新调整，以期适应一个低迷的市场。如今，他们用优秀建筑作品证明了其强大的生存能力。那么，我们呢？

所有的历史都是当代史，当下中国所面临的地产行业衰退同十余年前的西班牙并无二致。在旧市场急速萎缩，而新市场尚未明晰的时代下，新一代建筑师会成为“被保护的一代”，还是会在一场场肉搏中存活下来，没有人能知道。确实，君子不立危墙之下，但当时代已经成为推倒墙的最后一粒沙时，西班牙危机下的一代用他们自己的作品，仿佛如过来人般告诉着我们，不破不立这个充满战斗气息的道理。

图片来源

图 0–1~ 图 0–5：来自图集：Proyectos de Ensanche 1853—1859.

图 0–6：由贝斯瓜德塔官方提供。

图 0–7，图 0–10，图 0–12，图 3–9~ 图 3–11，图 3–13，图 3–18，图 3–20，图 3–22，图 3–24，图 3–25，图 5–16，图 7–16：由战长恒拍摄。

图 0–13：来自 Andrés Jaque. Mies en el sótano. *El* Pabellón de Barcelona como en samblajes de lo social，2015：67.

图 0–14：由高长军拍摄。

图 0–15：来自 Antonio Pizza，Josep M. Rovira 策展：GATCPAC 1928—1939. Una nueva arquitectura para una nueva ciudad，2006 展册：135.

图 0–11，图 1–20：由李恩汉拍摄。

图 0–18：来自 Antonio Pizza，Josep M. Rovira 策展：GATCPAC 1928—1939. Una nueva arquitectura para una nueva ciudad，2006 展册：174–175.

图 0–21~ 图 1–2：来自 *AV Monografias* 68（1997）.

图 1–3~ 图 1–16：由余国璞拍摄。

图 1–8：来自 *El croquis* 32/33 Saenz de Oiza 1946—1988，Madrid：*El Croquis*：87.

图 1–17：来自 *El croquis* 28 Albert Viaplana，Helio Piñon，1987，Madrid：*El Croquis*：87.

图 1–21：由事务所 Cruz y Ortiz Arquitectos 提供。

图 3–1：来自网页：https：//www.lasalavincon.com/la–habitacion–vacante–juan–navarro–baldeweg–1976/.

图 3–2~ 图 3–5：由李世兴拍摄。

图 3-8：来自 *AV Monografias* 68（1997）.

图 3-14：由事务所 EMBT 提供。

图 4-12：*El Croquis* 20+64+98 Rafael Moneo 1997—2004. Madrid：*El Croquis*：369.

图 4-15，图 4-16，图 4-18，图 7-2：由陈颢拍摄。

图 4-11，图 6-10，图 7-13：由王悦蒙拍摄。

图 5-3：由周娴隽拍摄。

图 5-4：由李洁苒拍摄。

图 5-5，图 5-7：由事务所 Cruz y Ortiz Arquitectos 提供。

图 6-2，图 6-4，图 6-5：由杨炎儒拍摄。

图 6-3：来自维基百科：https：//en.wikipedia.org/wiki/Guggenheim_Museum_Bilbao#/media/File：Bilbao_05_2012_Guggenheim_Aerial_Panorama_2007.jpg.

图 7-9，图 7-10：由事务所 MIAS Architects 提供。

图 9-1：来自维基百科：https：//en.wikipedia.org/wiki/Juan_S%C3%A1nchez_Cot%C3%A1n#/media/File：Juan_S%C3%A1nchez_Cot%C3%A1n_-_Still_Life_with_Game，_Vegetables_and_Fruit，_1602.jpg.

图 10-1，图 10-3 ~ 图 10-6：由 estudi d'arquitectura toni gironès 提供。

图 10-7 ~ 图 10-12：由 Selgas Cano 提供。

图 10-13 ~ 图 10-16：由 TEd'A ARQUITECTES 提供。

图 10-17 ~ 图 10-21：由 Barozzi Veiga 提供。

其他图片均为笔者自摄。

图书在版编目（CIP）数据

黄金时代：西班牙当代建筑全景 = The Golden Age：Panorama of Contemporary Architecture in Spain / 宋玮著 . — 2 版 . —北京：中国建筑工业出版社，2022.12

ISBN 978-7-112-27875-6

Ⅰ . ①黄…　Ⅱ . ①宋…　Ⅲ . ①建筑设计—作品集—西班牙　Ⅳ . ① TU206

中国版本图书馆 CIP 数据核字（2022）第 162982 号

责任编辑：柳　冉　李　鸽
责任校对：张辰双

黄金时代
——西班牙当代建筑全景（第二版）
The Golden Age：Panorama of Contemporary Architecture in Spain
宋玮　著
*
中国建筑工业出版社出版、发行（北京海淀三里河路 9 号）
各地新华书店、建筑书店经销
北京雅盈中佳图文设计公司制版
北京市密东印刷有限公司印刷
*
开本：880 毫米 ×1230 毫米　1/32　印张：$9^5/_8$　字数：256 千字
2023 年 1 月第二版　2023 年 1 月第一次印刷
定价：68.00 元
ISBN 978-7-112-27875-6
（40013）